信息技术应用能力养成系列丛书

Adobe Photoshop
图像处理案例教学经典教程 微课版

史创明 贾一丹 范臻颖 许飘平 编著

清华大学出版社
北京

内容简介

本书设计理念先进，配套资源丰富：提供教学视频、范例与模拟案例源文件、素材、练习题、PPT、补充知识点等内容，还配套有教学网站，非常适合翻转课堂和混合式教学。全书共分14章，主要内容包括工作区介绍、照片校正基本操作、选区操作、图层、数字图片校正和编辑、蒙版和通道、文字设计、矢量图形绘制、高级合成技术、视频编辑、使用画笔绘画、3D图像编辑与处理、编辑用于Web的图像、色彩管理与打印。

本书既可作为各高等院校相关专业的教材，也可作为培训机构的教学用书，同时也非常适合广大图像处理爱好者自学。

图书在版编目(CIP)数据

Adobe Photoshop 图像处理案例教学经典教程：微课版/史创明等编著. —北京：清华大学出版社，2018
(信息技术应用能力养成系列丛书)
ISBN 978-7-302-50297-5

Ⅰ. ①A…　Ⅱ. ①史…　Ⅲ. ①图像处理软件－教材　Ⅳ. ①TP391.413

中国版本图书馆 CIP 数据核字(2018)第 115331 号

责任编辑：刘　星　张爱华
封面设计：刘　键
责任校对：胡伟民
责任印制：丛怀宇

出版发行：清华大学出版社
网　址：http://www.tup.com.cn，http://www.wqbook.com
地　址：北京清华大学学研大厦 A 座　　**邮　编**：100084
社 总 机：010-62770175　　**邮　购**：010-62786544
投稿与读者服务：010-62776969，c-service@tup.tsinghua.edu.cn
质量反馈：010-62772015，zhiliang@tup.tsinghua.edu.cn
课件下载：http://www.tup.com.cn，010-62795954
印 装 者：北京博海升彩色印刷有限公司
经　销：全国新华书店
开　本：185mm×260mm　　**印　张**：15.5　　**字　数**：385 千字
版　次：2018 年 8 月第 1 版　　**印　次**：2018 年 8 月第 1 次印刷
印　数：1～2000
定　价：79.00 元

产品编号：077140-01

前言

本套丛书的出版是作者团队三年多的不懈努力的创作结果。在创作队伍中有教授、讲师、研究生和本科生不同层次的分工和组合,其中,教授负责整体教学思想的设计、教法的规划、案例脚本的设计和审核、教学视频的设计和监制等工作;讲师和研究生负责案例的创作和实现、教材文字的整理、教学视频的录制、题库的整理等工作;本科生作为助手做协助工作,并且还有众多的本科生进行学习试用。

1. 本书特色

(1) 教学资源丰富。

- 本书提供各章范例与模拟案例源文件、素材、各章习题、PPT 和补充知识点学习等资料。
- 配套作者精心录制的微课视频 94 个(Photoshop CC 2017 版本),共计 210 分钟,读者可扫描书中对应位置的二维码观看视频。**注意:第一次观看视频时,请扫描封底刮刮卡中的二维码进行注册,注册之后即可观看所有视频。**
- 作者还配套了学习网站(http://nclass.infoepoch.net),读者还可以免费观看 Photoshop CS6 版本的视频。

(2) 为翻转课堂和混合式教学量身打造,整个教学过程的设计体现了新理念,新的教学方法加上科学的教学设计。

(3) 采用先进的教学理念"阶梯案例三步教学法",通过实践证明可以很大程度地提高学习效率。

(4) 技能养成系列化。本书是"信息技术应用能力养成系列丛书"的图像处理部分,和其他部分(网页设计、动画制作、视频编辑、视频特效、音频处理、课件制作)一起构成完整的信息技术应用能力养成体系。

2. 软件版本的选择

建议使用较高的软件版本进行学习,运行速度快,实现效果好。目前为止,社会上流行有两个特色的版本 CS(CreativeSuite)系列和 CC(CreativeCloud)系列。本书配套资源有多个版本的案例文件,用户学习时可选择使用。

3. "阶梯案例三步教学方法"简介

第一步:范例学习,每个知识单元设计一个到几个经典案例,进行手把手范例教学,按照书中的提示，由教师指导，学生自主完成。学生亦可扫描书中二维码，参照案例视频讲解，一步步训练。

第二步：模拟练习，每一个知识单元提供一到多个模拟练习作品，只提供最后结果，不提供过程，学生使用提供的素材，制作出同样原理的作品。

第三步：创意设计，运用知识单元学习到的技能，自己设计制作一个包含章节知识点的作品。

在本书的编著过程中，武汉市楚楚创意信息技术有限公司也给予了大力的协助。我们以科学严谨的态度，力求精益求精，但错误疏漏之处在所难免，敬请广大读者批评指正。

感谢您购买本书，希望本书能为您成为 Photoshop 图像处理的领航者铺平道路，在今后的工作中更胜一筹。

作　者

2018 年 2 月

目录

第1章

熟悉工作面板

本章学习内容

（1）认识“开始”工作区。

（2）初步了解工作区域。

（3）了解工具箱。

（4）图像裁剪。

（5）使用滤镜处理图像。

（6）使用“仿制图章工具”。

（7）添加图层样式。

完成本章的学习需要大约2小时，可从清华大学出版社网站本书页面或http://nclass.infoepoch.net网站下载本章配套学习资源。扫描书中二维码可观看Photoshop CC 2017版本讲解视频，Photoshop CC其他版本的学习请参照Photoshop CC 2017版本的讲解视频，也可登录学习网站观看Photoshop CS6讲解视频。

知识点

由于本书篇幅有限，下面的知识点并非在本章中都有涉及或详细讲解，在本书的资源网站中有详细的资料，欢迎登录学习。

“开始”工作区	快速创建任务	认识工具箱	图像裁剪	使用滤镜
添加噪点	仿制图章工具	图像保存	Adobe帮助	

本章案例介绍

范例

本章范例作品通过制作一个小女孩在层层云雾中看到光明的场景（见图1.1），来初步学习、了解Adobe Photoshop（以下简称Photoshop）中工具的简单使用，完成对Photoshop

软件的初步了解。

图 1.1

模拟

本章模拟案例(见图 1.2)是对本章知识点的综合,也是对范例文件的巩固练习。

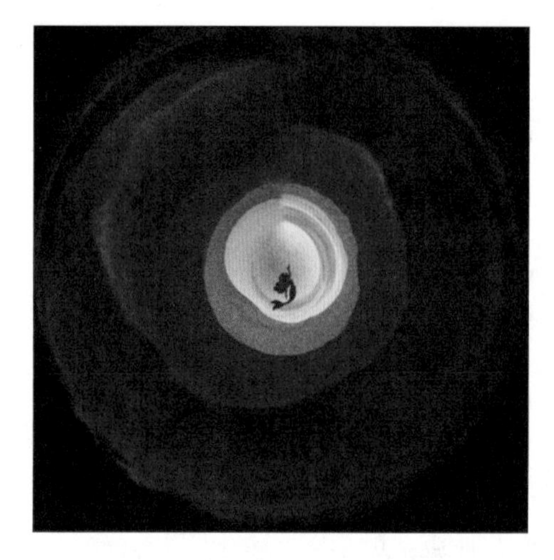

图 1.2

1.1 预览完成的文件

视频讲解

(1) 选择"01Lesson/范例/01 范例(CC 2017).psd",右击,在弹出的快捷菜单中选择"打开方式"→Adobe Photoshop CC 2017 命令,打开"01 范例(CC 2017).psd"文件,如图 1.3 所示。

(2) 关闭当前打开的"01 范例(CC 2017).psd"文件。

CS6 2015 使用 Photoshop CS6 软件版本的读者请打开"01Lesson/范例/01 范例(CS6).psd"文件;使用 Photoshop CC 2016 和 Photoshop CC 2015 软件版本的读者请打开"01Lesson/范例/01 范例(CC 2015).psd"文件。

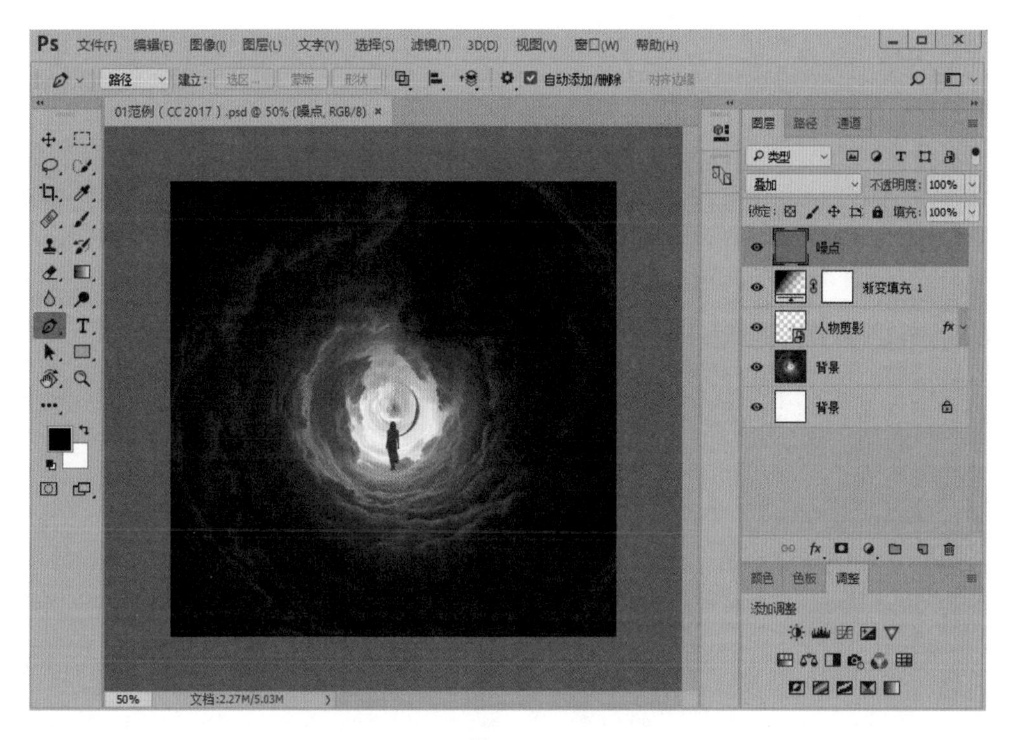

图 1.3

1.2 认识“开始”工作区

Photoshop CC 2017 中新加入了“开始”工作区,以便于满足更多用户的需求。

注意:在 Photoshop CC 2015 和 Photoshop CS6 中没有“开始”工作区,而是直接进入软件面板。

(1) 打开 Photoshop CC 2017 软件,显示“开始”工作区,如图 1.4 所示。

图 1.4

通过 Photoshop 中的“开始”工作区，用户可以快速访问最近打开的文件、库和预设或者新建项目。根据订阅状态，“开始”工作区可能还会显示专门针对用户需求定制的内容。此外，还可以直接从“开始”工作区中为项目查找所需要的各种资源。

注意：如果需要，可以自定义显示的最近打开的文件数。在菜单栏中选择“编辑”→“首选项”→“文件处理”命令，然后在“近期文件列表包含”文本框中指定所需的值，如图 1.5 所示。

图 1.5

(2) 使用“开始”工作区。

单击“平铺”图标或“列表”图标可以在平铺和列表视图之间切换。

单击“搜索”图标，在出现的文本框中输入关键字，Photoshop 会在浏览器窗口中显示来自 Adobe 资源的搜索结果。

还可以在“开始”工作区打开最近打开的文件或库，或者使用预设创建一个新文档。

(3) 禁用“开始”工作区。

Photoshop 会在启动时或打开文档时自动启动“开始”工作区，可在右上方的“设置”按钮的下拉列表中根据需要隐藏“开始”工作区，如图 1.6 所示。

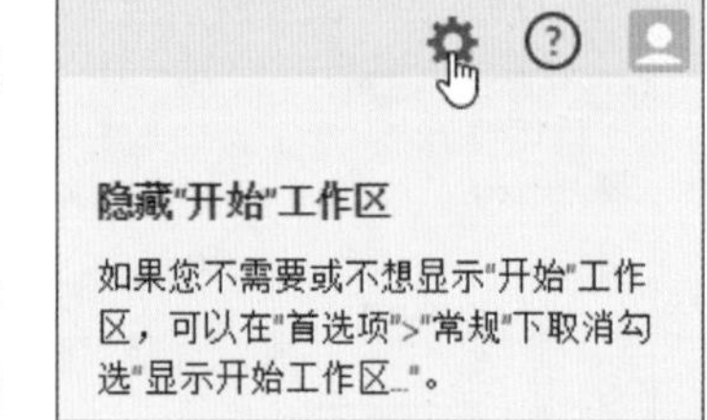

图 1.6

1.3 快速创建任务

视频讲解

(1) 在“开始”工作区中单击“新建”按钮。

(2) 在弹出的对话框中，设置“01 范例练习(CC 2017)”文件的宽度为 1280，高度为 1280，单位为“像素”，分辨率为“80 像素/英寸”。

（3）单击“创建”按钮，如图 1.7 所示。

图　1.7

注意：在 Photoshop CS6 和 Photoshop CC 2015 中“新建”界面有所不同，如图 1.8 所示。

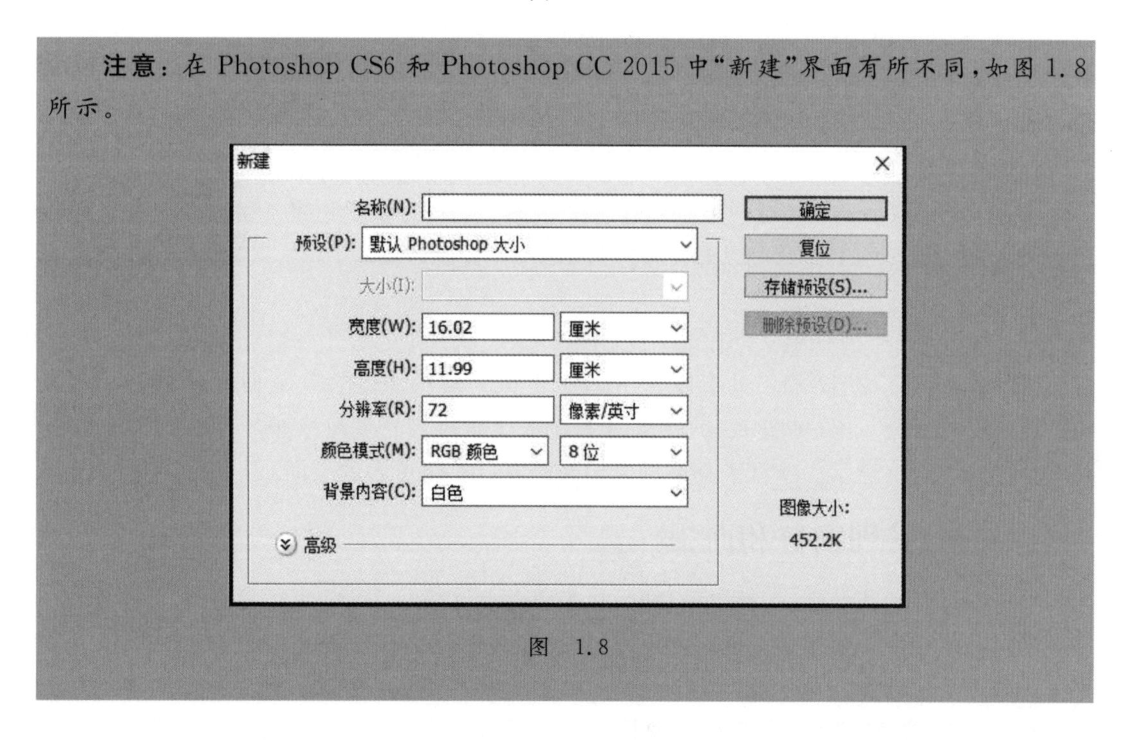

图　1.8

1.4　初步了解工作区域

如图 1.9 所示，工作区域由以下部分组成：A—菜单栏；B—工具选项栏；C—标题栏；D—工具箱；E—舞台窗口；F—状态栏；G—面板。

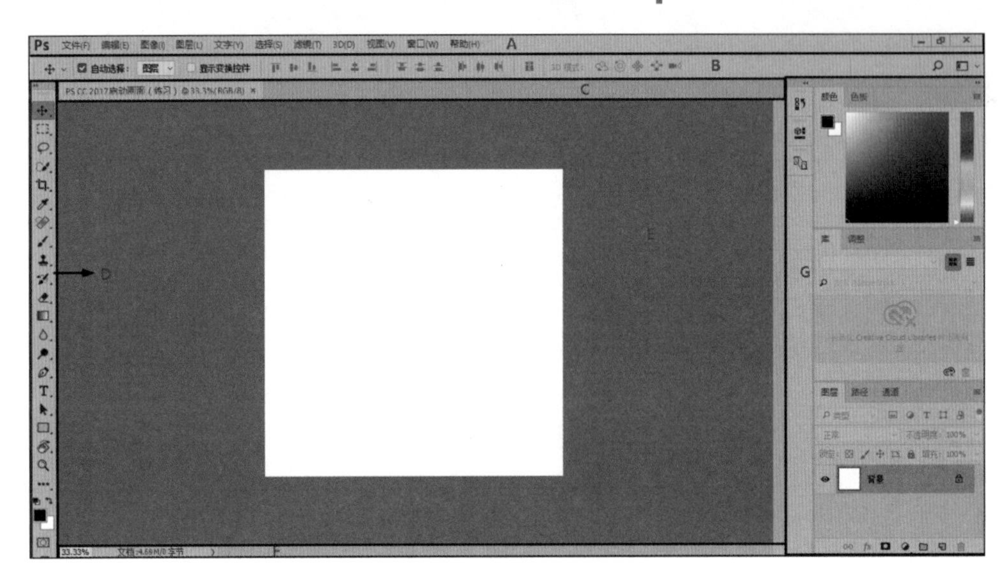

图 1.9

菜单栏：菜单中包含可以执行的各种命令。单击菜单名称即可打开相应的菜单。

工具选项栏：用于设置工具的各种选项，它会随着所选工具的不同而改变内容。

标题栏：显示文档名称、文件格式、窗口缩放比例和颜色模式等信息。如果文档中包含多个图层，则标题栏中还会显示当前工作的图层的名称。

工具箱：包含用于执行各种操作的工具，如创建选取、移动图像、绘画、绘图等。

舞台窗口：显示编辑图像的区域。

状态栏：显示文档大小、文档尺寸、当前工具和窗口缩放比例等信息。

面板：可以帮助编辑图像。有的用于编辑内容，有的用于设置颜色属性。面板也可以用于监视修改用户的工作。可以对面板进行编组、堆叠或停放。

1.4.1 了解工具箱

Photoshop CC 2017 的工具箱包含用于创建和编辑图像、图稿、页面元素的工具和按钮。这些工具分为 7 组（见图 1.10）。单击工具箱顶部的双箭头图标 ▸▸ ，可以将工具箱切换为单排（或双排）显示。单排工具箱可以为文档窗口让出更多的空间。

1.4.2 管理窗口和面板

可以通过移动和处理“文档”窗口和面板来创建自定义工作区，也可以存储工作区并在它们之间进行切换。当拖动不同的面板时，在相应面板位置会有蓝色的高亮框显示，表示面板可被放置于此处。

1. 重新排列、停放或浮动“文档”窗口

打开多个文件时，“文档”窗口将以选项卡方式显示。若要重新排列选项卡式“文档”窗口，可将某个窗口的选项卡拖动到组中的新位置。

要从窗口组中取消停放（浮动或取消显示）某个“文档”窗口，可将该窗口的选项卡从组中拖出。

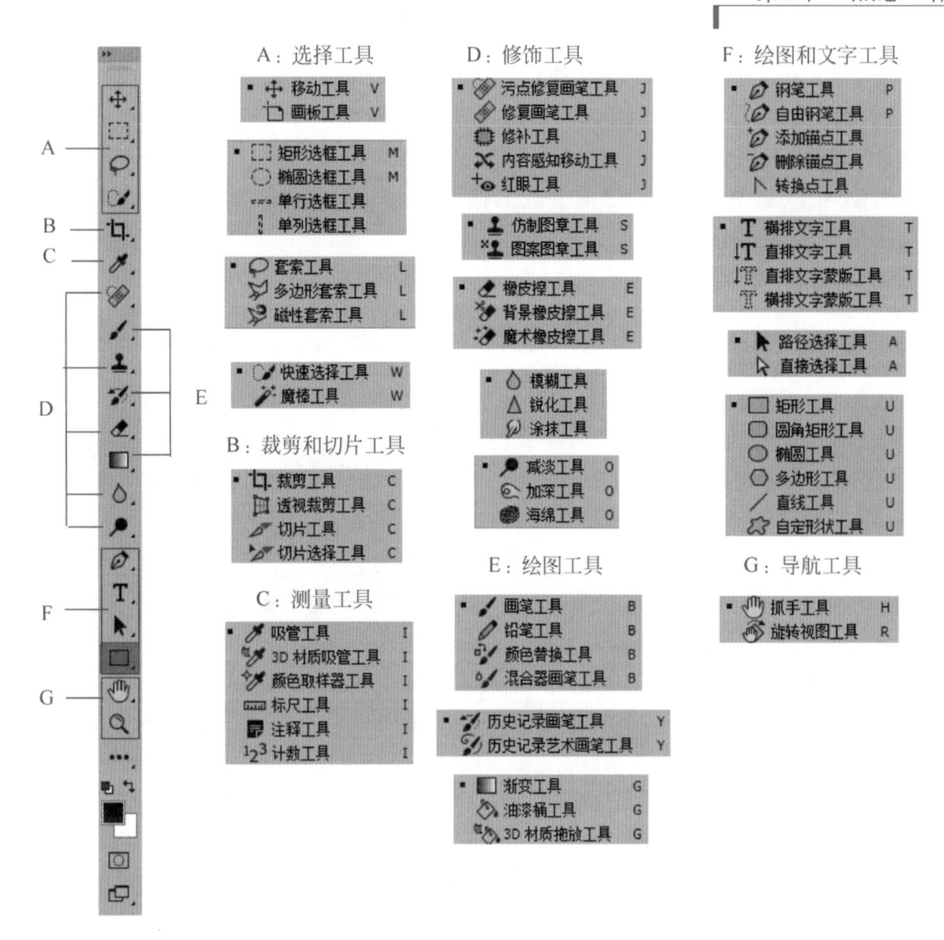

图　1.10

注意：还可以选择“窗口”→“排列”→“在窗口中浮动”命令(见图 1.11)以浮动单个“文档”窗口；或选择“窗口”→“排列”→“使所有内容在窗口中浮动”命令，以同时浮动所有“文档”窗口。

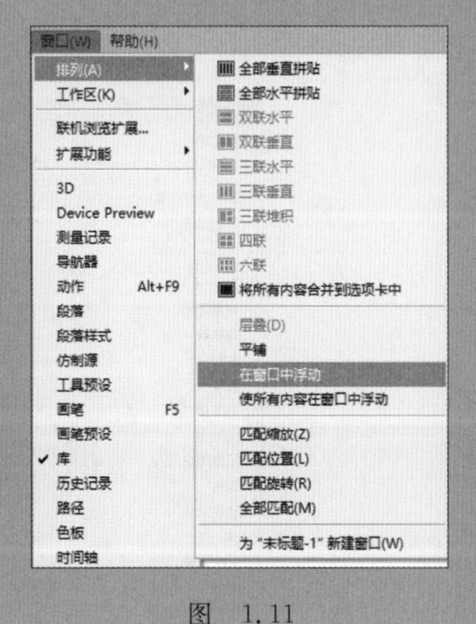

图　1.11

要将某个“文档”窗口停放在单独的“文档”窗口组中，可将该窗口拖到该组中。

若要创建堆叠或平铺的文档组，可将此窗口拖动到另一窗口的顶部、底部或侧边的放置区域。也可以利用应用程序栏上的“版面”按钮为文档组选择版面。

要在拖动某个选项时切换到选项卡式文档组中的其他文档，可将选项拖到该文档的选项卡上并保持一段时间。

2. 停放和取消“停放面板”

“停放面板”是一组放在一起显示的面板或面板组，通常在垂直方向显示。可通过将面板移到停放中或从停放中移走来停放或取消“停放面板”。

要停放面板，可将其标签拖移到停放中(顶部、底部或两个其他面板之间)。

要删除面板或面板组，可将其标签或标题栏从“停放面板”中拖走。可以将其拖移到另一个停放中，或者使其变为自由浮动。

3. 移动面板

在移动面板时，会看到蓝色突出显示的放置区域，可以在该区域中移动面板。例如，通过将一个面板拖移到另一个面板上面或下面的窄蓝色放置区域中，可以在停放中向上或向下移动该面板。如果拖移到的区域不是放置区域，该面板将在工作区中自由浮动，如图 1.12 所示。

图 1.12

注意：鼠标指针位置(而不是面板位置)可激活放置区域，因此，如果看不到放置区域，可尝试将鼠标指针置于放置区域应处于的位置。

4. 添加和删除面板

如果从停放中删除所有面板，该停放将会消失。可以通过将面板移动到工作区右边缘直到出现放置区域来创建停放。

若要移除面板，可右击或按住 Ctrl 键单击其选项卡，然后单击“关闭”按钮(见图 1.13)，或从“窗口”菜单中取消选择该面板。

要添加面板，可从“窗口”菜单中选择该面板(见图 1.14)，然后将其停放在所需的位置。

图 1.13

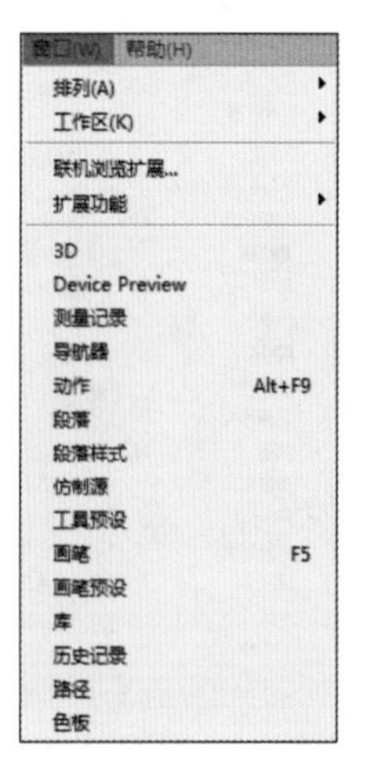

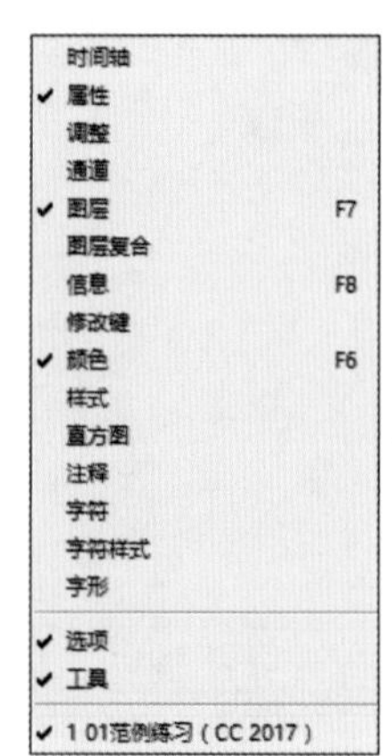

图 1.14

1.5 导入素材资源

(1) 在菜单栏中选择“文件”→“置入嵌入的智能对象”命令，在弹出的对话框中选择“01Lesson/范例/素材”中的“天空”图片，单击“置入”按钮。

注意：在 Photoshop CS6 中是选择“文件”→“置入”命令，在 Photoshop CC 2015 中是选择“文件”→“置入嵌入的智能对象”命令。

(2) 按 Alt+Shift 组合键，将鼠标指针放置于图片任一角，并按住鼠标左键向外拖动，将图片放大至所创建背景的 2～3 倍，用鼠标移动图片至中间的浅色区域，使其位于舞台的中上方，可使图片上边界深色区域被切掉而不显示，如图 1.15 所示。

(3) 双击屏幕，或者单击工具选项栏中的“确定”按钮☑。

(4) 按照同样的方法将“人物剪影”图片置入，单击“确定”按钮。

(5) 在“图层”面板中将“人物剪影”图层前的“眼睛”图标取消，使其隐藏显示，如图 1.16 所示。

图 1.15

图 1.16

1.6 图像裁剪

在导入图像后，为了对图像进行后续操作，需要对图像当前的显示效果进行裁剪。如果不对图像进行裁剪，在后续对图像进行“极坐标”的旋转时，它依然会按照图像原始尺寸进行旋转。

(1) 在“图层”面板中右击“天空”图层，选择“栅格化图层”命令，使图片变成可操作对象。

(2) 在“工具箱”中选择“裁剪工具”，并且在工具选项栏中选中“删除裁剪的像素”复选框，如图 1.17 所示。

(3) 拖动鼠标对图片进行舞台大小的裁剪，双击屏幕或按 Enter 键确认裁剪。

图 1.17

(4) 按住 Ctrl 键,并用鼠标在图层中单击“天空”图层的“图层缩览图”图片,在舞台上会沿着图片外圈裁剪后的大小出现闭合的“蚂蚁线”(见图 1.18),表示图片裁剪成功。

图 1.18

(5) 按 Ctrl+D 组合键取消区域选择。

1.7 通过滤镜处理图像

视频讲解

在 Photoshop 中有一些现成的功能,可以对图像进行整体美化,那就是菜单栏中的滤镜效果。可以根据自己的需要在滤镜中自行选取。

(1) 选中“天空”图层,在菜单栏中选择“滤镜”→“扭曲”→“极坐标”命令,如图 1.19 所示。

(2) 在“极坐标”对话框中将图像大小缩放至 25%,选中“平面坐标到极坐标”单选按钮,如图 1.20 所示。

(3) 单击“确定”按钮。

注意:“滤镜”中的“极坐标”以图片上边界的中点为轴,进行旋转达到图形旋转的效果。

目前图片的景深效果并不是很明显,接下来继续通过滤镜来增加图片的景深效果。

(4) 在菜单栏中选择“滤镜”→“扭曲”→“挤压”命令。

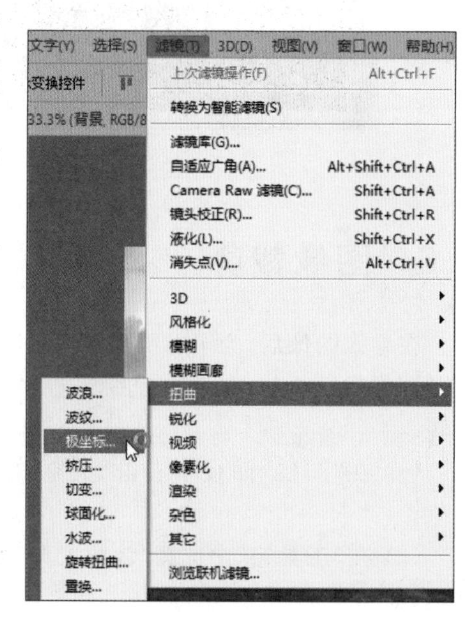

图 1.19

（5）在“挤压”对话框中将图像大小缩放至25%，以便能看到完整的图像。

（6）将“数量”设置为90%（见图1.21），单击“确定”按钮。

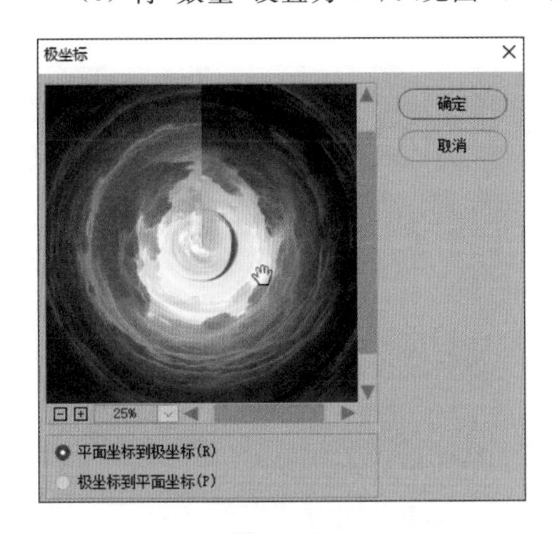

图 1.20

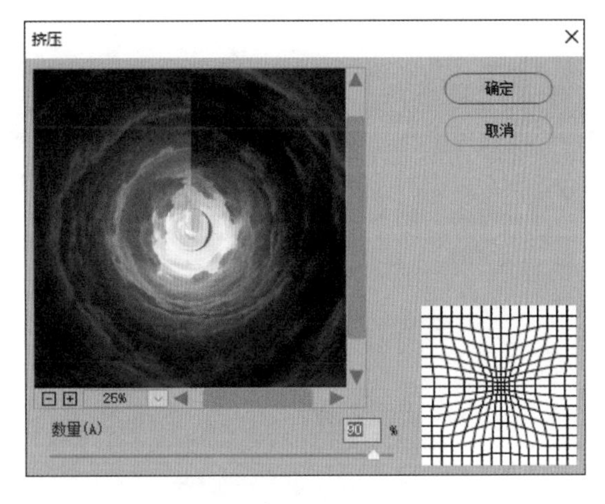

图 1.21

注意：如果对增加的景深效果还不满意，可以重复操作步骤（5）和步骤（6）以满足需要。

（7）当景深效果增加后，会看到图片周围有扭曲的拉丝效果，我们并不需要这部分效果。因此，再次在工具箱中选择“裁剪工具”，单击舞台上的图片。

（8）为了防止后期对图像效果进行整体修改，在工具选项栏中取消选中“删除裁剪的像素”复选框。

（9）按Alt＋Shift组合键使图片以中心点为轴，将鼠标指针移动至舞台中心，那里会有一个十字标志，按住鼠标左键并向外移动鼠标指针至合适位置，进行同（等）比例裁剪，如图1.22所示。

（10）双击或按Enter键，确定裁剪。

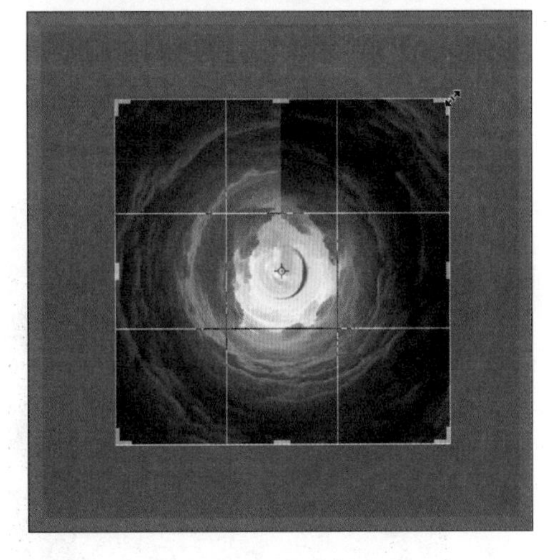

图 1.22

1.8 使用“仿制图章工具”

视频讲解

使用“极坐标”效果对图像进行处理后，在图像中间会有一条因旋转而留下的轴线。下面初步使用“仿制图章工具”将这条轴线融合掉，以体会Photoshop功能的强大之处。

（1）按两次Ctrl＋组合键，将图像放大以适应窗口大小。

（2）在工具箱中选择“仿制图章工具”。

(3) 在工具选项栏中设置“大小”为20像素,“硬度”为51%,如图1.23所示。

(4) 按住Alt键,在需要仿制位置的附近单击选取样点,再在需要修改的地方用鼠标描绘或单击。

注意:在不同的位置,需要多次对附近的点进行取样,不可用一个取样点描绘多个区域,这样可能导致图片中的图案放置错乱。可在“工具选项栏”中取消勾选“对齐”复选框,根据自己的需要进行选择。

(5) 初步修改后,在工具选项栏中将图章大小设置为“70像素”(见图1.24),进行大面积的修改,使图像看起来更加自然。

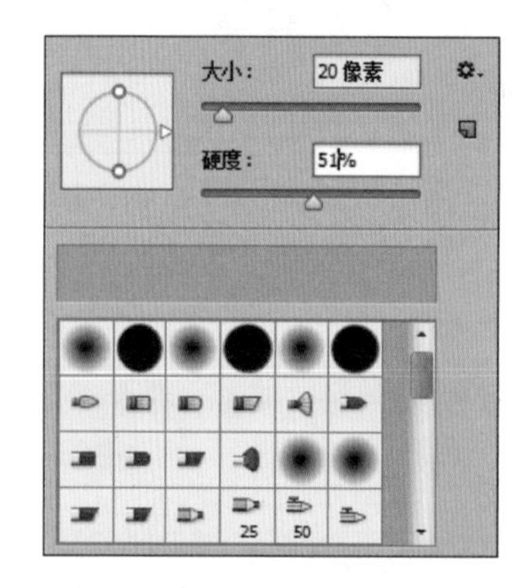

图 1.23

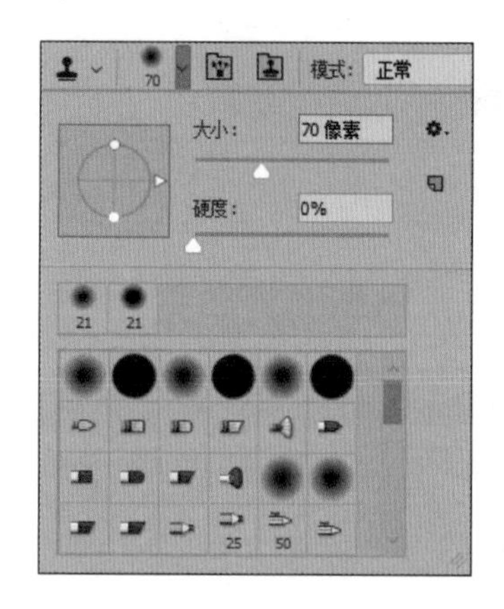

图 1.24

(6) 至此,完成启动画面的背景图片,修改前后的对比图如图1.25所示。

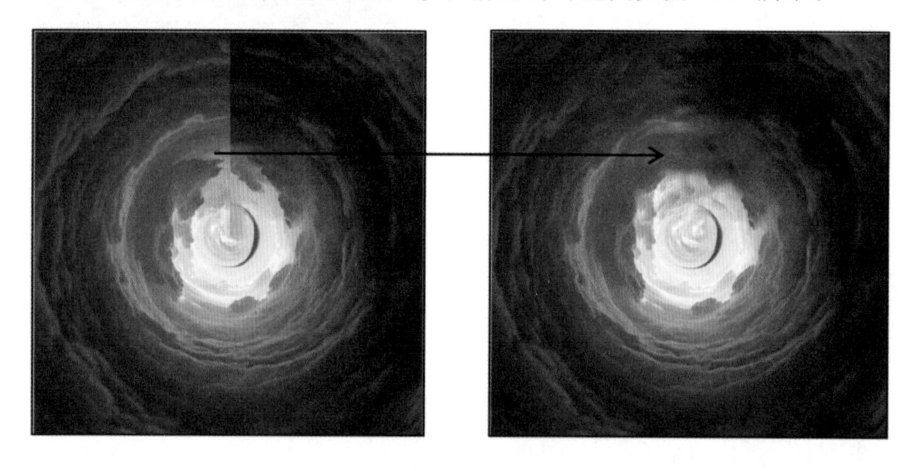

图 1.25

1.9 添加图层样式调整图层

视频讲解

(1) 在“图层”面板中选中“人物剪影”图层的“眼睛”图标,确认其显示在舞台,并选中“人物剪影”图层。

(2) 按Ctrl+T组合键将选区选中。

（3）按 Alt＋Shift 组合键，用鼠标拖动图片的一个角，将人物缩小放置在背景图片中的浅色位置，如图 1.26 所示。

（4）双击或按 Enter 键，确认修改。

（5）选中“人物剪影”图层，在“图层”面板下单击“添加图层样式”按钮 fx，选择“颜色叠加”选项，为人物剪影的颜色进行设置，使其颜色变得更加柔和以与场景相融。

（6）单击“颜色”，在“拾色器”对话框中输入颜色值 024654，如图 1.27 所示，单击“确定”按钮。也可以使用吸管在场景中选取自己需要的颜色。

图　1.26

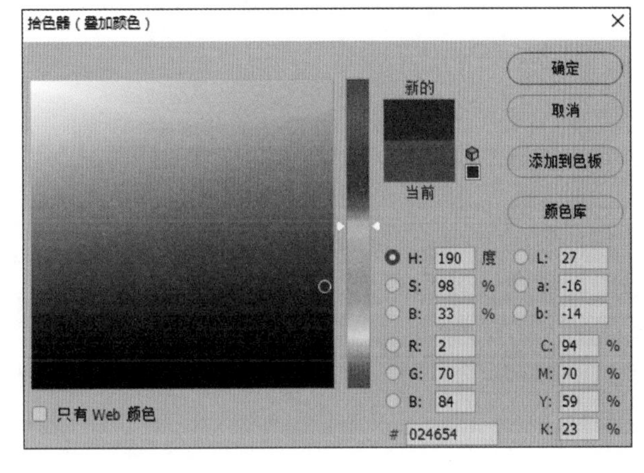

图　1.27

（7）单击“确定”按钮，退出“图层样式”设置。

（8）为了进一步加深图像的四周与中心的效果。在“图层”面板下方单击“创建新填充或调整图层”按钮，选择“渐变”选项。

（9）在“渐变填充”设置中，选择渐变为“从前景色到透明渐变”，样式为“径向”，选中“反向”复选框，如图 1.28 所示，单击“确定”按钮。

（10）在“图层”面板的上方选择“混合模式”为“柔光”，“不透明度”为 55%，如图 1.29 所示。

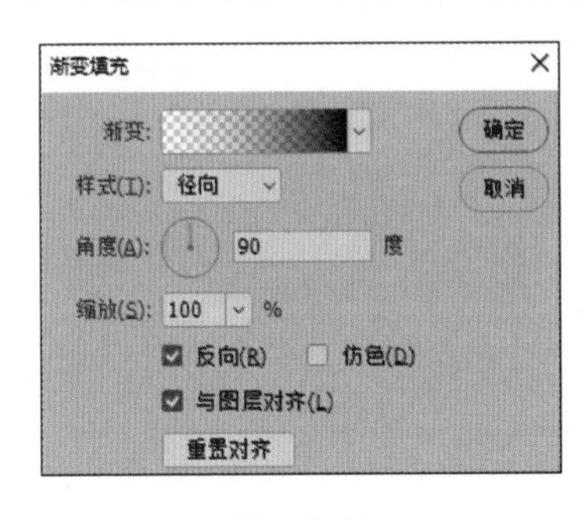

图　1.28

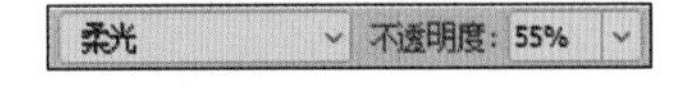

图　1.29

1.10　为图像添加噪点

视频讲解

（1）按 Ctrl＋Shift＋N 组合键，创建一个新图层。

（2）设置名称为“噪点”，颜色为“灰色”，模式为“叠加”，选中“填充叠加中性色”复选框，如图 1.30 所示，单击“确定”按钮。

(3) 在菜单栏中选择“滤镜”→“杂色”→“添加杂色”命令。

(4) 在“添加杂色”对话框中设置数量为 5.2，分布为“平均分布”，选中“单色”复选框，如图 1.31 所示，单击“确定”按钮。

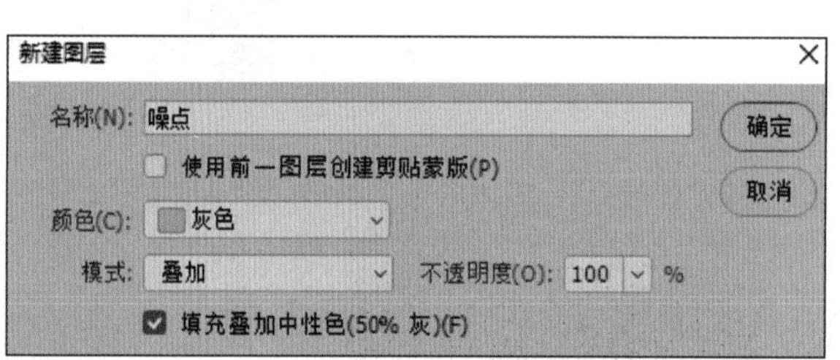

图 1.30

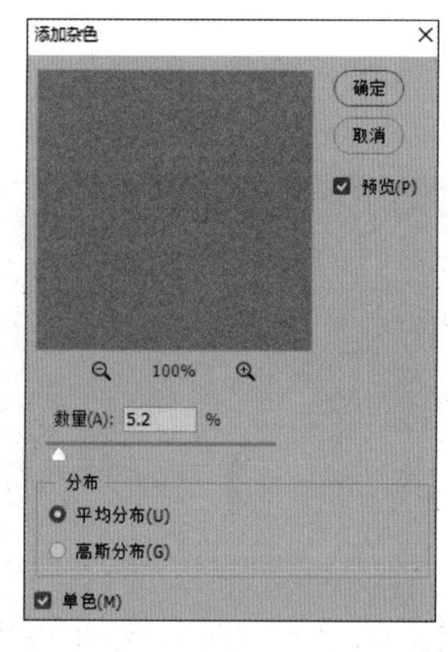

图 1.31

1.11 图像保存

视频讲解

Photoshop 允许将图像保存为多种格式的图片，以满足不同的需要。

(1) 在菜单栏中选择“文件”→“储存为”命令，或者按 Ctrl+Shift+S 组合键。

(2) 在弹出的对话框中选择“01Lesson/范例”，“保存类型”为 JPEG，如图 1.32 所示。

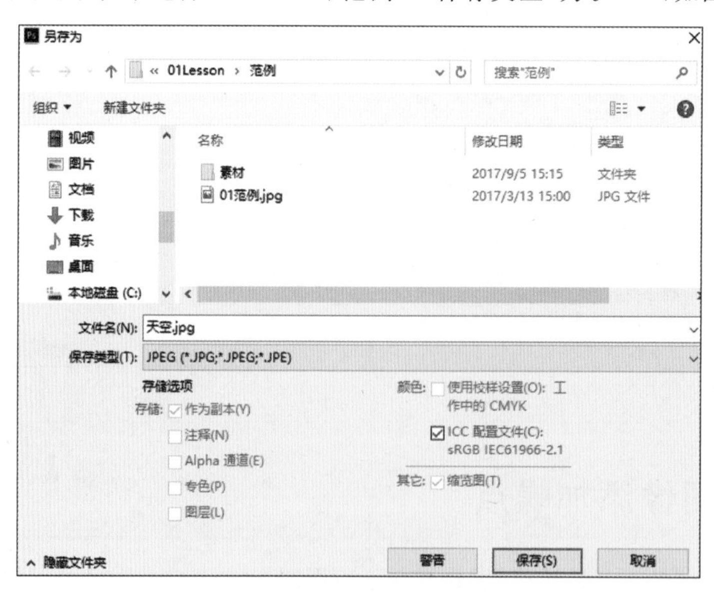

图 1.32

（3）单击“保存”按钮，即可将.psd文件转换成.jpg文件，可以随时打开预览。

1.12　Adobe帮助资源

运行Photoshop后，可以通过“帮助”菜单和“编辑”菜单中的命令获得Adobe提供的各种Photoshop帮助资源和技术支持。

1.12.1　Photoshop帮助文件和支持中心

Adobe提供了描述Photoshop软件功能的帮助文件，可以执行“帮助”菜单中的“Photoshop联机帮助”命令或“Photoshop支持中心”命令，链接到Adobe网站的帮助社区查看帮助文件。Photoshop帮助文件提供了大量视频教程的链接地址，单击链接地址，即可以在线观看由Adobe专家录制的各种Photoshop功能的演示视频。

1.12.2　Photoshop联机和联机资源

（1）在Photoshop中，可以在“开始”工作区中单击右上方的“帮助和支持”按钮（见图1.33），进入Adobe社区。或者在菜单栏中选择“帮助”→“Photoshop联机帮助”命令（见图1.33）进入。

（2）进入Adobe社区（见图1.34）后，可以根据自己的需要学习Photoshop CC 2017概述、新功能、学习和支持等内容。

图　1.33

图　1.34

作业

一、模拟练习

打开“01Lesson/模拟”文件目录，选择“01 模拟(CC 2017).jpg”文件进行浏览（使用 Photoshop CS6 和 Photoshop CC 2017 软件的可打开对应的模拟练习案例，使用 Photoshop CC 2016 和 Photoshop CC 2015 软件的可打开 Photoshop CC 2015 案例文件）。根据本章所述知识，使用“素材”文件夹中的文件制作一个类似的作品。作品资料已完整提供，获取方式见前言。

要求：(1) 创建一个 500×500 像素的文件。

(2) 使用“极坐标”“挤压”等滤镜效果。

(3) 为图片添加“图层样式”“颜色叠加”和“渐变填充”，并添加噪点。

二、自主创意

针对某一个背景图片文件，应用本章所学习知识，尽量使用到本章所介绍的工具，进行自主创意设计作品。

三、理论题

1. “开始”工作区有哪些作用？
2. “工具箱”的工具主要分为哪几种？
3. 如何停放和删除“停放面板”？

第2章

照片校正基础

本章学习内容

（1）理解图像的分辨率和尺寸。

（2）修齐和裁剪图像。

（3）调整图像的色调范围。

（4）使用“污点修复工具”修复图像的一部分。

（5）使用“修补工具”替换图像区域。

（6）从图像中删除文字痕迹。

（7）应用智能滤镜完成照片修饰过程。

完成本章的学习需要大约 2 小时，相关资源获取方式见前言和第 1 章中的描述。

知识点

由于本书篇幅有限，下面的知识点并非在本章中都有涉及或详细讲解，在本书的资源网站有详细的资料，欢迎登录学习。

修复画笔工具	污点修复画笔工具	修补工具	裁剪工具
仿制图章工具	分辨率和图片尺寸	调整颜色和色调	内容识别填充
内容识别修补	智能锐化		

本章案例介绍

范例

本章介绍校正照片的案例（见图 2.1），使用“污点修复画笔工具”“修补工具”“内容填充识别”和“仿制图章工具”等，可以轻松地修复污点；利用“裁剪工具”，可以实现对图像的剪切、缩放和修齐。利用“调整”面板及相关的滤镜，可以更加容易地实现对图像的校正，从而实现不同色调的图像风格。

模拟

本章模拟案例(见图 2.2)中,将用到本章所讲的修复工具及方法,完成老照片的修复。

图 2.1

图 2.2

2.1 预览完成的文件

视频讲解

在本章案例中,将修饰一张已破损、变色的旧照片的扫描件,使其可以共享或打印出来。最终的图像大小为 12 英寸×8 英寸。初始图像和处理后的图像对比图如图 2.3 所示。

(a) 初始图像

(b) 处理后的图像

图 2.3

(1) 选择“02Lesson/范例/02Complete/02 范例 Complete(CC 2017).psd”,右击,在弹出的快捷菜单中选择“打开方式”→Adobe Photoshop CC 2017 命令将其打开。同样,用 Photoshop CC 2017 打开“02Lesson/范例/02Start/02 范例 Start(CC 2017).jpg”文件。

(2) 关闭当前打开的“02 范例 Complete(CC 2017).psd”文件和“02 范例 Start CC (2017).jpg”文件。

> CS6 2015 使用 Photoshop CS6 软件版本的读者请打开“02Lesson/范例/02Complete”文件夹中的“02 范例 Complete(CS6).psd”文件和“02Lesson/范例/02Start/02 范例 Start(CS6).jpg”文件;使用 Photoshop CC 2016 和 Photoshop CC 2015 软件版本的读者请打开“02Lesson/范例/02Complete”文件夹中的“02 范例 Complete(CC 2015).psd”文件和“02Lesson/范例/02Start/02 范例 Start(CC 2015).jpg”。

2.2　前期修饰方案

图像修饰的工作量取决于要处理的图像以及要实现的目标。对于许多图像来说，可能只需要更改分辨率，修改图像亮度、色阶，或是修复微小的瑕疵；对于另一些图像来说，可能还需要执行其他任务，应用更高级的滤镜，做更加复杂而细致的工作。

2.2.1　安排合理的处理步骤

大多数修饰工作都遵循下面这些通用步骤，但是并非每一个步骤都是必要的。

(1) 复制原始图像或扫描件，对图像文件的副本进行处理，这样可以保证原始文件不被改变，以备后期恢复或进行操作时使用。

(2) 确保分辨率适合图像的使用方式。

(3) 裁剪图像至最终尺寸和方向。

(4) 消除色偏。

(5) 调整图像的整体对比度或色调范围。

(6) 修复受损照片扫描件的缺陷(如裂缝、粉尘或污渍)。

(7) 调整图像特定部分的颜色和色调，以突出高亮、中间调、阴影以及饱和色。

上述步骤的顺序可能会依据项目的不同而不同，但是应该总是从复制图像并调整其分辨率着手。

2.2.2　分辨率和图片尺寸

从某种程度上来说，对图像应用什么样的修饰技术取决于用户打算如何使用图像。例如，图像要用于使用新闻纸的黑白出版物中，还是要在网上全彩色发布，这影响着从图像所需的原始扫描分辨率到色调范围的类型以及颜色校正等各个环节。Photoshop 支持 CMYK 颜色模式，该模式用于处理使用三原色印刷的图像，还支持用于 Web、移动编辑的 RGB 和其他颜色的编辑模式。

2.3　了解图片分辨率尺寸

在 Photoshop 中修饰照片的第一步是确保图像有合适的分辨率。分辨率是指描述图像并建立图像细节的小方块(即像素，见图 2.4)的数量。分辨率由像素尺寸或图像水平和垂直方向的像素数决定。

图　2.4

在计算机图形学中，有很多类型的分辨率。

在图像中，每单位长度的像素称为图像分辨率，通常使用像素/英寸(ppi)来衡量。图像像素被直接转换为显示器像素。在 Photoshop 中，如果图像分辨率高于显示器分辨率，则在屏幕上显示的图像将比它指定的打印尺寸大。

注意：为了确定计划打印的照片的图像分辨率，应遵循用于大型商业打印机打印的彩色或灰色图形的计算机图形学法则，即使用打印机网线数的1.5～2倍进行扫描。如果图像使用133lpi的网线数（即用于再现图像半色调网屏的每英寸的线数）来打印，则需要以200(≈133×1.5)ppi的分辨率来扫描图像。

在屏幕上工作时，理解100%视图很重要。在100%视图下，一个图像像素等于一个显示器像素。除非图像的分辨率和显示器的分辨率完全相同，否则屏幕上的图像尺寸会比打印出来的图像尺寸大或小。

直接制版机或激光打印机在每英寸中打印的墨点数称为打印分辨率或输出分辨率。高分辨率的图片在高分辨率的打印机中进行打印通常能生成最好的图片质量。印刷图像的合适分辨率取决于打印机分辨率和网线数。

图像分辨率越高，图像文件就越大，从网上打印或下载所需的时间也就越长。

2.4 使用“裁剪工具”修齐和裁剪图像

视频讲解

可以使用“裁剪工具”来修齐、修剪、缩放照片，或使用裁剪命令来裁剪图像，在默认情况下，裁剪图像会删除裁剪的像素。

(1) 在工具箱中，选择“裁剪工具”。

(2) 在工具选项栏中，从“预设长宽比或裁剪尺寸”下拉菜单中选择“宽×高×分辨率”（比例是其默认值）。

CS6 在Photoshop CS6版本中，下拉菜单中的选项与Photoshop CC 2017版本有所区别，可以选择“大小和分辨率”选项，如图2.5所示。

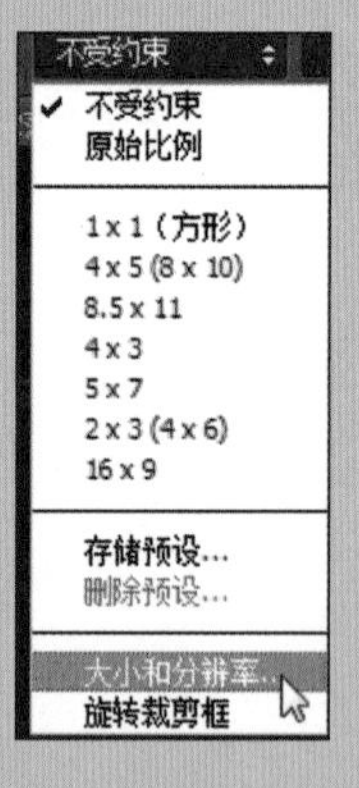

图 2.5

(3) 在工具选项栏中输入图像的尺寸，“宽度”为“12厘米”，“高度”为“8厘米”，“分辨率”为1200像素/厘米，如图2.6所示。

注意：如果想要进行不具有破坏性的裁剪，可取消选中“删除裁剪的像素”复选框，这样之后可以撤销修改。

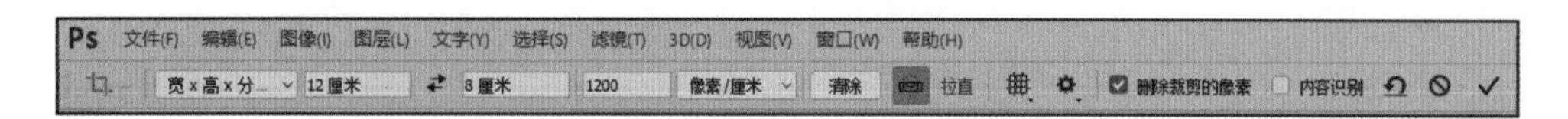

图 2.6

CS6 在 Photoshop CS6 版本中，选择“大小和分辨率”选项之后，会弹出“裁剪图像大小和分辨率”对话框，如图 2.7 所示，在其中输入参数，单击“确定”按钮即可。

裁剪图像大小和分辨率
源: 自定
宽度(W): 12 厘米
高度(H): 8 厘米
分辨率(R): 1200 像素/厘米
存储为裁剪预设
确定
取消

图 2.7

(4) 单击“确定”按钮即出现裁剪网格。裁剪框外面的区域将被裁剪覆盖，下面开始修齐图像。

(5) 在工具选项栏中单击“拉直”，指针变为“拉直工具”，如图 2.8 所示。

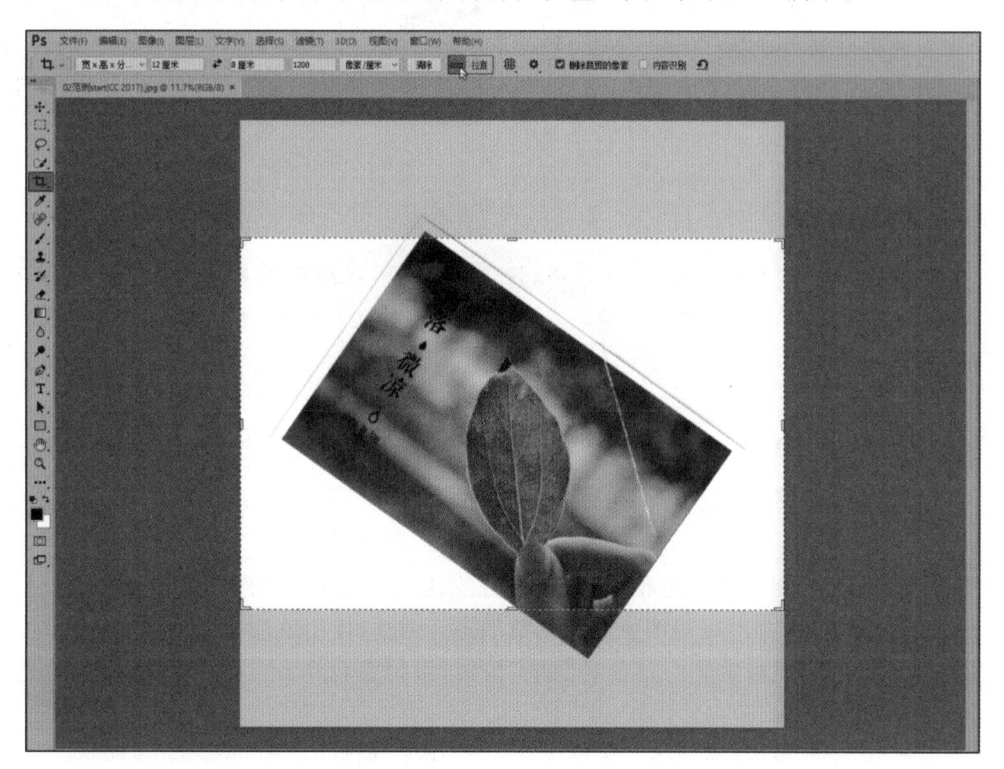

图 2.8

(6) 单击照片左上角,沿着照片顶部边缘拖动一条直线,如图 2.9 所示。

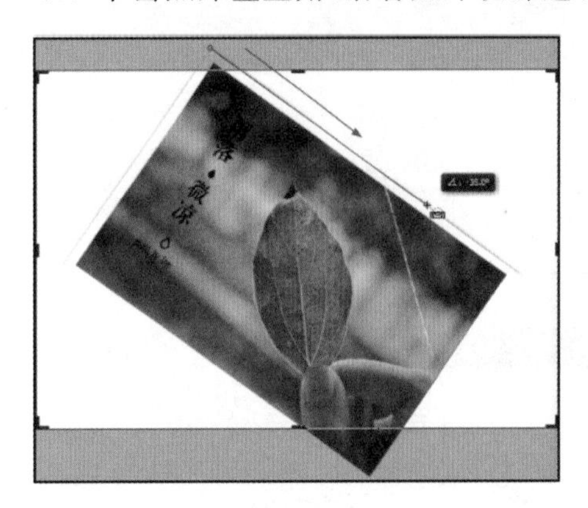

图 2.9

Photoshop 可以修齐图像,因此画出的直线和图像区域平行。尽管此处是沿着照片顶部画了一条线,但是任何在图像垂直或水平轴上的直线都可以起作用。现在,开始裁剪白色边框并缩放图像。

图 2.10

(7) 拖动裁剪网格四周的手柄,使其达到照片本身的边角部分,这样可以裁剪掉白色边框。如果需要调整照片的位置,可单击照片,然后在裁剪网格内拖动。

(8) 按 Enter 键。

(9) 至此,图像裁剪完成,可以根据自己的要求进行修齐、大小和位置设定。裁剪后的图像效果如图 2.10 所示。

> **注意**:可以选择"图像"→"裁切"命令,根据透明色或边缘色来丢弃图像周围的边缘区域。要快速修齐照片并裁剪掉扫描件的背景,可以选择"文件"→"自动"→"裁剪和修齐图片"命令。

(10) 选择"文件"→"存储"命令,保存工作。

2.5 快速调整图像颜色和色调

视频讲解

下面使用"亮度/对比度""色相/饱和度"调整图层来调整图像的颜色和色调。

"亮度/对比度"命令可以对图像的色调范围进行调整,使用方法非常简单。

(1) 单击"调整"面板中的"亮度/对比度"按钮,系统会自动在"图层"面板添加一个"亮度/对比度"调整图层。

(2) 在"属性"面板中,将"亮度"调整为 25,"对比度"调整为 20,如图 2.11 所示。

(3) 单击"调整"面板中的"色相/饱和度"按钮(见图 2.12),系统会自动在"图层"面板添加一个"色相/饱和度"调整图层。

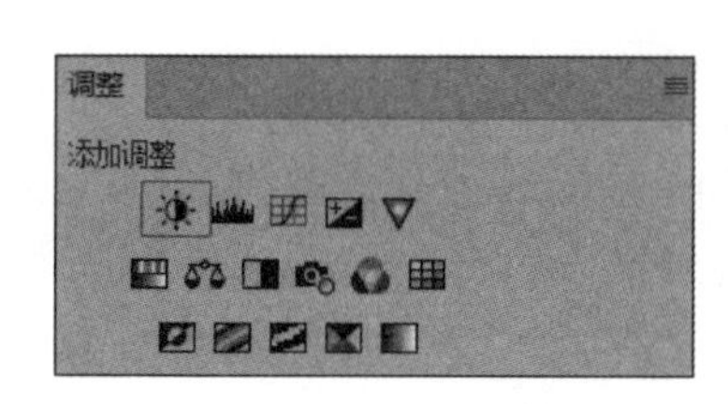

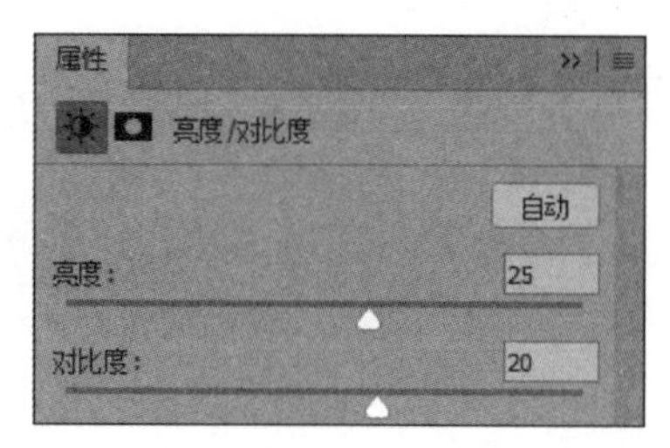

图 2.11

(4) 调整全图的“色相”为－10,“饱和度”为 20,红色的“饱和度”为 20,黄色的“饱和度”为 15,如图 2.13 所示。图片的颜色会变得鲜艳,如图 2.14 所示。

(5) 现在已经调整了颜色,下面来拼合图像。按住 Shift 键选中“图层”面板中的所有图层,右击,在弹出的快捷菜单中选择“拼合图像”命令,调整图层将与背景图层合并。

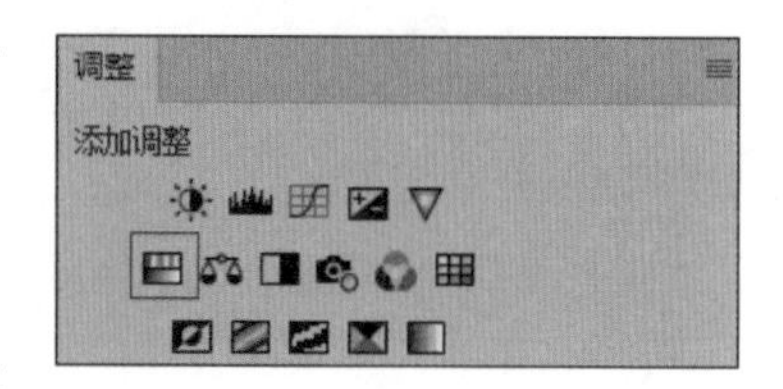

图　2.12

图　2.13

图　2.14

2.6 使用“污点修复画笔工具”

视频讲解

接下来的任务是消除照片中的折痕。这里将使用“污点修复画笔工具”来消除折痕。使用时，还可以用它来解决一些其他问题。

应用“污点修复画笔工具”可以快速消除污点和其他不理想的部分。它从所修饰的区域周围对像素进行取样，并将样本像素的纹理、光照、透明度和阴影与所修复的像素相匹配，从而去除照片中的污点和划痕，修复结果人工痕迹不明显。

注意：“修复画笔工具”的工作原理与“污点修复画笔工具”类似，只是在修复前需要指定源像素。

“污点修复画笔工具”非常适合用于修复肖像中的瑕疵，也适用于任何想要修饰区域外观一致的地方。

(1) 按Ctrl+组合键放大图像，以便清晰地看到折痕。

(2) 在工具箱中，选择“污点修复画笔工具”。

(3) 在工具选项栏中，打开刷子弹出面板，将“大小”设置为“100像素”，“硬度”设置为100%。确保工具选项栏中的“内容识别”已被选中，如图2.15所示(当“内容识别”被选中时，Photoshop使替代像素同周围区域匹配)。

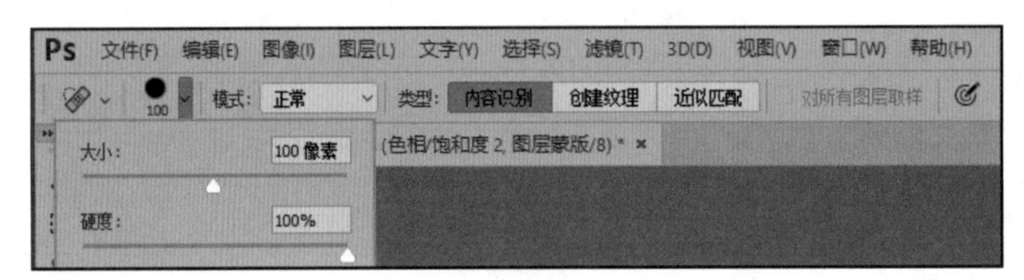

图 2.15

提示：在本章中出现的许多技术均可应用于任何污点处理中。可以尝试使用不同的技术，从而找出能解决问题的最好方法。

(4) 在图像窗口中，将“污点修复画笔工具”自折痕的顶部拖动到底部。向下3～5次齐整描边之后，就可以修复整个折痕。在拖动时，描边为黑色，但松开鼠标后，绘制区域便修复好了，如图2.16所示。

图 2.16

（5）按 Ctrl＋S 组合键保存目前所做的工作。

2.7 使用“修补工具”

视频讲解

有时候，需要去除图片中的文字水印，通常使用“修补工具”。它与“污点修复画笔工具”类似，也可以用其他区域或图案中的像素来修复选中的区域，并将样本像素的纹理、光照、透明度和阴影与所修复的像素相匹配。该工具的特别之处是需要用选区来定位修补范围，它可以框选出一个需要修改的选区，然后移动，用移动后的地方替换掉选区的部分。

（1）在工具箱中，选择“修补工具”，该选项隐藏在“污点修复画笔工具”下方。

（2）框选出左侧文字水印部分。

（3）单击刚刚选定的区域，将其拖动到右侧。Photoshop 显示用来取代水印文字内容的预览图。继续向右拖动该区域，直到预览区域适合（不要与图中的树叶有所重叠）。当修补区域定位到想要的位置时松开鼠标。

刚才选定的区域发生了改变，以匹配它周围的区域。选定的区域从文字水印变成了纯粹的背景，如图 2.17 所示。

图 2.17

（4）选择“选择”→“取消选择”命令（或者按 Ctrl＋D 组合键），整体效果如图 2.18 所示。

图 2.18

2.8 使用"仿制图章工具"

视频讲解

"仿制图章工具"可以从图像中复制信息，将其应用到其他区域或者其他图像中。该工具常用于复制图像内容或去除照片中的缺陷。

如果觉得枯掉的叶尖不协调，则可以对其进行修复。

(1) 在工具箱中选择"仿制图章工具"，并选择"像素"为60、"硬度"为30%的画笔。

(2) 在靠近叶尖的红色区域，按住Alt键选择一个源点并单击(选取源点应遵循就近选取的原则，多次选取源点)。

(3) 单击需要修补的区域对图片进行修复，如图2.19所示。

图 2.19

(4) 利用"仿制图章工具"修补区域，修补后的效果，如图2.20所示。

图 2.20

2.9 使用智能锐化滤镜

视频讲解

修饰照片时，很多修饰策略的最后一个步骤是锐化图像。在Photoshop中，锐化图像有多种不同的方法，其中智能锐化滤镜可以给用户最多的控制。由于锐化能够营造出图像更清晰的假象，所以要删除人工痕迹。

(1) 观察图片中手指区域，可以发现在扫描过程中形成了小的白点。

（2）选择“滤镜”→“杂色”→“蒙尘与划痕”命令。

（3）在弹出的“蒙尘与划痕”对话框中，设置“半径”为 5 像素（半径值越大效果越明显，可根据实际需要调整），“阈值”为 0，如图 2.21 所示，然后单击“确定”按钮。

（4）选择“滤镜”→“锐化”→“智能锐化”命令。

（5）在弹出的“智能锐化”对话框中，确定选中“预览”复选框，这样可以在图像窗口查看调整后的设置效果。

（6）可以在对话框的预览窗口内拖动鼠标，以看到图片的不同部分，或是使用缩览图下方的加号和减号按钮放大或缩小图片。

（7）确保在“移去”中选择了“镜头模糊”。拖动“数量”滑块至 60%左右，以锐化图像。

（8）拖动“半径”滑块至大约 3 像素，半径的值决定了边缘像素周围会有多少像素影响锐化。图像的分辨率越高，半径的设置应越大。

（9）对结果满意后，单击“确定”按钮应用智能锐化滤镜，如图 2.22 所示。

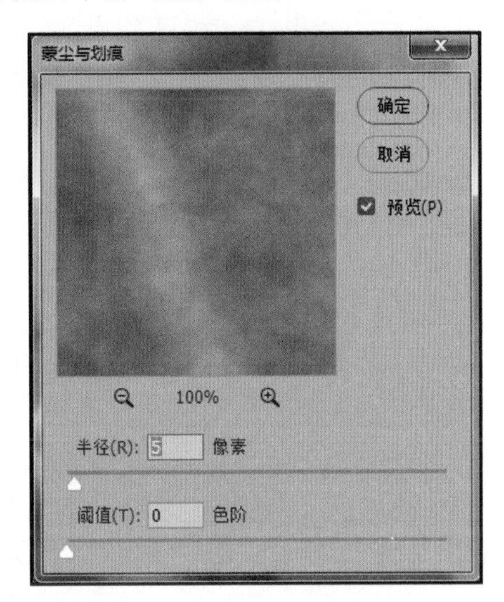

图 2.21

图 2.22

（10）选择“文件”→“保存”命令，然后关闭项目文件。至此，图片制作完成。

作业

一、模拟练习

打开“模拟”文件目录，选择“02Lesson/模拟/02Complete/02 模拟 Complete（CC 2017）.psd”文件进行浏览（使用 Photoshop CS6 和 Photoshop CC 2017 软件的请打开对应的模拟练习案例，使用 Photoshop CC 2016 和 Photoshop CC 2015 软件的可打开 Photoshop CC 2015 案例文件）。根据本章所述知识完成对旧照片的修复。使用“素材”文件夹中的文件制作一个类似的作品。作品资料已完整提供，获取方式见前言。

提示：

(1) 使用“污点修复画笔工具”修复照片的折痕。

(2) 使用调整图层对图片色彩进行调整。

(3) 对图片进行智能锐化。

二、自主创意

自主针对某一老照片，应用本章所学习知识处理该照片，熟练使用各种修复工具。

三、理论题

1. 分辨率指的是什么？
2. “裁剪工具”有什么用途？
3. 使用什么工具可以消除图像中的瑕疵？

第3章

编 辑 选 区

本章学习内容

(1) 选择最合适的选取工具。

(2) 使用选取工具让区域处于活动状态。

(3) 调整选区框的位置及大小。

(4) 移动选区并限制选区的移动方式。

(5) 结合使用键盘和鼠标来节省时间,并减少手部移动。

(6) 将区域加入选区以及将区域从选区中删除。

(7) 使用多种选取工具创建复杂选区。

完成本章的学习需要大约 2 小时,相关资源获取方式见前言和第 1 章中的描述。

知识点

由于本书篇幅有限,下面的知识点并非在本章中都有涉及或详细讲解,在本书的资源网站有详细的资料,欢迎登录学习。

选取工具	基于边缘的选取工具	基于颜色的选取工具	快速选择工具
移动选区	处理选区	键盘快捷键移动选中的像素	
磁性套索工具	魔棒工具		

本章案例介绍

范例

本章范例中是一幅儿童卧室图画(见图 3.1),根据所要选取的对象的特征练习使用多种选取工具,通过将抠图后的对象移动到相应位置,并且对这些对象再排列,完成效果。

图　3.1

模拟

本章模拟案例(见图 3.2)中,有 3 幅中国建筑的图片,通过使用选区抠图并选择、移动选区,将 3 幅建筑图片移动到相应位置。

图　3.2

3.1　预览完成的文件

视频讲解

(1) 选择"03Lesson/范例/03Complete"文件夹中的"03 范例 Complete(CC 2017).psd"文件,右击,在弹出的快捷菜单中选择"打开方式"→Adobe Photoshop CC 2017 命令,打开文件,如图 3.1 所示。

（2）关闭当前打开的“03 范例 Complete(CC 2017).psd”文件。

CS6 2015 使用 Photoshop CS6 软件版本的读者请打开“03Lesson/范例/03Complete”文件夹中的“03 范例 Complete(CS6).psd”文件；使用 Photoshop CC 2016 和 Photoshop CC 2015 软件版本的读者请打开“03Lesson/范例/03Complete”文件夹中的“03 范例 Complete(CC 2015).psd”文件。

3.2　介绍基本选取工具

视频讲解

关于选区，首先明确两个概念。

（1）选区是封闭的区域，可以是任何形状，但一定是封闭的，不存在开放的选区。

（2）选区一旦建立，大部分操作就只在选区范围内有效。如果要针对全图操作，必须先取消选区。

在 Photoshop 中，修改图像中的区域由两个步骤组成。首先，使用适当的“选取工具”选择要修改的图像区域。然后，使用其他工具或功能进行修改。对于一个特定区域来说，最佳的选取工具取决于该区域的特征。有以下 4 种基本选取工具。

几何选框工具（见图 3.3）：“矩形选框工具”用于创建矩形和正方形选区；“椭圆选框工具”隐藏在“矩形选框工具”的后面，用于选择椭圆形和圆形区域；“单行选框工具”和“单列选框工具”分别用于选择一行和一列像素。

套索工具（见图 3.4）：围绕一个区域拖动“套索工具”，可以生成手绘选区；使用“多边形套索工具”，通过单击可以设置锚点，进而创建由线段环绕而成的选区；“磁性套索工具”可以自动识别对象的边界，类似于上述两种套索工具的结合，当想要选择的区域与其周围环境存在着明显的对比度时，可以使用该工具选择。

基于颜色的选取工具（见图 3.5）：“快速选择工具”通过绘制出一定区域自动查找边缘并沿着图像的边缘快速建立选区。

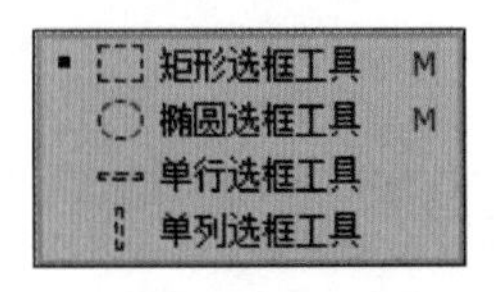

图 3.3

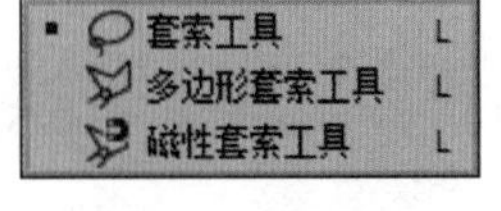

图 3.4

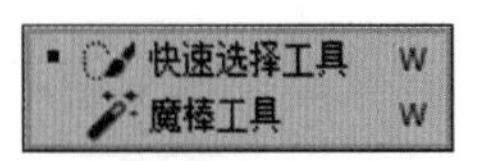

图 3.5

“魔棒工具”基于相邻像素颜色的相似性来选择图像中的区域。当背景颜色变化不大、需要选取的对象轮廓清楚且与背景色之间有一定差异时，使用该工具可以快速选择对象。

在 Photoshop CS6 版本中，“魔棒工具”的图标为。

在 Photoshop CC 2015 版本中，“魔棒工具”的图标为。

下面打开范例中需用到的文件，并重命名。

(1) 打开“03Lesson/范例/03Start”文件夹中的“03 范例 Start(CC 2017). psd”；同时打开“03Lesson/范例”文件夹的 background. psd 文件，并保持此文件一直打开，以便后续操作使用。

CS6 2015 使用 Photoshop CS6 软件版本的读者请打开“03Lesson/范例/03Start”文件夹中的“03 范例 Start(CS6). psd”文件；使用 Photoshop CC 2016 和 Photoshop CC 2015 软件版本的读者请打开“03Lesson/范例/03Start”文件夹中的“03 范例 Start(CC 2015). psd”文件。

(2) 在菜单栏中选择“文件”→“存储为”命令，将文件命名为 03demo. psd，保存备份在 03Start 文件夹中。

3.3 用“快速选择工具”抠图

视频讲解

“快速选择工具”的图标是一支画笔＋选区轮廓，这说明它与画笔工具的使用方法类似。只需要像绘画一样涂抹出选区，该工具就会自动找到图像边缘，移动鼠标时选区还会向外扩展，并自动查找和跟随图像中定义的边缘。也可以将区域添加到选区中或从选区中减去，直到满意为止。

在 03demo. psd 文件中，沙发上小熊的边缘清晰可见，非常适合用“快速选择工具”来选取。可以只选择小熊，而不选择它后面的背景部分。

(1) 在工具栏中选择“缩放工具”或按住 Alt 键滚动鼠标滚轮，放大图片，以便能够清晰地看见小熊。

(2) 在工具栏中选择快速选择工具，单击“添加到选区”按钮，将画笔大小设置为适当的像素并在工具选项栏中选择“自动增强”复选框，如图 3.6 所示。

图 3.6

注意：当“自动增强”复选框被选中时，“快速选择工具”可以创建质量更好的选区，对于选取对象来说，边缘更加真实。尽管选取过程会比不使用自动增强的“快速选择工具”慢一点，但是效果更佳。

(3) 多次单击小熊所在的区域，选取效果如图 3.7 所示。在选择区域过程中若不小心多选，可单击工具选项栏中的“从选区中减去”按钮(见图 3.8)，单击多选的部分。“快速选择工具”将自动查找全部边缘并选择整个小熊。让选区处于活动状态，以便在下述操作中使用。

图 3.7

一旦建立选区，所做的任何修改将只应用于选区内的像素，图像的其他部分不会受到修改的影响。

图 3.8

图 3.9

要将选中的图像区域移动到另一个位置，可以使用“移动工具”。该图像有两个图层，因此移动的像素将替换它下面的像素。只有当取消移动的像素后，这种修改才会固定下来。因此，可以尝试将选区移动到不同位置，然后进行最终的提交。

(4) 选中“小熊”。在工具箱中选择“移动工具”，将选中的小熊拖动至background.psd文件中，并将小熊移动至左上相框中，如图3.9所示。

(5) 选中工具任务栏中的“显示变换控件”复选框，按住Alt+Shift组合键对小熊的大小进行等比例调整，调整完毕后，单击“工具任务栏”右侧的“提交变换”按钮确定修改(或按Enter键)。操作完之后单击“显示变换控件”复选框前的对勾，取消选中状态。

CS6 2015 在Photoshop CS6版本和Photoshop CC 2015版本中，“移动工具”的图标为。

(6) 选择相应版本的03demo.psd文件，在菜单栏中选择“选择”→“取消选择”命令(或按Ctrl+D组合键)，取消选择该对象。

(7) 将拖进来的小熊的图层重命名为“小熊”，然后选择“文件”→“存储”命令或按Ctrl+S组合键保存，以便后续使用。

注意：在Photoshop中，无意间取消选择的可能性不大。除非某个选取工具处于活动状态，否则在图片的其他地方不会取消选择。要取消选择，可以在菜单栏中选择“选择”→“取消选择”命令，或者按Ctrl+D组合键；或是在选择了某个选取工具的情况下，在当前选区外单击。

3.4 使用“椭圆选框工具”制作圆形选区

视频讲解

本节主要介绍选框工具中的“椭圆选框工具”。选择椭圆形或圆形区域需要一些方法，首先要考虑从何处进行拖动最好，有时选区会偏离中心或者长宽比与需求不符。

在进行本练习的过程中，一定要遵循有关按住鼠标按键和键盘按键的指示。若在错误的时间不小心松开了鼠标按键，只需要从第(1)步开始重新做即可。

(1) 回到03demo.psd文件中，在工具箱中选择“缩放工具”或按住Alt键向上滚动鼠标滚轮，放大图片，以便能够清晰地看见墙壁上的花。

(2) 选择隐藏在“矩形选框工具”后面的“椭圆选框工具”。

(3) 将鼠标指针指向花,向右下方拖动创建一个椭圆形选区,但不要松开鼠标。选区与花形状可以不重叠。如果不小心松开鼠标按钮,请重新创建选区。在大多数情况下,新选区将代替原来的选区。

(4) 在按住鼠标的同时按下空格键,并拖动选区。这将移动选区,而不是调整选区的大小。调整选区的位置,使其与花更为严格地对齐。

(5) 松开空格键(但不要松开鼠标),继续拖动使选区的大小和形状尽可能与花匹配。必要时再次按下空格键并拖动,将选框移到花朵边缘周围的正确位置,当选区位置合适后松开鼠标。整个过程中鼠标不能松开,直至对所选的选区区域满意为止,如图 3.10 所示。

(a) 开始拖动选区

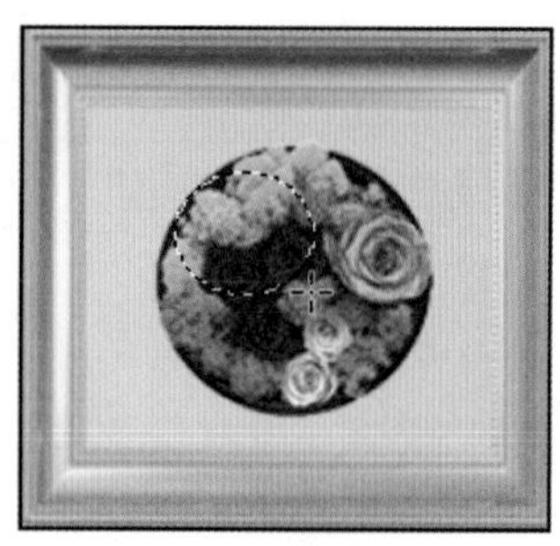
(b) 按下空格键移动选区

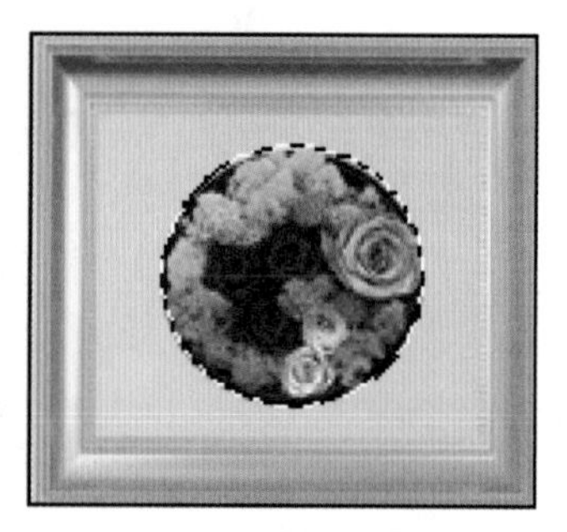
(c) 完成选区

图 3.10

(6) 选择"视图"→"按屏幕大小缩放"命令或使用"导航器"面板中的滑块缩小视图,直到能看到图像中所有的对象。保持"椭圆选框工具"被选中,让选区处于活动状态,供下一个练习使用。

现在将使用键盘快捷键将选定像素移动到木板上。可以使用键盘快捷键暂时从当前工具切换到"移动工具"。

(1) 如果花未被选中,请重复前面的练习来选择它。

图 3.11

(2) 在保证工具箱中的"椭圆选框工具"被选中的情况下,按住 Ctrl 键并将鼠标指针指向选区。鼠标指针现在是一把剪刀的形状,表明将从当前位置剪切选区。

(3) 将整个花拖动到 background. psd 文件左上角区域的图框中。选中任务栏中的"显示变换控件"复选框,按住 Alt+Shift 组合键对花的大小进行等比例调整,调整完毕后,单击任务栏右侧的"提交变换"按钮(或按 Enter 键)确定修改。

(4) 操作完之后单击"显示变换控件"复选框前的对勾,取消选中状态。将新创建的图层命名为"花"。松开鼠标但不要取消选择花,效果如图 3.11 所示。

(5) 在菜单栏中选择"选择"→"取消选择"命令(或按 Ctrl+D 组合键),然后按 Ctrl+S 组合键保存所做的修改。

3.5　用“磁性套索工具”制作选区

视频讲解

3.2 节提到，Photoshop 包括“套索工具”“多边形套索工具”“磁性套索工具”3 种套索工具。本节使用“磁性套索工具”选择需要选取的区域。“磁性套索工具”可以自动识别对象的边界，还可以通过单击鼠标在选区边界上设置锚点，以精确控制选择路径。

下面使用“套索工具”来选择沙发上的兔子。如果在选择兔子时出现错误，只需要取消选择并从头再来即可。

(1) 回到 03demo. psd 文件中选择“缩放工具”，放大 3 只兔子，直到能在窗口中看到整个图像。

(2) 选择隐藏在“套索工具”后面的“磁性套索工具”，如图 3.12 所示。

(3) 从左边兔子开始，绕着兔子的边缘移动“磁性套索工具”。注意，在使用“磁性套索工具”时要灵活，在某些反差不是很强烈的边界，还是需要通过单击在选区边界设置锚点，以控制选择路径。

提示： 即使没有按下鼠标，“磁性套索工具”也会使选区边界与兔子的边缘对齐，并自动添加固定点。在反差不大的区域中，可通过单击的方式来放置固定点，可以根据需要随意添加。可以按 Delete 键删除最近的固定点，然后将鼠标指针移动到留下的固定点处并继续选择。

(4) 回到左边兔子底部后双击，让“磁性套索工具”回到起点，形成封闭选区。当鼠标指针处出现小圆圈时，则表示已经在初始位置，单击即能形成封闭选区。选区效果如图 3.13 所示。

图　3.12

图　3.13

(5) 单击“抓手工具”或者按空格键，用鼠标移动使图像适合面板窗口。

(6) 选择“移动工具”，将选中的兔子拖动至 background. psd 文件中，并将兔子移动至右下相框中。选中任务栏中的“显示变换控件”复选框，对兔子的大小进行调整，调整完毕后，单击任务栏右侧的“提交变换”按钮确定修改。操作完成之后单击“显示变换控件”前的对勾，取消选中状态。将新创建的图层命名为“兔子”。效果如图 3.14 所示。

(7) 在菜单栏中选择“选择”→“取消选择”命令(或按 Ctrl＋D 组合键)，取消选择该

图 3.14

对象。

(8) 按 Ctrl+S 组合键保存所做的修改。

3.6 用“魔棒工具”选取物体

视频讲解

“魔棒工具”用于选择特定颜色或颜色范围内的所有像素,其使用方法非常简单:只需要在图像上单击,就会选择与单击点色调相似的像素。与很多选取工具一样,创建初始选区后,可以向选区中添加区域或将区域从选区中减去。

菜单栏上方的“魔棒工具”选项栏中,“容差”值可以限制或扩展像素相似性的范围。当该值较低时,只选择与单击点像素非常相似的少数颜色,该值越高对像素相似程度的要求越低,因此选择颜色的范围就越广。默认“容差”值为 32,这意味着将选择与指定的颜色色调相差不超过 32 的颜色。可以根据图像的颜色范围和变化程度适当调整“容差”值。

如果要选择的区域包含多种颜色,其背景是纯色,显然,选择背景比选择该区域更容易。在这个过程中,可以使用“矩形选框工具”选择一个包含所要选择的区域的更大的区域,然后使用“魔棒工具”将背景从选区中剔除。

(1) 选择隐藏在“椭圆选框工具”后面的“矩形选框工具”。

(2) 绘制一个环绕巧克力礼盒的选区,确保选区足够大,以便在巧克力礼盒和选区边界之间留一些空白,如图 3.15 所示。此时,巧克力礼盒和背景都被选中了。下面从选区中减去背景,以便只留下巧克力礼盒。

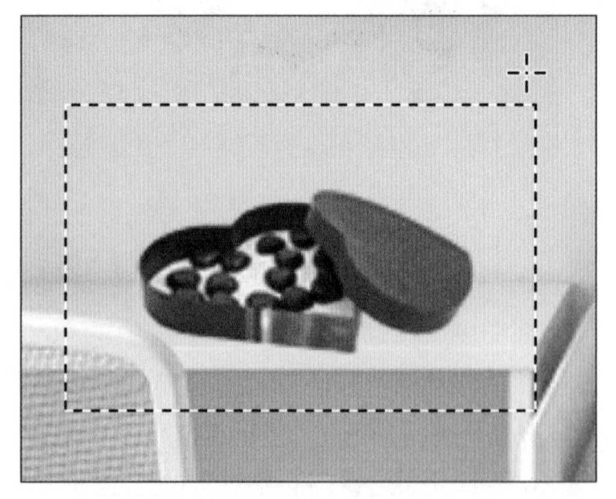

图 3.15

(3) 选择隐藏在“快速选择工具”后面的“魔棒工具”。

(4) 在工具选项栏中,确定“容差”值为

32(见图 3.16),这个值决定了魔棒选择的颜色范围。

图 3.16

(5) 在工具选项栏中单击“从选区中减去”按钮。

(6) 单击选区中的背景,如图 3.17 所示。“魔棒工具”将选择整个背景,并将其从选区中减去。这样就取消选择了所有背景的像素而只选择了巧克力礼盒。

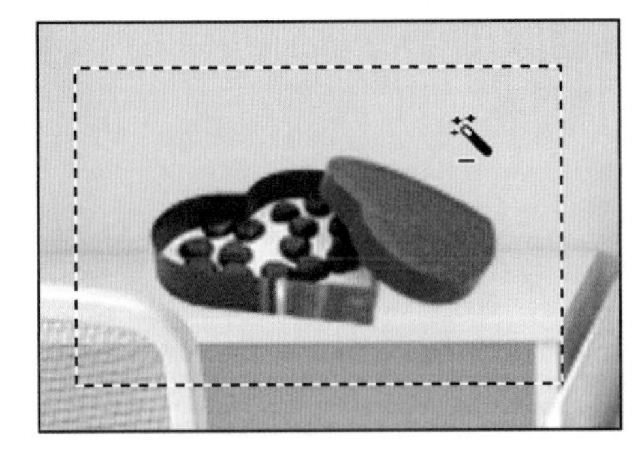

图 3.17

(7) 选择“移动工具”,将巧克力礼盒拖动到 background.psd 的左下相框中。选中任务栏中的“显示变换控件”复选框,对巧克力礼盒的大小进行调整,调整完毕后,单击任务栏右侧的“提交变换”按钮确定修改。操作完成之后单击“显示变换控件”前的对勾,取消选中状态。将新创建的图层命名为“巧克力礼盒”。效果如图 3.18 所示。

图 3.18

(8) 在菜单栏中选择“选择”→“取消选择”命令(或按 Ctrl+D 组合键),取消选择该对象。

(9) 选择“文件”→“存储”命令保存工作,最终效果如图 3.1 所示。

作业

一、模拟练习

打开“Lesson03/模拟”文件目录,选择“03Complete/03 模拟 Complete(CC 2017).psd”文件进行浏览(使用 Photoshop CS6 和 Photoshop CC 2017 软件的请打开对应的模拟练习案例,使用 Photoshop CC 2016 和 Photoshop CC 2015 软件的可打开 Photoshop CC 2015 案例文件)。根据本章所述知识制作一个类似的作品。作品资料已完整提供,获取方式见前言。

要求：(1) 学会使用“磁性套索工具”“椭圆选框工具”“魔棒工具”抠图。

(2) 学会移动选区并将选区移动到合适的位置。

二、自主创意

针对某一个图像文件，应用本章所学习的关于选区的知识，自主设计一个 Photoshop 案例。

三、理论题

1. “快速选择工具”与“魔棒工具”有何不同？
2. 如何在使用“椭圆选框工具”创建选区的同时移动选区？
3. “魔棒工具”如何确定选择图像的哪些区域？什么是容差？容差对选区有何影响？
4. 如何将区域加入选区？如何将区域从选区中减去？

第4章

图层基础

本章学习内容

(1) 图层原理。

(2) 创建图层。

(3) 编辑图层。

(4) 图层蒙版。

(5) 调整图层。

(6) 图层样式。

(7) 中性色图层。

(8) 合并与盖印图层。

(9) 智能对象。

完成本章的学习需要大约 90 分钟，相关资源获取方式见前言和第 1 章中的描述。

知识点

由于本书篇幅有限，下面的知识点并非在本章中都有涉及或详细讲解，在本书的资源网站有详细的资料，欢迎登录学习。

图层原理	创建图层	编辑图层	图层蒙版	创建剪贴蒙版
调整图层	图层样式	中性色图层	合并与盖印图层	智能对象

本章案例介绍

范例

现在手机中有很多 P 图软件，其中有很多精美的图片滤镜效果，本章案例就是通过制作照片的“画中画”效果（见图 4.1）来学习如何创建、编辑和管理图层，并了解与图层样式、图层复合有关的内容。

图 4.1

模拟

本章模拟案例(见图 4.2)是对于本章图层知识点的综合应用,同样运用到了图层蒙版、调整图层、中性色图层、盖印图层以及照片调色的基础,也是对于范例文件的巩固练习。

图 4.2

4.1 预览完成的文件

视频讲解

(1) 选择"04Lesson/范例/04Complete"中的"04 范例 Complete(CC 2017). psd"文件,右击,在弹出的快捷菜单中选择"打开方式"→"Adobe Photoshop CC 2017"命令,打开文件,如图 4.3 所示。

(2) 关闭当前打开的"04 范例 Complete(CC 2017). psd"文件。

CS6 2015 使用 Photoshop CS6 软件版本的读者请打开"04Lesson/范例/04Complete"文件夹中的"04 范例 Complete(CS6). psd"文件;使用 Photoshop CC 2016 和 Photoshop CC 2015 软件版本的读者请打开"04Lesson/范例/04Complete"文件夹中的"04 范例 Complete(CC 2015). psd"文件。

图 4.3

4.2 图层原理

视频讲解

图层是 Photoshop 最为核心的功能之一,它几乎承载了所有的编辑操作。如果没有图层,所有的图像就都将处于一个平面中,这对于图像的编辑简直是无法想象的。图层就像是堆叠在一起的透明纸,每一张纸(图层)上都保存着不同的图像,可以透过上面图层的透明区域看到下面图层的图像。

各个图层中的对象都可以单独处理,而不会影响其他图层中的内容。图层可以移动,也可以调整堆叠顺序。

除“背景”图层外,其他图层都可以通过调整不透明度[见图 4.4(a)],让图层内容变得透明;还可以修改混合模式,让上下层之间的图像产生特殊的混合效果[见图 4.4(b)]。不透明度和混合模式可以反复调节,而不会损坏图像。还可以通过“眼睛”图标 来切换图层的可视性。图层名称的左侧图像是该图层的缩览图,它显示了图层中包含的图像内容,其中的棋盘格代表了图层的透明区域。如果隐藏所有图层,则整个文档窗口都会变为棋盘格。

4.2.1 “图层”面板

“图层”面板用于创建、编辑和管理图层,以及为图层添加样式。“图层”面板中列出了文档中包含的所有图层和图层中添加的效果,如图 4.5 所示。

选取图层类型:当图层数量较多时,可在该选项下拉列表中选择一种图层类型(包括名称、效果、模式、属性、颜色),让“图层”面板只显示此类图层,隐藏其他类型的图层。

设置图层混合模式:用来设置当前图层的混合模式,使之与下面的图像产生混合效果。

图层锁定按钮:用来锁定当前图层的属性,使其不可编辑,包括透明像素 、图像像素 、位置 和锁定全部属性 。

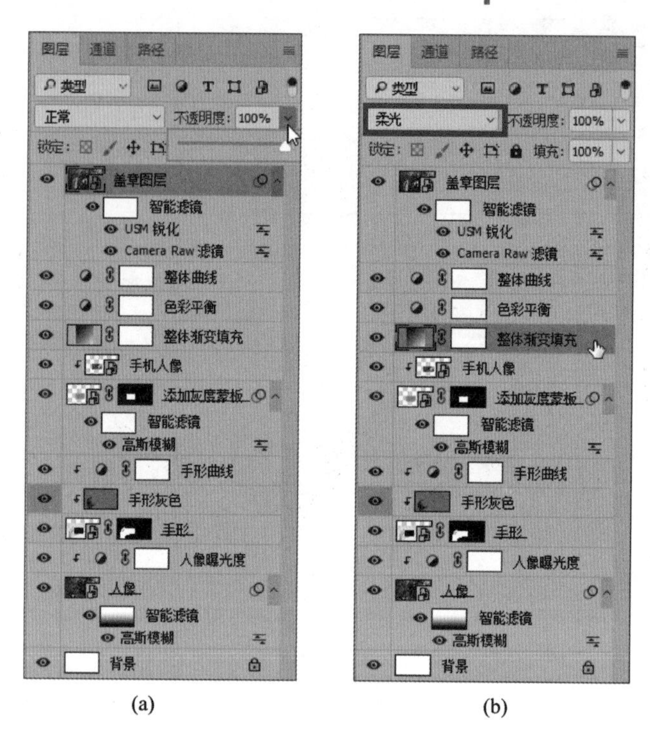

图层
通道
路径
类型
正常
柔光
不透明度：100%
锁定：
填充：100%
盖章图层
智能滤镜
USM 锐化
Camera Raw 滤镜
整体曲线
色彩平衡
整体渐变填充
手机人像
添加灰度蒙板
高斯模糊
手形曲线
手形灰色
手形
人像曝光度
人像
背景
(a)
(b)

图 4.4

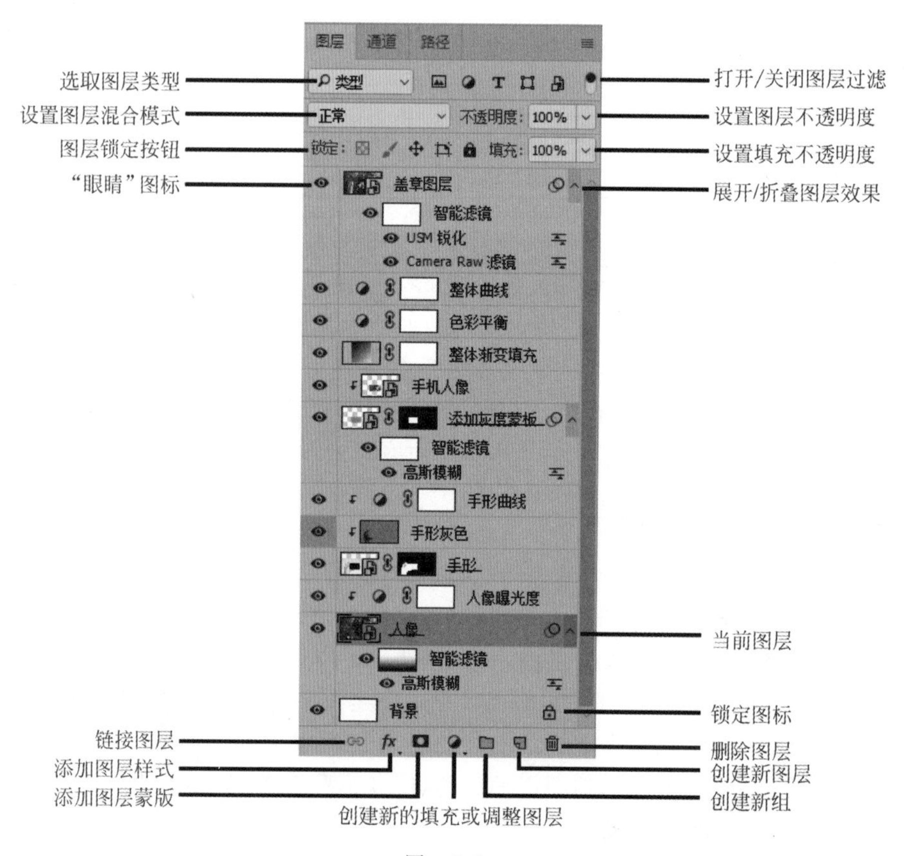

选取图层类型
设置图层混合模式
图层锁定按钮
“眼睛”图标
打开/关闭图层过滤
设置图层不透明度
设置填充不透明度
展开/折叠图层效果
当前图层
锁定图标
链接图层
添加图层样式
添加图层蒙版
删除图层
创建新图层
创建新组
创建新的填充或调整图层

图 4.5

“眼睛”图标：有该图标的图层为可见图层，单击它可以隐藏图层。隐藏的图层不能进行编辑。

链接图层：用来链接当前选择的多个图层。

添加图层样式：单击该图标，在打开的下拉菜单中选择一个效果，可以为当前图层添加图层样式。

添加图层蒙版：单击该按钮，可以为当前图层添加图层蒙版。蒙版用于遮盖图像，但不会破坏图像。

创建新的填充或调整图层：单击该按钮，在打开的下拉菜单中可以选择创建新的填充图层或调整图层。

打开/关闭图层过滤：单击该按钮，可以启用或停用图层过滤功能。

设置图层不透明度：用来设置当前图层的不透明度，使之呈现透明的状态，让下面图层中的图像内容显示出来。

设置填充不透明度：用来设置当前图层的填充不透明度，它与图层不透明度类似，但不会影响图层效果。

展开/折叠图层效果：单击该图标可以展开图层效果列表，显示出当前图层添加的所有效果的名称。再次单击可折叠效果列表。

当前图层：当前选择和正在编辑的图层。

锁定图标：显示该图标时，表示图层处于锁定状态。

删除图层：选择图层或图层组，单击该按钮可将其删除。

创建新图层：单击该按钮可以创建一个图层。

创建新组：单击该按钮可以创建一个图层组。

注意：在图层缩览图上右击，可在弹出的快捷菜单中调整缩览图的大小，如图 4.6 所示。

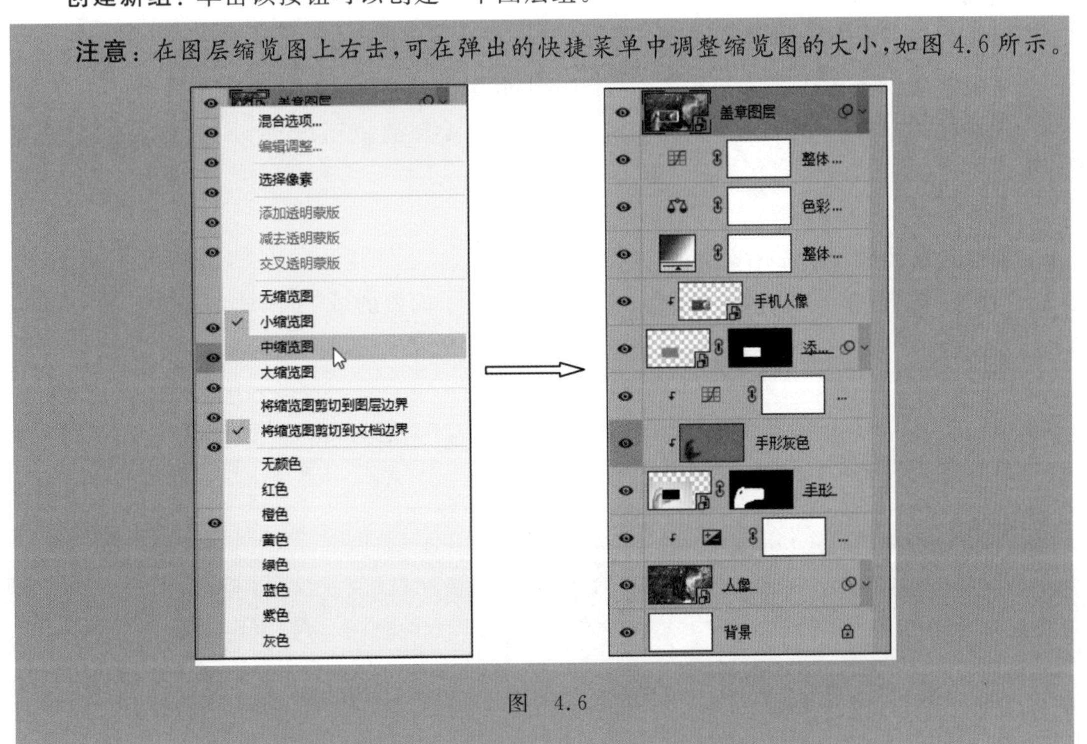

图　4.6

4.2.2 图层类型

Photoshop 中可以创建多种类型的图层，它们有各自不同的功能和用途，在“图层”面板中的显示状态也各不相同，如图 4.7 所示。

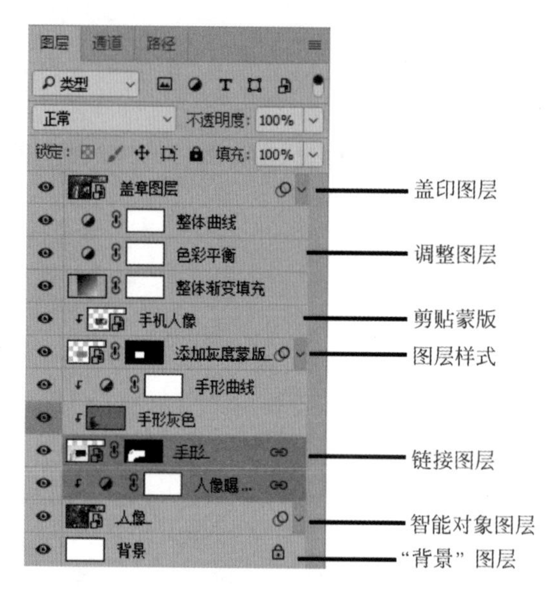

图 4.7

盖印图层：盖印是比较特殊的图层合并方法，它可以将多个图层中的图像内容合并到一个新的图层中，同时保持其他图层完好无损。

调整图层：可以调整图像的亮度、色彩平衡等，但不会改变像素值，而且可以重复编辑。

剪贴蒙版：蒙版的一种，可使用一个图层中的图像控制它上面的多个图层的显示范围。

图层样式：添加了图层样式的图层，以便于查找和编辑图层，类似于 Windows 的文件夹。

链接图层：保持链接状态的多个图层。

智能对象图层：包含有智能对象的图层。

“背景”图层：新建文档时创建的图层，它始终位于面板的最下层。

4.2.3 简单操作图层

(1) 打开“04Lesson/范例/04Start”文件夹，右击“04 范例 Start(CC 2017).psd”文件，选择打开方式为 Photoshop CC 2017。

> CS6 2015 使用 Photoshop CS6 软件版本的读者请打开“04Lesson/范例/04Start”文件夹中的“04 范例 Start(CS6).psd”文件；使用 Photoshop CC 2016 和 Photoshop CC 2015 软件版本的读者请打开“04Lesson/范例/04Start”文件夹中的“04 范例 Start(CC 2015).psd”文件。

(2) 选中“手形”图层，按 Ctrl+T 组合键变换选区，在舞台中会出现沿着“手形”图层大小的选区变换框。

(3) 右击选区，在弹出的快捷菜单中选择“水平翻转”命令，如图 4.8 所示。

图　4.8

(4) 此时的手形对象较大，与图片整体比例不适应，因此，将鼠标指针放置在选框的一角，按住 Alt+Shift 组合键将对象缩小一定比例，并且可用鼠标拖动手形至图片的右侧，避免挡住人像。

(5) 仔细观察手形，它此时处于一个偏移的状态，将鼠标指针放置在选框的一角，当出现“旋转”图标时，将对象向左旋转大约 0.3°，最后双击屏幕确定变换，效果如图 4.9 所示。

图　4.9

4.3　创建图层

视频讲解

在 Photoshop 中，图层的创建方法有很多种，包括在“图层”面板中创建、在编辑图像的过程中创建、使用各种命令创建等。本章案例制作的过程中穿插介绍图层创建的一些具体方法。

(1) 在工具箱中选择“多边形套索工具”，选中手机屏幕中的黑色外边框，形成闭合的区域后会自动出现闭合的“蚂蚁线”，如图4.10所示。这里不用“矩形工具”直接选取是因为这里的屏幕并不是等比例的矩形。

注意：在框选屏幕选区之前，可以按住Ctrl＋＋组合键将舞台放大，按住空格键可快速变为“手形工具”，移动屏幕至合适位置便于选择。选择后，可按住Ctrl＋－组合键将舞台缩小至合适大小，便于观察图片的整体效果。

(2) 为了使选区不会选中外部的白色部分，根据自己的需要对选区进行一定程度的收缩使选区位于黑色外边框的内部。在菜单栏中选择“选择”→“修改”→“收缩”命令，在弹出的对话框中，选择“收缩量”为1像素，选中“应用画布边界的效果”复选框，如图4.11所示，最后单击“确定”按钮。

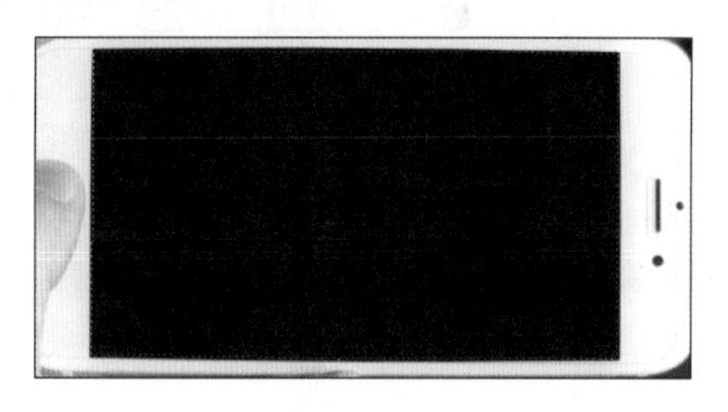

图 4.10

图 4.11

注意：在Photoshop CS6中没有“应用画布边界的效果”复选框。

4.3.1 创建背景图层

新建文档时，使用白色或背景色作为背景内容，“图层”面板的最下方图层便是“背景”图层，如图4.12所示。使用透明作为背景内容时，是没有“背景”图层的。

图 4.12

文档中没有给“背景”图层时，选择一个图层，在菜单栏中选择“图层”→“新建”→“背景图层”命令，则可以将其转换为“背景”图层，并且被锁定。

4.3.2 将“背景”图层转换为普通图层

“背景”图层是比较特殊的图层，它永远在“图层”面板的最底层，不能调整上下堆叠顺序，并且不能设置不透明度、混合模式，也不能添加效果。要进行这些操作，需要先将“背景”图层转换为普通图层。

双击“背景”图层，在打开的“新建背景图层”对话框中可以为其输入一个名称(或使用默认名称)，然后单击“确定”按钮，即可将其转换为普通图层。按住Alt键双击“背景”图层，可以不用打开对话框而直接将其转换为普通图层。

“背景”图层可以用绘画工具、滤镜等编辑。一个图像中可以没有“背景”图层，但是最多只能有一个“背景”图层。

4.3.3　在图层面板中创建图层

单击“图层”面板中的“创建新图层”按钮，即可在当前图层上方新建一个图层，新建的图层会自动成为当前图层。如果想要在当前图层的下方新建图层，可以按住 Ctrl 键单击“创建新图层”按钮，但“背景”图层的下方不能创建图层。

(1) 单击“图层”面板下方的“创建新图层”按钮，自动在图层的最上方新建一个名为“图层 1”的新图层。

(2) 双击“图层 1”的文字，将其命名为“灰度蒙版”。

(3) 在“颜色”面板中，选择灰色。如果没有在页面中找到“颜色”面板，可以选择“窗口”→“颜色”命令打开“颜色”面板，如图 4.13 所示。

(4) 按 Alt+Delete 组合键为图层填充灰色，按 Ctrl+D 组合键取消选区。

(5) 选择“灰度蒙版”图层，右击，在弹出的快捷菜单中选择“转换为智能对象”命令。

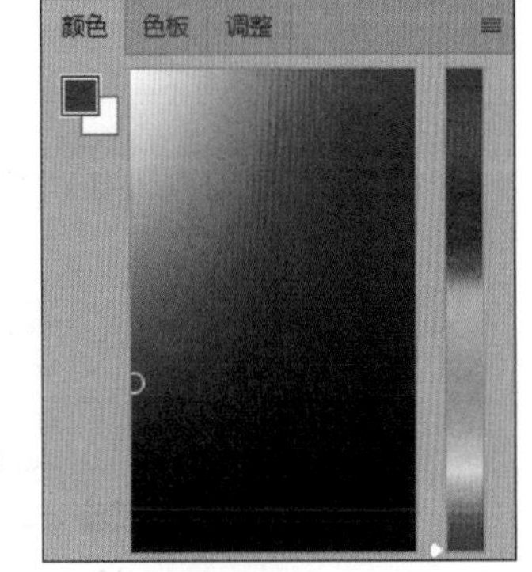

图　4.13

4.3.4　用“新建”命令创建图层

如果想要创建图层并设置图层的属性，如名称、颜色和混合模式等，可以选择“图层”→“新建”→“图层”命令，或按住 Alt 键单击“创建新图层”按钮，或是按 Ctrl+Shift+N 组合键，打开“新建图层”对话框(见图 4.14)进行设置。

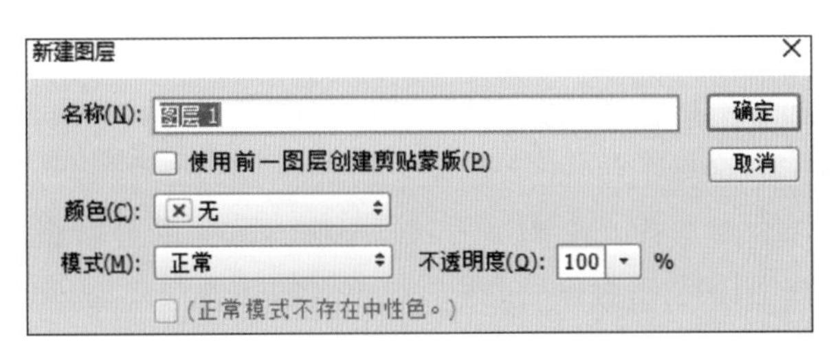

图　4.14

在“颜色”下拉列表中选择一种颜色后，可以使用颜色标记图层。用颜色标记图层在 Photoshop 中称为颜色编码。为某些图层或图层组设置一个可以区别于其他图层或组的颜色，可以有效地区分不同用途的图层。

4.4　编辑图层

视频讲解

下面介绍选择图层、复制图层、链接图层、锁定图层、查找图层、栅格化图层等图层的基本操作方法。

4.4.1　选择图层

选择一个图层：单击“图层”面板中的一个图层即可选择该图层，并且该图层会有高亮框显示，表示为当前图层。

选择多个图层：如果要选择多个相邻的图层，可以单击第一个图层，然后按住 Shift 键单击最后一个图层，即可将相邻的全部图层选取；如果要选择多个不相邻的图层，可按住 Ctrl 键分别单击所需图层即可，如图 4.15 所示。

选择所有图层：在菜单栏中选择"选择"→"所有图层"命令(见图 4.16)，可以选择"图层"面板中所有的图层。

图 4.15

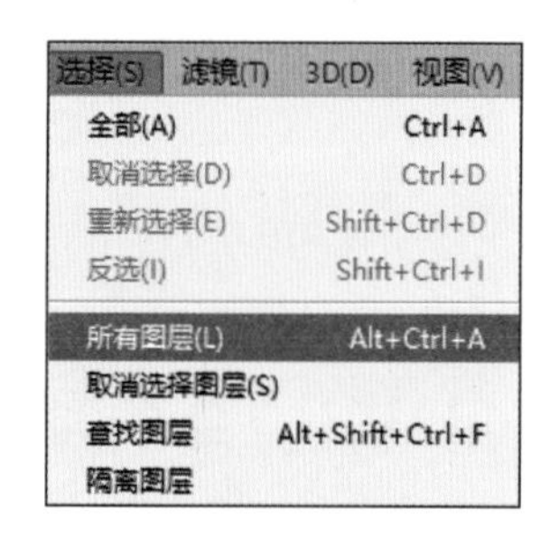

图 4.16

选择链接的图层：在图层中有链接图层的前提下，选择其中一个"链接图层"，在菜单栏中选择"图层"→"选择链接图层"命令，可以选择与之链接的其他所有图层。

取消选择图层：如果不想选择任何图层，可在面板中空白处单击，也可在菜单栏中选择"选择"→"取消选择图层"命令。

快速切换当前图层：在选择一个图层后，按 Alt+]组合键可以将当前图层切换为与之相邻的上一个图层；按 Alt+]组合键，可将当前图层切换为与之相邻的下一个图层。

4.4.2 复制图层

(1) 在"图层"面板复制图层。在"图层"面板中，将需要复制的图层拖动到"创建新图层"按钮上，即可复制该图层，或按 Ctrl+J 组合键复制当前图层。

(2) 通过命令复制图层。选择一个图层，在菜单栏中选择"图层"→"复制图层"命令，弹出"复制图层"对话框，如图 4.17 所示。在"为"中输入图层名称；在"文档"下拉列表中选择

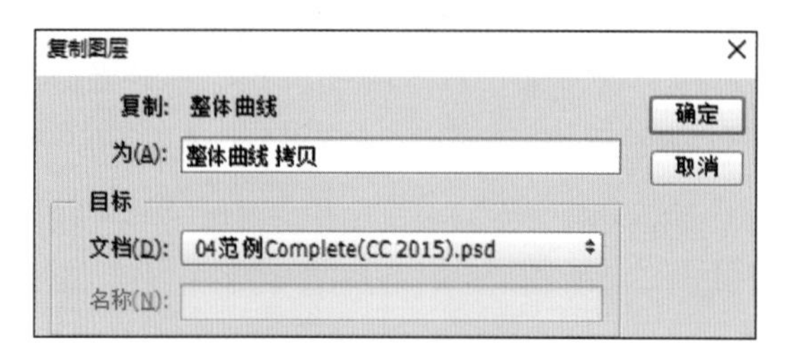

图 4.17

其他打开文件，可以将图层复制到该文档中，如果选择“新建”选项，则可以设置文档的名称并将图层内容创建为一个新文件。最后单击“确定”按钮即可。

4.4.3　链接图层

如果要同时处理多个图层中的图像（如同时移动、应用变换或者创建剪贴蒙版），则可将这些图层链接在一起再进行操作。

在“图层”面板中选择两个或多个图层，单击“图层”面板下方的“链接图层”按钮，或选择“图层”→“链接图层”命令，即可将其链接。如果要取消链接，可以选择一个图层，然后单击按钮即可，如图 4.18 所示。

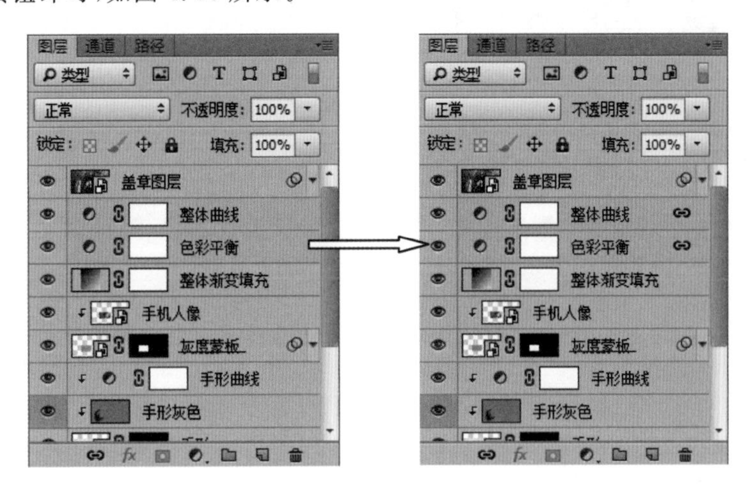

图　4.18

4.4.4　锁定图层

“图层”面板提供了用于保护图层透明像素、图像像素和位置等属性的锁定功能，如图 4.19 所示。可以根据需要完全锁定或部分锁定图层，以免因编辑操作失误而对图层内容造成修改。

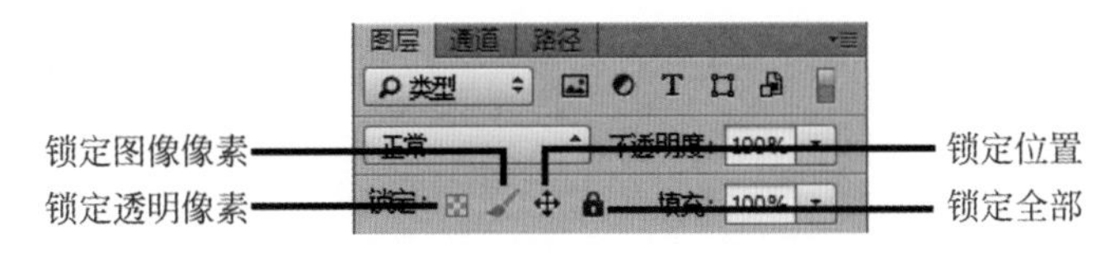

图　4.19

锁定透明像素：单击该按钮后，可以将编辑范围限定在图层的不透明区域。图层的透明区域会受到保护。

锁定图像像素：单击该按钮后，只能对图层进行移动和变换操作，不能在图层上绘画、擦拭或应用滤镜。

锁定位置：单击该按钮后，图层不能移动。对于设置了精确位置的图像，锁定位置后就不必担心意外移动了。

锁定全部：单击该按钮后，可以锁定以上全部选项。

注意：当图层只有部分属性被锁定时，图层名称右侧会出现一个“空心”的锁；当所有属性都被锁定时，就会出现“实心”的锁。

4.4.5 查找图层

当图层数量较多时，如果想要快速找到某个图层，可以选择“选择”→“查找图层”命令。在“图层”面板顶部会出现一个文本框，如图 4.20 所示，输入该图层名称，则面板中只显示该图层。

图 4.20

也可以让面板中显示某种类型的图层(包括名称、效果、模式、属性、颜色)，隐藏其他类型的图层。

如果想要停止图层过滤，让面板汇总显示所有图层，可以单击面板右上方输入框后面的“打开/关闭图层过滤”按钮。

4.4.6 栅格化图层内容

如果需要使用绘画工具和滤镜编辑文字图层、形状图层、矢量图层蒙版或智能对象等包含矢量数据的图层，需要先将其栅格化，让图层中的内容转化为光栅图像，然后才能进行相应的编辑。

选择需要栅格化的图层，选择“图层”→“栅格化”命令(见图 4.21)，即可栅格化图层中的内容。

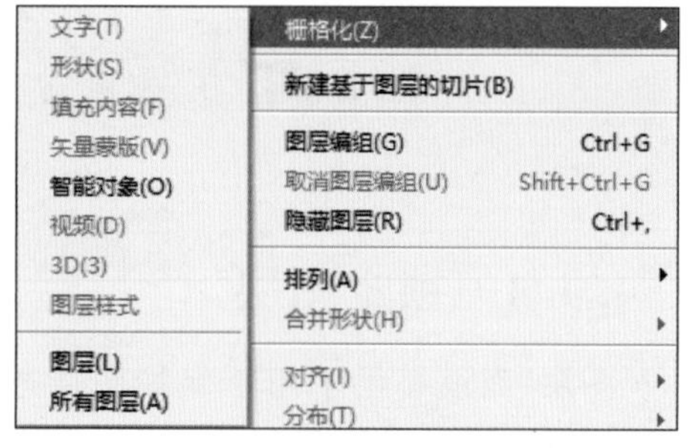

图 4.21

文字：栅格化文字图层，使文字变为光栅图像。栅格化以后，文字内容不能再修改。

形状/填充内容/矢量蒙版：选择“形状”命令，可以栅格化形状图层；选择“填充内容”命令，可以栅格化形状图层填充内容；选择“矢量蒙版”命令，可以栅格化矢量蒙版，将其转换为图层蒙版。

智能对象：栅格化智能对象，将其转换为像素。

视频：栅格化视频图层，选定图层将拼合到“时间轴”面板中选定的当前帧的复合中。

3D：栅格化 3D 图层。

图层样式：栅格化图层样式，将其应用到图层内容中。

图层/所有图层：选择“图层”命令，可以栅格化当前选中的图层；选择“所有图层”命令，可以栅格化包含矢量数据、智能对象和生成数据的所有图层。

4.5 图层蒙版

视频讲解

图层蒙版是一个 256 级色阶的灰度图像，它蒙在图层上面，起到遮盖图层的作用，然而其本身并不可见。图层蒙版主要用于合成图像。创建调整图层、填充图层或者应用智能滤镜时，Photoshop 也会自动为其添加图层蒙版。因此，图层蒙版还可以控制颜色调整和滤镜范围。

4.5.1 图层蒙版原理

在图层蒙版中，纯白色对应的图像是可见的，纯黑色会遮盖图像，灰色区域会使图像呈现出一定程度的透明效果(灰色越深，图像越透明)。基于以上原理，当想要隐藏某些区域时，可以为它添加一个蒙版，再将相应的区域涂黑；想让图像呈现出半透明效果，可以将蒙版涂灰。

图像蒙版是位图图像，几乎可以使用所有的绘画工具来编辑它。现在回到本章案例中，添加蒙版并增加高斯模糊效果。

(1) 按住 Ctrl 键单击“灰度蒙版”缩览图，调出该图层的选区。

(2) 为了只模糊灰色区域而不会使外部同时模糊，选择“灰度蒙版”图层，单击“图层”面板下方的“添加矢量蒙版”为其添加蒙版，如图 4.22 所示。

(3) 在菜单栏中选择“滤镜”→“模糊”→“高斯模糊”命令，在弹出的对话框中，用鼠标拖动“半径”选项的手柄增减数值，或是在框内直接输入，如图 4.23 所示。

(4) 单击“确定”按钮，此时可以看出在手机内边框中显现出了模糊效果，并且在“灰度蒙版”图层下方自动添加了“高斯模糊”效果，如图 4.24 所示。

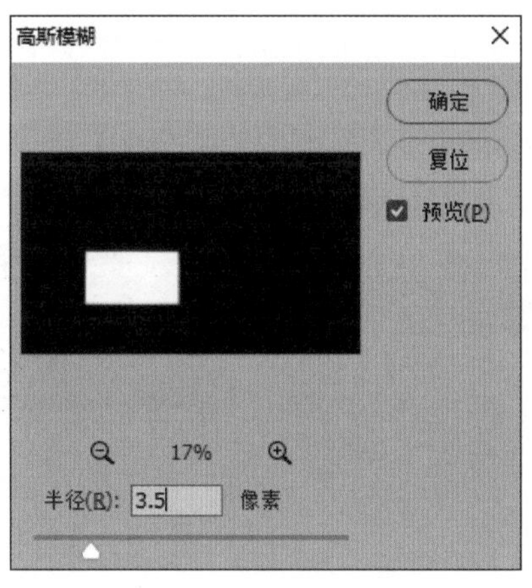

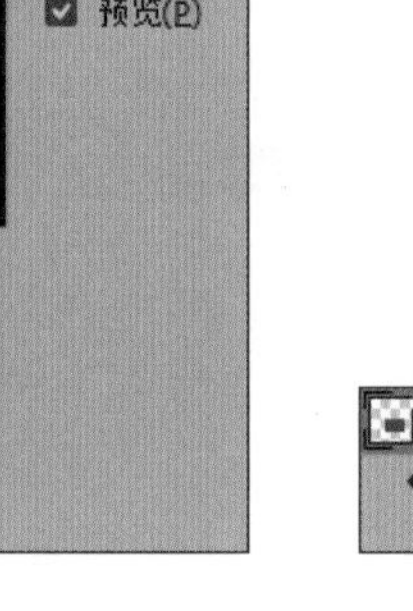

图 4.22　　图 4.23　　图 4.24

4.5.2 剪贴蒙版

剪贴蒙版可以用一个图层中包含像素的区域来限制它上层图像的显示范围。它的最大优点是可以通过一个图层来控制多个图层的可见内容，而图层蒙版和矢量蒙版都只能控制一个图层。下面对本章案例创建屏幕图像的剪贴蒙版。

在剪贴蒙版中，最下面的图层称为“基底图层”，它的名称带有下画线；位于基底图层上面的图层称为“内容图层”，它们的缩览图是缩进的，并带有⬇状图标(指向基底图层)。

基底图层中的透明区域充当了整个剪贴蒙版组中的蒙版，它的透明区域就像蒙版一样，可以将内容层中的图像隐藏起来。因此，只要移动基底图层，就会改变内容图层的显示区域。

(1) 选中“人像”图层，按 Ctrl+J 组合键复制一个图层作为手机屏幕的图像。

（2）将“人像拷贝”图层命名为“手机人像”，并且向上拖动至图层顶部，如图 4.25 所示。

（3）按 Ctrl+T 组合键调出图像的“自由变换”，将鼠标指针移至图形的一个顶点处，同时按住 Alt+Shift 组合键对图像进行同比缩放至手机屏幕大小，不用至完全相同，略大于屏幕即可，如图 4.26 所示。

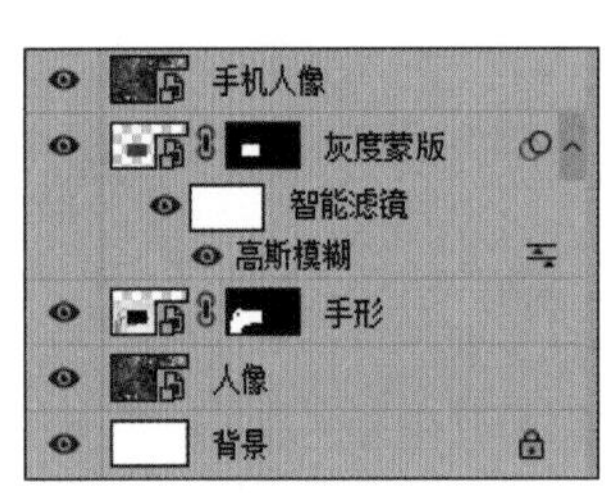

图 4.25

图 4.26

（4）双击屏幕或单击“确定”按钮。

（5）为了能使手机中的图像只对创建出的“灰度蒙版”图层显示，需要对图像进行剪贴蒙版的创建。选中“手机人像”图层，右击，在弹出的快捷菜单中选择“创建剪贴蒙版”命令，或者按 Ctrl+Alt+G 组合键，此时图像便仅处于“灰度蒙版”图层中的内容显示，且“手机人像”图层的显示方式也发生了变化，如图 4.27 所示。

图 4.27

4.6 调整图层

视频讲解

调整图层是一种特殊的图层，它可以将颜色和色调调整应用于图像，但不会改变原图像的像素，因此不会对图像产生实质性的破坏。在本章案例中多次使用调整图层对案例进行色调、曝光度、色彩平衡等方面的调整。

4.6.1 了解调整图层优势

在 Photoshop 中，图像色彩与色调的调整方式有两种：一种是选择“图像”→“调整”级联菜单中的命令；另一种是使用“调整图层”。“调整”命令会直接修改所选图层中的像素数据；“调整图层”可以达到同样的调整效果，但不会改变像素。

创建“调整图层”后颜色和色调调整就存储在“调整图层”中，并影响它下面的所有图层。如果想要对多个图层进行相同的调整，可以在这些图层上面创建一个“调整图层”，通过“调整图层”来影响这些图层，而不必分别调整每个图层。将其他图层放在“调整图层”下面，就会对其产生影响。

4.6.2 “调整”面板和“属性”面板

在菜单栏中选择“图层”→“新建调整图层”命令，或者在“调整”面板中单击所需的相应按钮(见图 4.28)，或者单击“图层”面板下方的“创建新的填充和调整图层”按钮(见图 4.29)，即可在“图层”面板中创建“调整图层”。同时，在“属性”面板中会显示相应的参数设置选项，如图 4.30 所示。

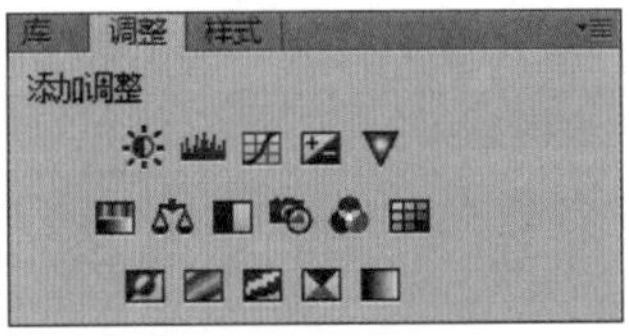

图 4.28

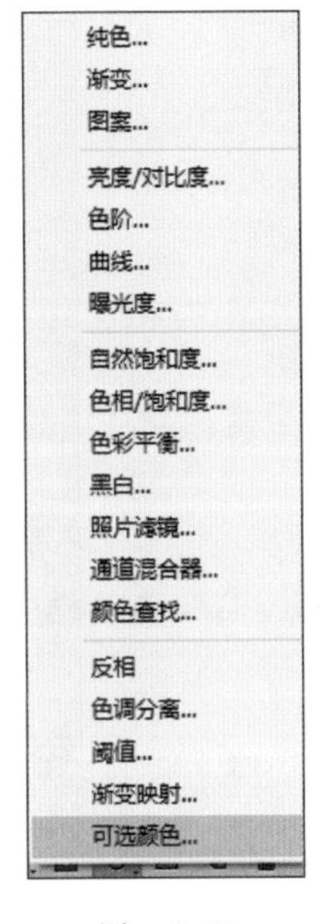

图 4.29

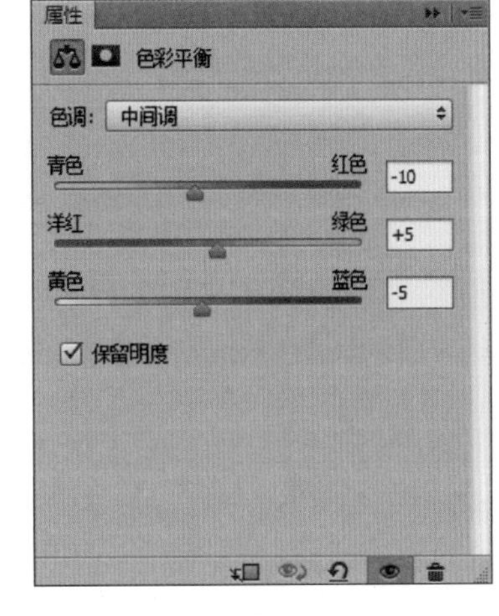

图 4.30

注意：“调整”面板和“属性”面板可以通过选择菜单栏中的“窗口”菜单进行相应的选择。

下面回到本章案例中。此时人像图像的头发部分的曝光度过高致使出现反光的现象，下面通过添加“调整图层”对其曝光度进行设置。

(1) 选中“人像”图层，单击“图层”面板下方的“创建新的填充和调整图层”按钮，选择“曝光度”选项，系统会自动在“人像”图层的上方添加一个“曝光度”图层，将其重命名为“人像曝光度”。

(2) 在弹出的“属性”面板中将“曝光度”的值设置为－0.55，如图 4.31 所示，此时画面会变暗。

(3) 按 Ctrl＋Alt＋G 组合键向下创建一个剪贴蒙版。

(4) 希望能使整体达到一个近实远虚的效果。选中“人像”图层，同样在菜单栏中选择“滤镜”→“模糊”→“高

图 4.31

斯模糊”命令，在弹出的对话框中将“半径”值设置为 2.0，如图 4.32 所示，单击“确定”按钮。

(5) 在“人像”图层是智能对象的前提下，添加的滤镜也是智能滤镜，此时画面整体变得较模糊，下面为它手动添加一个渐变的效果。在“智能滤镜”前面有一个小缩览图，这是“智能滤镜”的蒙版，对它进行修改可以影响它下面的图层显示效果。选择智能滤镜前面的小缩览图，如图 4.33 所示。

图 4.32

图 4.33

(6) 在工具箱中选择“渐变工具”，工具选项栏中会出现“渐变工具”的一些属性设置，如图 4.34 所示。

图 4.34

(7) 利用“黑透白不透”的原理，在人像处按住 Shift 键由上到下拉出一条直线，则图像出现“上虚下实”的效果。此时在“智能滤镜”图层前面的蒙版也发生了变化，下半部分变成了黑色，表示“高斯模糊”的效果被渐变取消了，所以下方变得清晰，如图 4.35 所示。

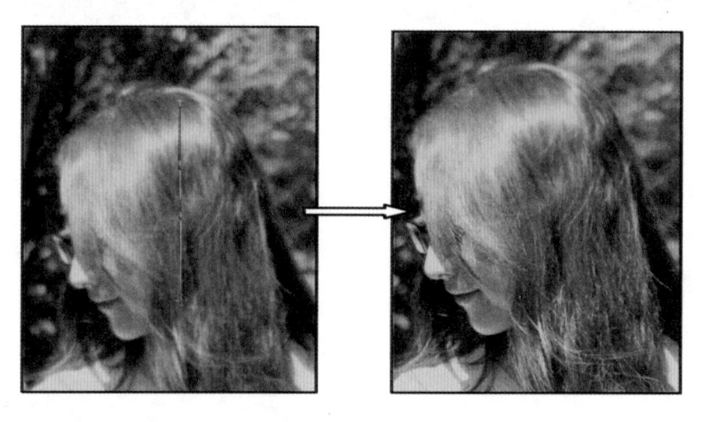

图 4.35

(8) 同样，可以为“高斯模糊”添加“混合模式”，在“高斯模糊”图层的后面双击按钮进入“混合选项(高斯模糊)”，设置“模式”为“正片叠底”，“不透明度”为 35%，如图 4.36 所示，单击“确定”按钮。

图　4.36

4.7　图层样式

视频讲解

图层样式也称为图层效果,它可以为图层中的图像内容添加诸如投影、发光、浮雕、描边等效果,创建具有真实质感的水晶、玻璃、金属和纹理效果。图层样式可以随时修改、隐藏或删除,具有非常强的灵活性。此外,使用系统预设的样式,或者载入外部样式,只需轻轻单击鼠标,便可以将效果应用于图像。

如果要为图层添加样式,可以先选择这一图层,然后采用下面任意一种方式打开"图层样式"对话框,进行效果设定。

(1) 选择"图层"→"图层样式"命令,选择一个效果命令,可以打开"图层样式"对话框并进入相应效果的设置面板,如图 4.37 所示。

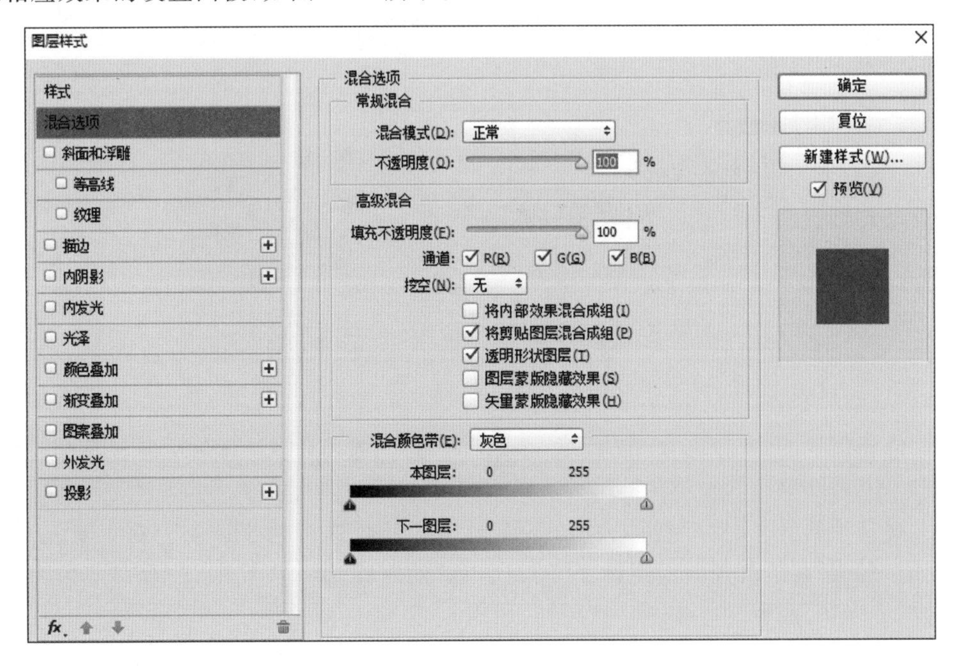

图　4.37

（2）在“图层”面板中单击“添加图层样式”按钮fx，打开下拉菜单，如图4.38所示，选择一个命令可以打开“图层样式”对话框并进入相应效果的设置面板。

（3）双击需要添加效果的图层，可以打开“图层样式”对话框，在对话框左侧选择要添加的效果，即可切换到该效果的设置面板。

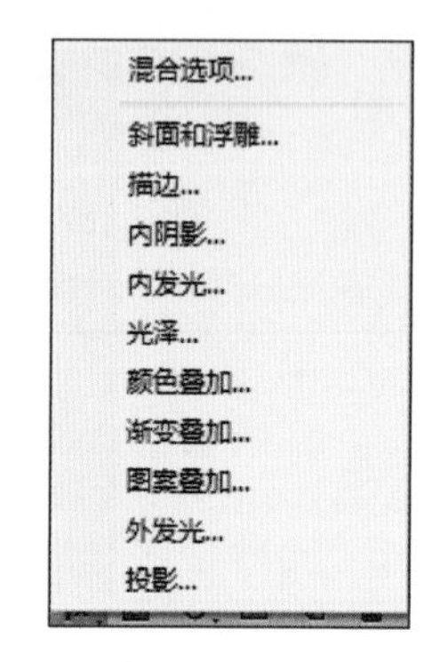

图 4.38

注意：图层样式不能用于“背景”图层。但可以按住Alt键双击“背景”图层，将它转换为普通图层，然后为其添加效果。

4.8 中性色图层

视频讲解

“中性色图层”是一种填充了中性色的特殊图层，它通过混合模式对下面的图像产生影响。“中性色图层”可用于修饰图像以及添加滤镜，所有操作都不会破坏其他图层上的像素。

在Photoshop中，黑色、白色和50%灰色是中性色。创建“中性色图层”时，Photoshop会用这3种中性色中的一种来填充图层，并为其设置特定的混合模式。在混合模式的作用下，图层中的中性色不可见，就像新建的透明图层一样。如果不应用效果，“中性色图层”不会对其他图层产生任何影响。

可以用画笔、加深、减淡等工具在中性色图层上涂抹，修改中性色，从而影响下面图像的色调，也可以对“中性色图层”应用滤镜。

现在观察本章案例目前的整体效果，明显手的颜色和效果是不能和整体相融合的，所以下面根据上面了解的“中性色图层”的知识点来为手形进行整体调色。

（1）选中“手形”图层，按Ctrl+Shift+N组合键添加一个新图层，“名称”为“手形灰色”，“颜色”为“灰色”，“模式”为“柔光”，选中“填充柔光中性色(50%灰)”复选框，如图4.39所示，单击“确定”按钮。

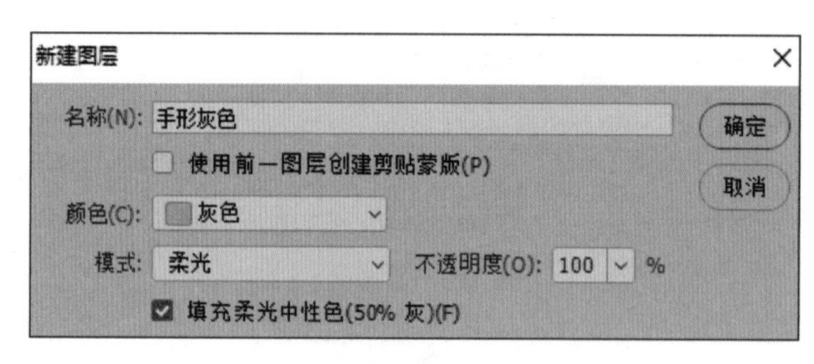

图 4.39

（2）使新创建的“灰色图层”仅针对“手形”做修改，按Ctrl+Alt+G组合键创建“剪贴蒙版”。

（3）观察手的颜色，发现整体太亮，下面对手的颜色进行初步调整。在工具箱中选择“加深工具”，在工具选项栏中设置“加深工具”的属性“大小”为80，“范围”为“中间调”，“曝光度”为11%，选中“保护色调”复选框，如图4.40所示。

图　4.40

(4) 在手的部位来回单击拖动，加深手的暗部颜色使手整体看起来更加自然，如图4.41所示。

图　4.41

(5) 在“图层”面板单击“创建新的填充和调整图层”按钮，选择“曲线”为手形添加曲线效果。

(6) 在弹出的“属性”面板中单击“此调整剪切到此图层”按钮，拖动曲线至如图4.42所示，“手形”整体颜色变暗一些即可。

(7) 下面把整体画面调出小清新效果，先为其添加渐变。在“图层”面板中选中最上方的图层“手机人像”，单击“图层”面板下方的“创建新的填充或调整图层”按钮，选择“渐变”。

(8) 在弹出的对话框中单击“确定”按钮，为图层命名为“整体渐变填充”，设置“混合模式”为“柔光”，如图4.43所示。

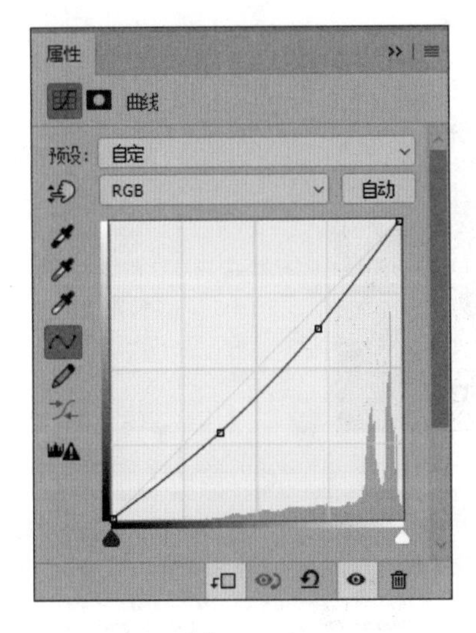

图　4.42

图　4.43

(9) 双击“整体渐变填充”前面的小缩览图，弹出“渐变填充”对话框。双击“渐变”的滑动条，弹出“渐变编辑器”对话框，选择第一个“前景色到背景色渐变”，双击第一个左边下“色标”，弹出“拾色器(色标颜色)”对话框，在下方的颜色输入框中输入 194d66，如图 4.44 所示，单击“确定”按钮。

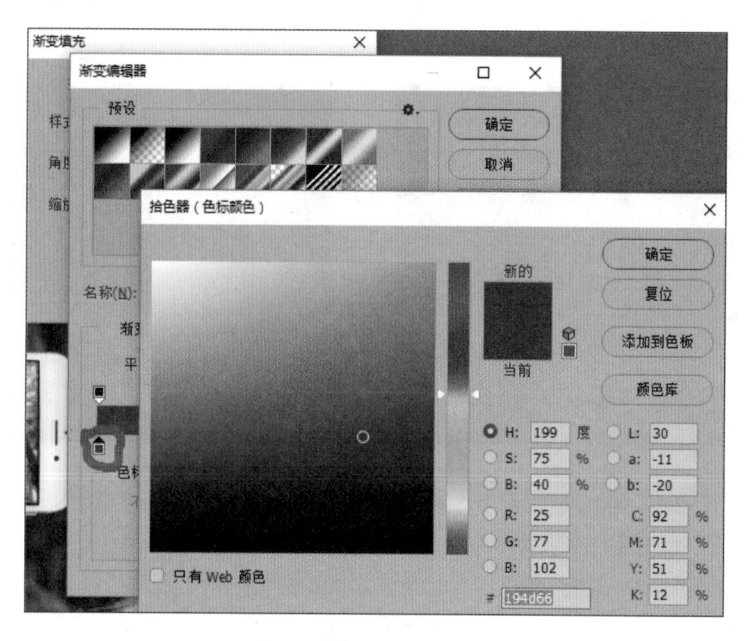

图 4.44

(10) 在“色标”滑块的中间单击，添加一个色标，“位置”为 52，双击弹出“拾色器(色标颜色)”对话框，在下方的颜色输入框中输入 8d8d8d，如图 4.45 所示，单击“确定”按钮。

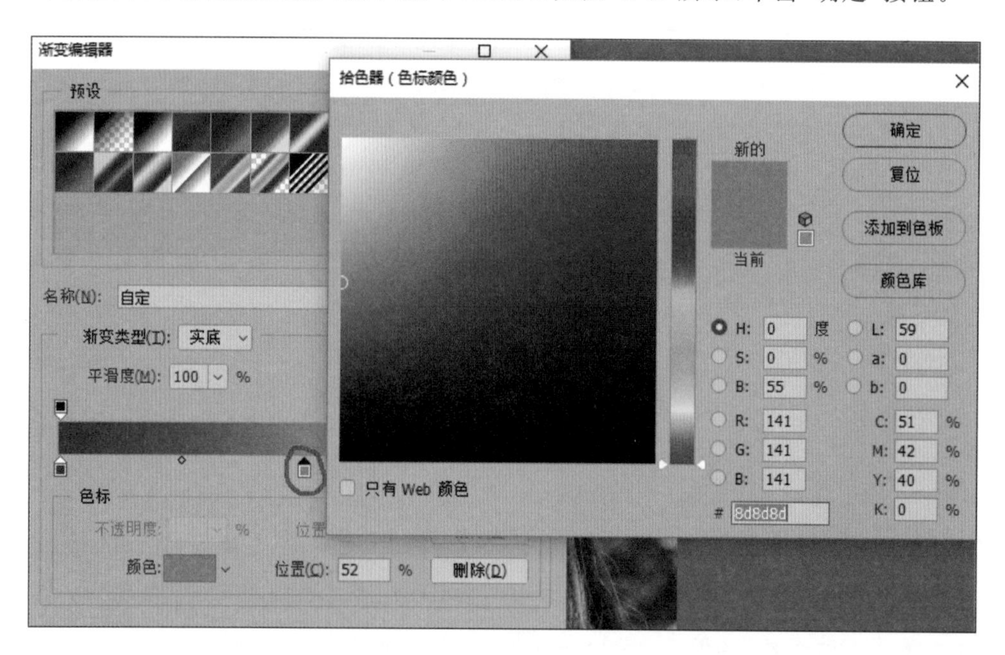

图 4.45

（11）单击“确定”按钮，退出“渐变填充”对话框。此时可以通过关闭、打开“整体渐变填充”前的“眼睛”图标来查看此次修改后的变化。

（12）现在来看画面整体，手的色调还是不能与画面很好地相融合。下面通过为画面添加整体的“色彩平衡”来使“手形”颜色与整体画面进行融合。单击“图层”面板下方的“创建新的填充或调整图层”按钮，选择“色彩平衡”。在弹出的“属性”面板中设置“青色-红色”值为－10，“洋红-绿色”值为＋5，黄色-蓝色值为－5，如图 4.46 所示。

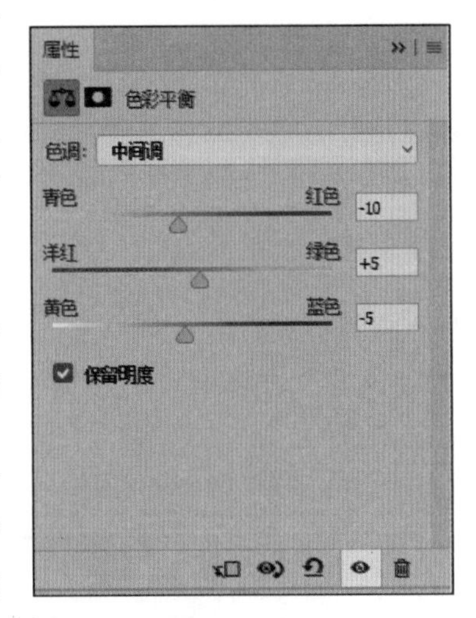

图 4.46

（13）调整完后，为画面整体再添加一个曲线。单击“图层”面板下方的“创建新的填充或调整图层”按钮，选择“曲线”，命名为“整体曲线”。

（14）在弹出的“属性”面板中分别单击“自定”下方的“红”“绿”“蓝”，将其上下“滑块”分别设置，如图 4.47 所示，使整体的灰度降低，使整体的图片变得更加透亮清晰。

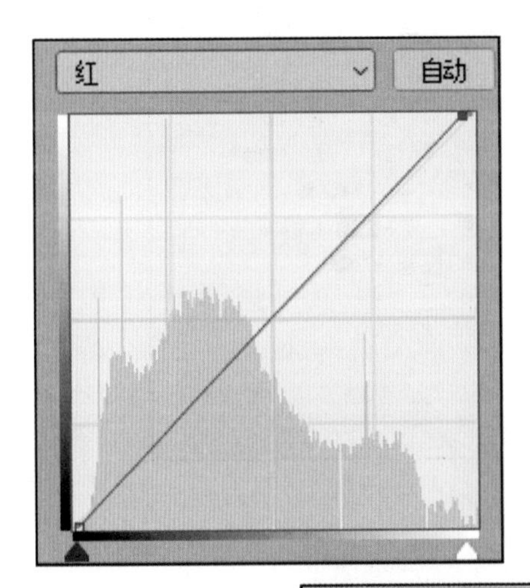

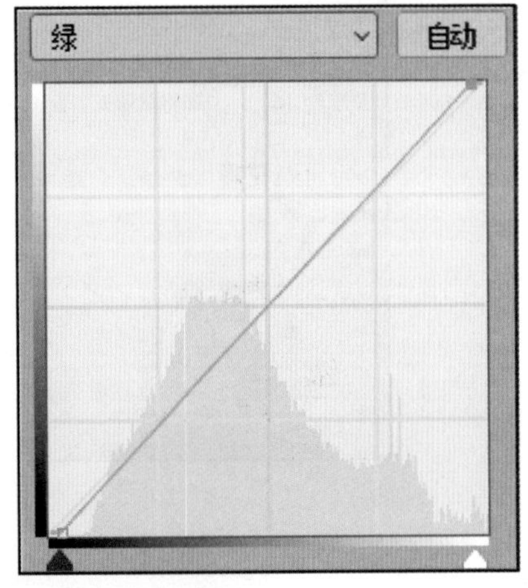

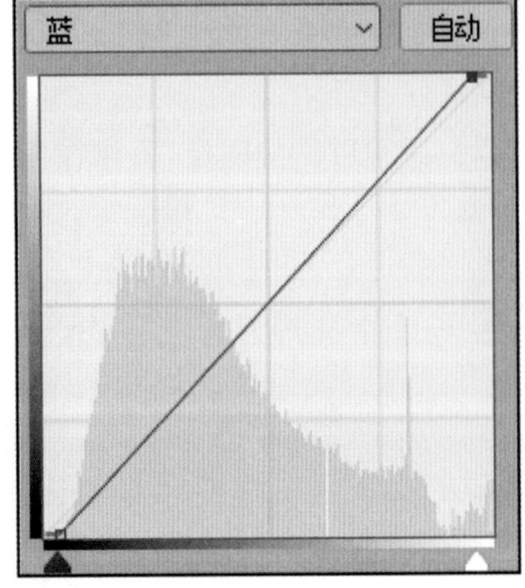

图 4.47

4.9 合并与盖印图层

视频讲解

图层、图层组和图层样式等都会占用计算机的内存和暂存盘。因此，以上内容数量越多，占用的系统资源也越多，从而导致计算机的运行速度变慢。将同样属性的图层合并，或者将没有用处的图层删除，都可以减小文件的大小。此外，对于复杂的图像文件，图层数量变少以后，既便于管理，也可以快速找到需要的图层。

4.9.1 合并图层

合并图层：如果要合并两个或多个图层，可在“图层”面板中选择它们，然后选择“图层”→“合并图层”命令，或者右击，在弹出的快捷菜单中选择“合并图层”命令，合并后的图层使用上面图层的名称(见图 4.48)。但是在本章案例中并没有使用“合并图层”的操作。

图 4.48

向下合并图层：如果想要将一个图层与它下面的图层合并，可以选择该图层，然后右击，在弹出的快捷菜单中选择“向下合并图层”命令，或按 Ctrl＋E 组合键，合并后的图层使用下面图层的名称。

合并可见图层：如果想要合并所有可见的图层，可以在图层中右击，在弹出的快捷菜单中选择“合并可见图层”命令，或按 Ctrl＋Shift＋E 组合键，它们会合并到“背景”图层中。

拼合图像：如果要将所有图层都拼合到“背景”图层中，可以右击，在弹出的快捷菜单中选择“拼合图像”命令。如果有隐藏的图层，则会弹出提示，询问是否删除隐藏的图层。

4.9.2 盖印图层

盖印是比较特殊的图层合并方法，它可以将多个图层中的图像内容合并到一个新的图层中，同时保持其他图层完好无损。如果想要得到某些图层的合并效果，而又要保持原图层完整，盖印是最佳的解决办法。

向下盖印：选择一个图层，按 Ctrl＋Alt＋E 组合键，可以将该图层中的图像盖印到下面的图层中，原图层内容保持不变。

盖印多个图层：选择多个图层，按 Ctrl＋Alt＋E 组合键，可以将它们盖印到一个新的图层中，原图层内容保持不变。

盖印可见图层：按 Ctrl＋Shift＋Alt＋E 组合键，可以将所有可见图层中的图像盖印到一个新的图层中，原图层内容保持不变。

回到案例中。

(1) 单击“图层”面板的最上方图层，按 Ctrl＋Shift＋Alt＋E 组合键，为所有图层添加一个盖章图层，并命名为“盖章图层”。右击，在弹出的快捷菜单中选择“转换为智能对象”命令。

(2) 在菜单栏中选择“滤镜”→“锐化”→“USM 锐化”命令。

(3) 设置“数量”为 47，“半径”为 1.6，如图 4.49 所示，单击“确定”按钮。

(4) 在菜单栏中选择“滤镜”→“Camera Raw 滤镜”命令，在右边的“基本”设置中选择“色温”为－7，“色调”为－8，“曝光”为－0.45，“清晰度”为＋4，如图 4.50 所示。

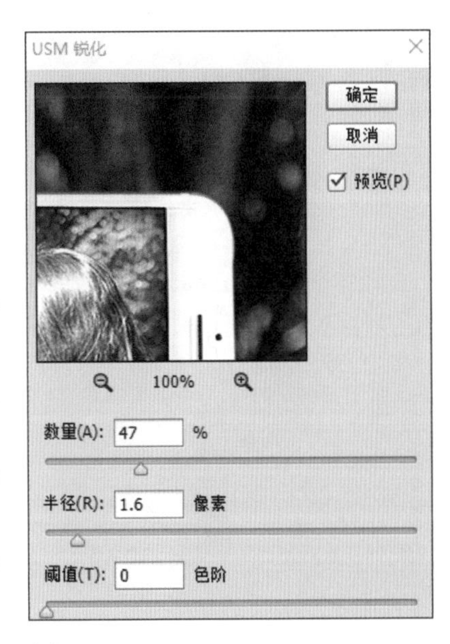

图 4.49

图 4.50

CS6 使用 Photoshop CS6 软件版本的读者请先将文件保存为 JPEG 文件并关闭，再在菜单栏中选择“文件”→“打开为”命令，选择 Camera Raw，打开“04 范例 Complete(CS6).jpg”文件，如图 4.51 所示，单击“确定”按钮。

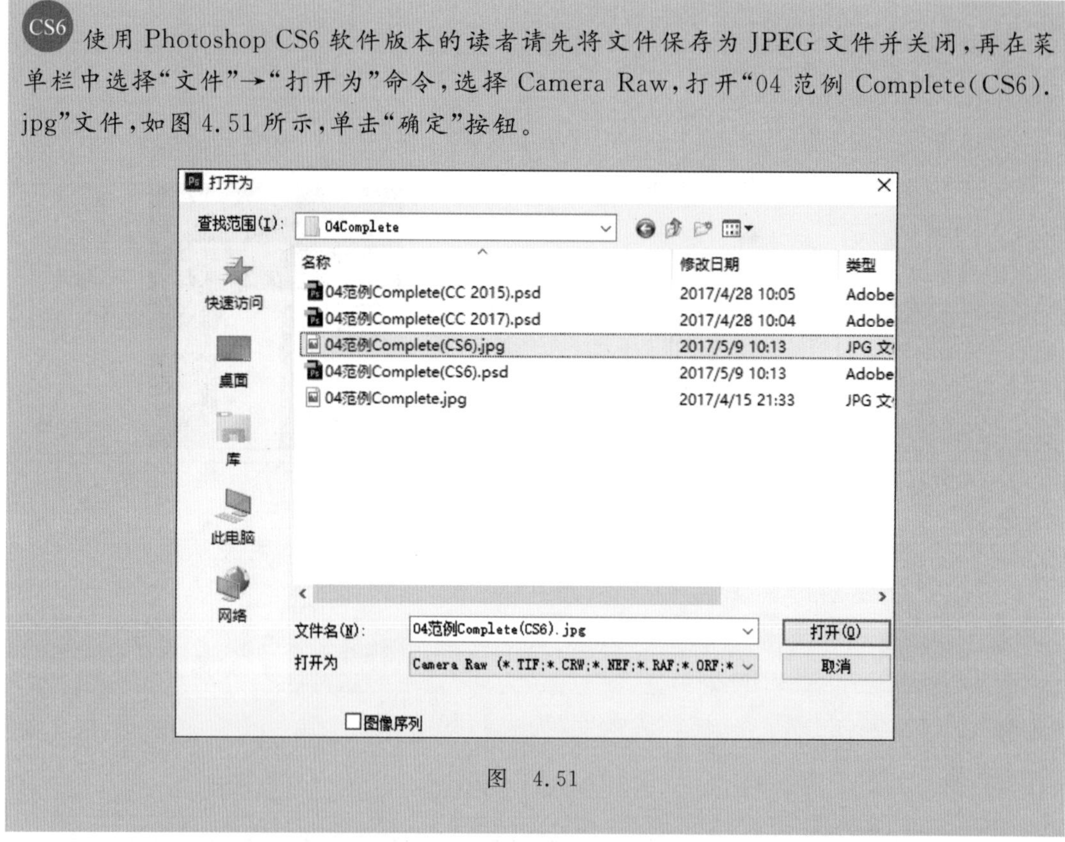

图 4.51

(5) 单击“相机校准”按钮，设置“蓝原色”下的“色相”为－7，“饱和度”为 3，如图 4.52 所示。

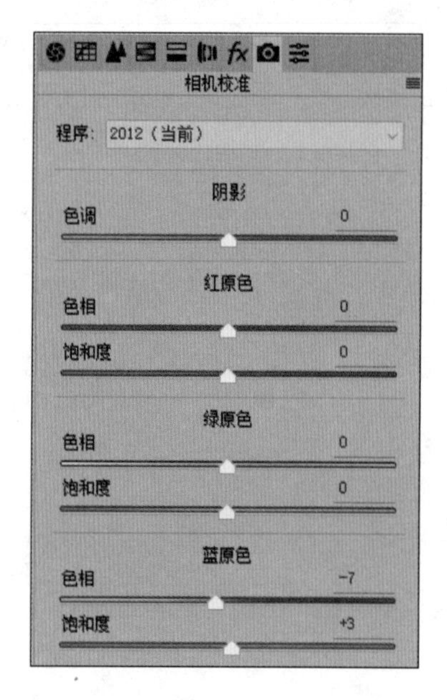

图 4.52

（6）单击"确定"按钮。至此，基于图层知识点下的案例整体完成。

CS6 使用 Photoshop CS6 软件的读者选择"打开图像"就可对图像进行 Camera Raw 修改，再进行"另存为"操作，将其保存为 jpg 文件即可保存修改。

4.10　智能对象

视频讲解

目前，在案例整体完成的情况下，观察到"图层"面板中有一些智能对象图层，下面介绍什么是智能对象。

智能对象是一个嵌入当前文件中的文件，它可以包含图像，也可以包含 Illustrator 中创建的矢量图形。智能对象与普通图层的区别在于，它能够保留对象的源内容和所有的原始特征。因此，在 Photoshop 中处理它时，不会直接应用到对象的原始数据，这是一种非破坏性的编辑功能。智能对象有如下一些优势。

（1）智能对象可以进行非破坏性变换。例如，可以根据需要任意比例地缩放对象、旋转、进行变形等，而不会丢失原始图像数据或者降低图像的品质。

（2）智能对象可以保留非 Photoshop 方式处理的数据。例如，在嵌入 Illustrator 中的矢量图形时，Photoshop 会自动将其转换为可识别的内容。

（3）可以将智能对象创建为多个副本，对原始内容进行编辑后，所有与之链接的副本都会自动更新。

（4）将多个图层内容创建为一个智能对象以后，可以简化"图层"面板中的图层结构。

（5）应用于智能对象的所有滤镜都是智能滤镜（见图 4.53）。智能滤镜可以随时修改参数或者撤销，并且不会对图像造成任何破坏。

图　4.53

作业

一、模拟练习

打开"Lesson04/模拟/04Complete"文件目录，选择"04 模拟 Complete(CC 2017).psd"文件进行浏览（使用 Photoshop CS6 和 Photoshop CC 2017 软件的请打开对应的模拟练习案例，使用 Photoshop CC 2016 和 Photoshop CC 2015 软件版本的可打开 Photoshop CC 2015 案例文件）。根据本章上述知识，使用"素材"文件夹中的文件制作一个类似的作品。作品资料已完整提供，获取方式见前言。

提示：

（1）没有添加人像曝光度。

（2）"手机灰度蒙版"的高斯模糊设置为 2.5。

（3）人像的智能滤镜高斯模糊没有添加特殊的模式。

（4）整体渐变填充：0 位置色标为 386564；54 位置色标为 539a99。

(5) 色彩平衡：青为 29，洋红为－4，黄为 5。

二、自主创意

针对某一个背景图片文件，应用本章所学习知识，尽量使用到本章所介绍的工具进行自主创意设计作品。

三、理论题

1. 图层中有哪几种类型？
2. 简述“背景”图层与普通图层的区别。
3. 在什么情况下使用“链接图层”？
4. 为什么有些图层需要进行栅格化处理？
5. 简述图层蒙版的原理。

第5章

修饰数字图片

本章学习内容

(1) 数字图像的校正。

(2) 在 Camera Raw 中处理照片。

(3) 调整图片色调。

(4) 修饰图片瑕疵。

(5) 组织、管理和保存图像。

完成本章的学习需要大约 90 分钟,相关资源获取方式见前言和第 1 章中的描述。

知识点

由于本书篇幅有限,下面的知识点并非在本章中都有涉及或详细讲解,在本书的学习网站有详细的资料,欢迎登录学习。

Camera Raw 中处理文件　矫正白平衡　调整色调　锐化图像　删除杂色　调整颜色
使用"修复画笔工具"　颜色校正　调整色阶　修改饱和度　使用"污点修复工具"
使用"内容感知工具"　镜头矫正　使用"红眼工具"　调整阴影和高光　校正图像扭曲
转换为智能对象

本章案例介绍

范例

本章范例分别是对 5 张未经处理的数字照片进行处理,原始图片与完成效果分别如图 5.1～图 5.5 所示。

通过本章案例的学习,读者可以掌握 Photoshop 在 Camera Raw 中处理文件以及使用滤镜、调整图层等对图像进行修正与美化,重点是利用滤镜和调整对图像进行修改。

(a) 原始图片

(b) 最终效果

图 5.1

(a) 原始图片

(b) 最终效果

图 5.2

(a) 原始图片

(b) 最终效果

图 5.3

(a) 原始图片

(b) 最终效果

图 5.4

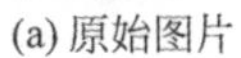

(a) 原始图片 (b) 最终效果

图 5.5

模拟

本章模拟是仿照范例设置 5 张未经处理的数字照片，需掌握 Camera Raw 滤镜、对图像的修正与美化等知识点，最终效果如图 5.6 所示。

(a)

(b)

(c)

(d)

(e)

图 5.6

5.1 概述

视频讲解

本章将使用很多实用的技术来修饰与矫正 5 幅数字图像。

日常生活中很多照片是相机的原始文件，因此文件扩展名不像本书中出现的那样为 .psd。例如，有些照片是使用佳能单反相机拍摄的，扩展名为.crw；有些照片是使用尼康相机拍摄的，扩展名为.nef。如果想要对专用相机拍摄的原始图像进行处理，只需将其在 Photoshop 中打开，处理完成后存储为 JPEG 文件或 PSD 文件即可。

5.1.1 预览

（1）选择“05Lesson/范例/05Start”文件夹中的“05 范例 1Start(CC 2017).psd”和“05Lesson/范例/05Complete”文件夹中的“05 范例 1Complete(CC 2017).psd”文件，右击，在弹出的快捷菜单中选择“打开方式”→Adobe Photoshop CC 2017 命令，如图 5.1 所示。原始文件是一座庙宇，该图片颜色较为暗淡并且层次不分明，需要使这幅图片更亮更清晰。

CS6 2015 使用 Photoshop CS6 软件版本的读者请打开“05Lesson/范例/05Complete”文件夹中的“05 范例 1Complete(CS6).psd”文件；使用 Photoshop CC 2016 和 Photoshop CC 2015 软件版本的读者请打开“05Lesson/范例/05Complete”文件夹中的“05 范例 1Complete(CC 2015).psd”文件。

（2）关闭当前打开的“05 范例 1Complete(CC 2017).psd”文件。

（3）使用上述方法打开“05Lesson/范例/05Start”文件夹中的“05 范例 2Start(CC 2017).psd”文件和“05Lesson/范例/05Complete”文件夹中的“05 范例 2Complete(CC 2017).psd”文件，如图 5.2 所示。需要在 Camera Raw 中对其进行颜色校正和图像修饰，以使整张图片的色调改变、人物面部细节更为突出。

（4）关闭当前打开的“05 范例 2Complete(CC 2017).psd”文件。

（5）使用上述方法打开“05Lesson/范例/05Start”文件夹中的“05 范例 3Start(CC 2017).psd”文件和“05Lesson/范例/05Complete”文件夹中的“05 范例 3Complete(CC 2017).psd”文件，如图 5.3 所示。需要对这张人物的肖像照片分别进行多项校正，其中包括突出阴影和高光细节、消除红眼和雀斑。

（6）关闭当前打开的“05 范例 3Complete(CC 2017).psd”文件。

（7）使用上述方法打开“05Lesson/范例/05Start”文件夹中的“05 范例 4Start(CC 2017).psd”文件和“05Lesson/范例/05Complete”文件夹中的“05 范例 4Complete(CC 2017).psd”文件，如图 5.4 所示。需要对这张云端上的日出图片进行高光/阴影的调整，使得整幅图片看起来更有层次感。

（8）关闭当前打开的“05 范例 4Complete(CC 2017).psd”文件。

（9）使用上述方法打开“05Lesson/范例/05Start”文件夹中的“05 范例 5Start(CC 2017).psd”文件和“05Lesson/范例/05Complete”文件夹中的“05 范例 5Complete(CC 2017).psd”文件，如图 5.5 所示。这幅图片是上海的东方明珠，由于拍摄角度倾斜导致整个画面歪斜，需要进行矫正。

(10) 关闭当前打开的"05 范例 5Complete(CC 2017). psd"文件。

5.1.2 相机原始数据文件

数码相机被设置为将图像存储为 JPEG 格式或 TIFF 格式时,相机内置的处理器将对图像传感器提供的原始数据进行处理,可能根据制造商开发的图像优化规则对颜色、色调和对比度进行调整。另外,将图像交给自带的设备进行处理前,相机也可能执行其他调整,如调整饱和度和锐化。最后,如果使用 JPEG 格式,文件将被压缩(这意味着有些信息将被丢弃),然后将其作为 8 位文件写入存储卡中。

使用相机原始文件时,不执行任何额外的处理。这种文件只包含相机的图像传感器记录的原始数据。除这些基本的曝光数据(拍摄时记录下来的内容)外,原始数据文件还包含有关拍摄的元数据。元数据随相机而异,但都包含白平衡、曝光信息、镜头焦距、测度模式、是否闪光等信息。

术语"原始数据文件"是一种统称,指的是不同相机厂商开发的各种专用文件格式,如尼康使用的. nef,佳能使用的. crw 和. cr2 等。并非所有相机都使用同一种原始数据文件格式,每种相机(甚至同一家厂商生产的不同型号的相机)都有自己的原始数据格式,用于使其图像传感器生成最佳图像。随着传感器的不断发展,它们使用的原始数据格式也在发展。

5.2 在 Camera Raw 中处理照片

视频讲解

Photoshop Camera Raw 软件可以解读相机原始数据文件,该软件使用有关相机的信息以及图像元数据来构建和处理彩色图像。可以将相机原始数据文件看作照片负片。可以随时重新处理该文件以得到所需的效果。

Camera Raw 是作为一个增效工具随 Photoshop 一起提供的,安装 Photoshop 时会自动安装。Camera Raw 提供了大量的控件,让用户能够调整白平衡、曝光度、对比度、饱和度、色调曲线等。在这里,将编辑一幅图像,然后将设置应用于其他相似的图像。

(1) 选择"05 范例 1Start(CC 2017). psd"文件,这是一张庙宇的照片。

(2) 单击选中这幅图像,按 Ctrl+J 组合键复制此图层,然后选择"滤镜"→"Camera Raw 滤镜"命令,弹出对话框如图 5.7 所示。

CS6 在 Photoshop CS6 版本中,打开 Camera Raw 滤镜的方式有所不同,选择"文件"→"打开为"命令,在弹出的对话框下方的"打开为"处选择 Camera Raw 格式文件,即可打开 Camera Raw 滤镜。

Camera Raw 对话框显示了原始图像的预览,在该对话框的左边是所有已打开图像的照片缩览图。对话框的上方是一系列工具,包括缩放工具、抓手工具、白平衡工具、颜色取样工具、目标调整工具等。右上角的直方图显示了选定图像的色彩空间、位深、大小和分辨率。直方图下方是图像调整选项卡,包括基本、色调、细节、HSL/灰度、分离色调、镜头校正等。对话框右边的基本控件面板包括白平衡、调整色调、调整饱和度、锐化、调整颜色,以及其他调整选项。

图 5.7

使用 Camera Raw 滤镜时，可采取从左到右、从上到下的工作流程，即在进行必要的修改时，通常先使用基本控件面板中的控件编辑第一幅图像。

5.2.1 调整白平衡

图像的白平衡是描述显示器中红、绿、蓝三基色混合生成后白色精确度的一项指标。其反映了照片拍摄时的光照情况。相机的白平衡控制，是为了让实际环境中白色的物体在拍摄的画面中也呈现出“真正”的白色。不同性质的光源会在画面中产生不同的色彩倾向，例如，蜡烛的光线会使画面偏橘黄色，而黄昏过后的光线则会为景物披上一层蓝色的冷调。人的视觉系统会自动对不同的光线做出补偿，所以无论在暖调还是冷调的光线环境下，看一张白纸永远是白色的。但相机则不然，它只会直接记录呈现在它面前的色彩，这就会导致画面色彩偏暖或偏冷。

在 Camera Raw 对话框中刚打开图像时，显示的是数码相机在曝光时记录的白平衡。

白平衡有两个组成部分。第一部分是色温，它决定了图像的“冷暖”程度，包括冷色调的蓝和绿，以及暖色调的黄和红；第二部分是色调，它补偿图像的洋红或绿色色偏。

（1）如果对话框的右边显示的不是基本面板，可以单击“基本”按钮将其打开。

注意：在默认情况下，“白平衡”下拉列表中选择的是“原照设置”，这时 Camera Raw 应用曝光时相机使用的白平衡设置。Camera Raw 包含几种白平衡预设，可使用它们观察不同的光照效果。

(2) 在“白平衡”下拉列表中选择“自动”选项，如图 5.8 所示。

图 5.8

(3) Camera Raw 将相应地调整色温和色调。有时，一个预置就可以做到这一点。不过在这里图像依然阴冷，需要手动调整白平衡。

(4) 在 Camera Raw 对话框的顶部选择“白平衡工具”，想要设置精确的白平衡，选择原本为白色或灰色的对象，Camera Raw 使用该信息来确定拍摄场景光线颜色，然后根据场景光照自动调整。单击图像上的任意白云，区域图像的光照发生了变化，如图 5.9 所示。

图 5.9

(5) 单击云的不同区域，光照随之改变。

注意：可以使用白平衡工具较为迅速和轻松地得到更好的光照效果。在不同的位置单击可以修改光照而不会对图像做永久性的修改，因此可以随意尝试。

(6) 单击庙宇顶部左边的云朵，这消除了大部分色偏，产生了逼真的光照效果。将“色调”滑块移动到－14，以加深绿色，如图 5.10 所示。

图 5.10

5.2.2 调整颜色饱和度和色调

基本面板中的其他滑块影响图像的曝光、对比度、亮度和饱和度。曝光用于调整整体图像亮度，对高光部分影响较大，该值的每个增量等同于光圈大小。＋1.50 的调整类似于将光圈加大 1.50。同样，－1.50 的调整类似于将光圈减小 1.50。增加或减少图像对比度，主要影响中色调。在增加对比度时，中到暗图像区域会变得更暗，中到亮图像区域会变得更亮。调整图像的亮度或暗度，向右移动滑块时，压缩高光并扩展阴影，而不是仅仅是对高光或阴影一个参数的调整。饱和度滑块均匀地调整图像中所有颜色的饱和度，自然饱和度滑块对不饱和颜色的影响更强烈，因此可让背景更鲜艳，而对高饱和度颜色的影响较小，这可以防止肤色的饱和度变得过高。

可以使用自动选项让 Camera Raw 自动校正图像，也可自行设置。

(1) 单击“基本”面板中的“自动”选项，如图 5.11 所示。

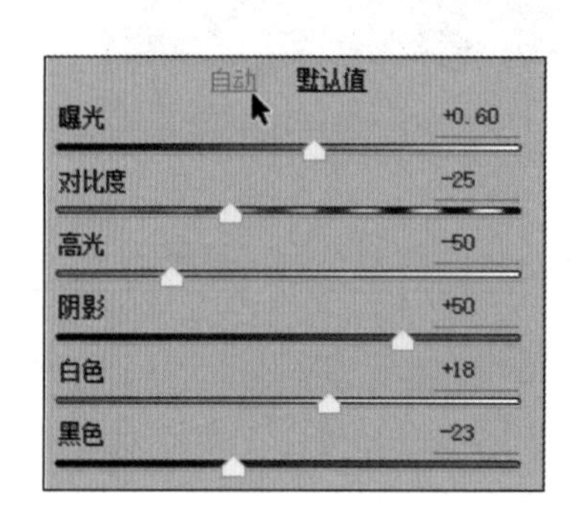

图 5.11

(2) Camera Raw 提高了曝光，并修改了其他几项设置，可将其作为一个起点。但是，在这个练习中，单击直方图右上方的“高光修剪警告”按钮(见图 5.12)，图像中出现红色的部分即为系统提示过度曝光的部分，此时关闭“高光修剪警告”按钮，恢复到默认设置并手工调整它们。

(3) 单击“基本”面板中的“默认值”选项，按图 5.13 所示调整滑动。这样设置有助于突出主体，使图像更加醒目、更有层次感，同时避免过于饱和。

5.2.3 锐化

Camera Raw 的锐化只应用于图像的亮度，而不会影响图像的色彩。“锐化”在“细节”面板中，要在预览面板中查看锐化效果，必须以 100%或更高的比例查看图像。

图 5.12

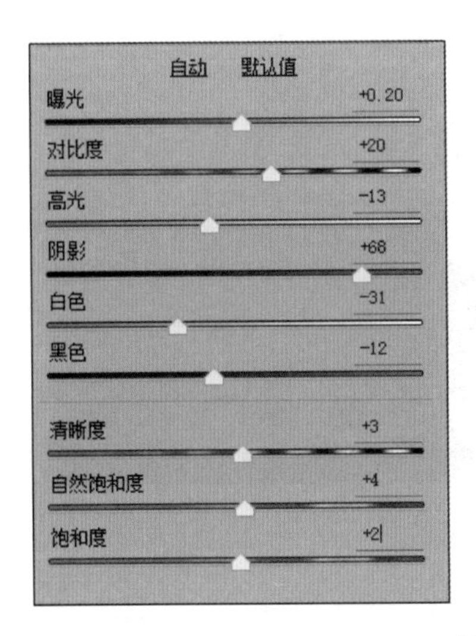

图 5.13

(1) 双击工具箱中的"缩放工具"按钮，将图像放大到100%，然后选择"抓手工具"并移动图像，以查看庙宇的顶部。

(2) 单击"细节"按钮，打开"细节"面板，如图5.14所示。

(3) "数量"滑块用于调整边缘的清晰度。该值为0时表示关闭锐化。一般而言，首先应将数量设置得非常大，在设置其他滑块后再调整它。将"数量"滑块移到100处。

(4) "半径"滑块用于调整锐化细节的大小，该值过大会导致图像内容失真。将"半径"

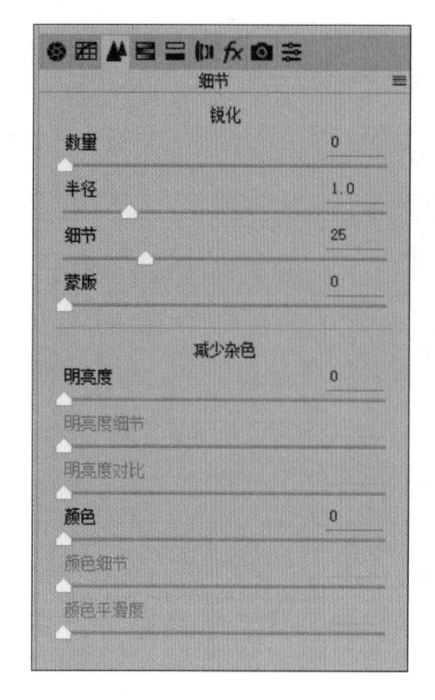

图 5.14

滑块移至 0.9 处。

(5) "细节"滑块用于调整锐化影响的边缘区域的范围。它决定了图像细节的显示程度。对大多数图像而言,较低的值主要影响锐化边缘,以便消除模糊;较高的值则可以使图像中的纹理更清楚。将"细节"滑块移至 25。

(6) "蒙版"滑块是通过强调图像边缘的细节来实现锐化效果的。当蒙版的设置为 0 时,图像中所有部分均为等量的锐化;设置值很高时,仅锐化图像中边缘很明显的部分,避免非边缘区域锐化。将"蒙版"滑块移至 61 处。

(7) 调整半径、细节和蒙版滑块后,可以降低"数量"滑块的值,以完成锐化。将"数量"滑块移至 70 处,如图 5.15 所示。

(8) 单击"确定"按钮。

(9) 按 Ctrl+S 组合键保存当前设置。

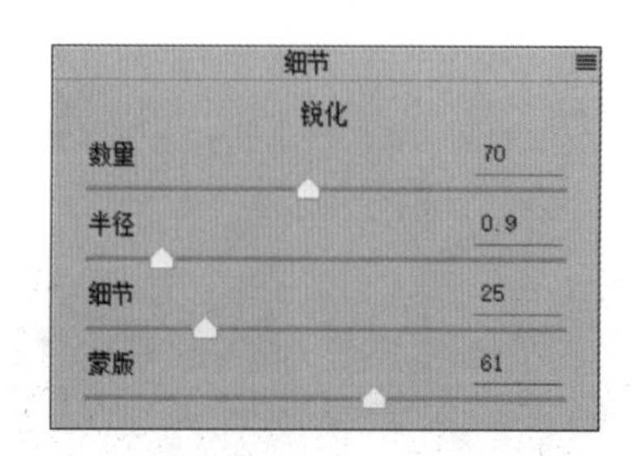

图 5.15

5.3 对照片进行高级色调调整

视频讲解

5.3.1 在 Camera Raw 中调整白平衡

本章范例 2 的原始图像有轻微的偏色。需要先在 Camera Raw 滤镜中校正,设置白平衡并调整图像的整体色调。

(1) 选择"滤镜" → "Camera Raw 滤镜"命令。在 Camera Raw 中,选择"白平衡工具" ,然后单击人物衣服的白色区域来调节温度,删除黄色的色偏,如图 5.16 所示。

图 5.16

(2) 将“曝光”设置为0.40,“对比度”设置为8,“清晰度”设置为10(见图5.17),使图像加亮加深。

(3) 单击“确定”按钮,然后选择“图层”→“智能对象”→“转化为智能对象”命令,或右击“背景”图层并选择“转换为智能对象”命令,图像即可作为智能对象在Photoshop中打开。

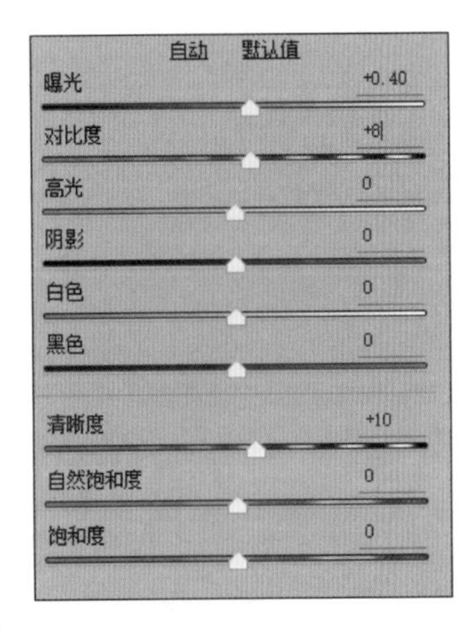

图 5.17

5.3.2 智能对象

智能对象是包含栅格或矢量图像(如Photoshop或Illustrator文件)中的图像数据的图层。智能对象将保留图像的源内容及其所有原始特性,从而能够对图层执行非破坏性编辑。智能对象具有以下5个特征。

(1) 智能对象和普通的图层不同,它保留图像的源内容及其所有原始特性。也就是说,无论如何缩放选择智能对象,它都不会丢失原始的信息。

(2) 智能对象可以替换内容。双击智能对象的缩览图,Photoshop会打开一个智能对象的源文件,在这里可以对其进行像素级的修改或者直接替换内容,最后合并可见图层并保存。这时关闭源文件,回到原来智能对象所在的PSD文件,可以发现智能对象也发生了改变。例如,可以用Photoshop做一个金属字的模板,把文字图层转换为智能对象,然后对该智能对象进行金属化的操作。当想更换文字,只需要双击缩览图进入文字源文件进行修改然后保存即可。

(3) 复制智能对象时,多个智能对象共享一个源文件。当将Ctrl+J组合键复制智能对象时,双击其中一个的缩览图进入源文件修改,按Ctrl+S组合键保存后,会发现所有复制的智能对象都发生了变化。

(4) 通过复制新建智能对象。有时复制智能对象并不想让它与源文件保持一致,希望改变其中一个智能对象的源文件时另一个不变化。这时只需要右击,在弹出的快捷菜单中选择“通过拷贝新建智能对象”命令,这样Photoshop就会复制出一个新的源文件,两个智能对象不会共享源。

(5) 智能滤镜的使用。在把图层转换为智能对象后,对智能对象添加滤镜,Photoshop会自动使用智能滤镜。智能滤镜允许用户随时调整滤镜的参数。

智能对象的源文件可以是矢量或者栅格化图像，允许对其进行非破坏性的编辑。

需要注意的是，如果智能对象的源文件是栅格化图像，那么对智能对象进行放大时，一旦超过源文件的大小，也会变模糊（再次缩小到小于等于源文件大小时，则又变得清晰）。在此强调是为了防止"智能对象无论放大缩小都不会模糊"这句话把新手带入误区，混淆智能对象和矢量图像。

5.3.3 使用色阶调整图像的色调范围

"色阶"对话框允许用户调整图像的阴影、中间调和高光的强度级别，从而校正图像的色调范围和色彩平衡。下面使用色阶调整图像的色调范围。

（1）单击"调整"面板中的"色阶"按钮，如图 5.18 所示。

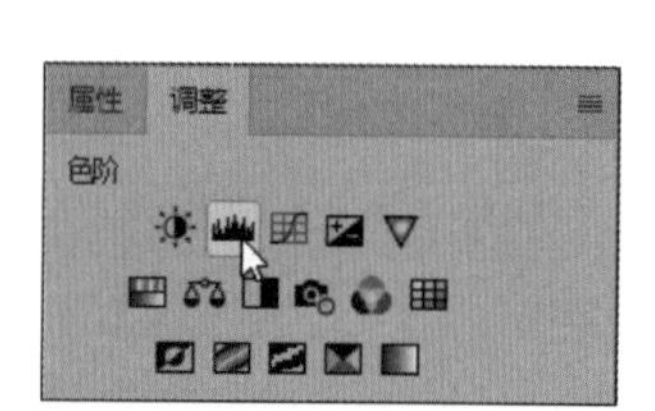

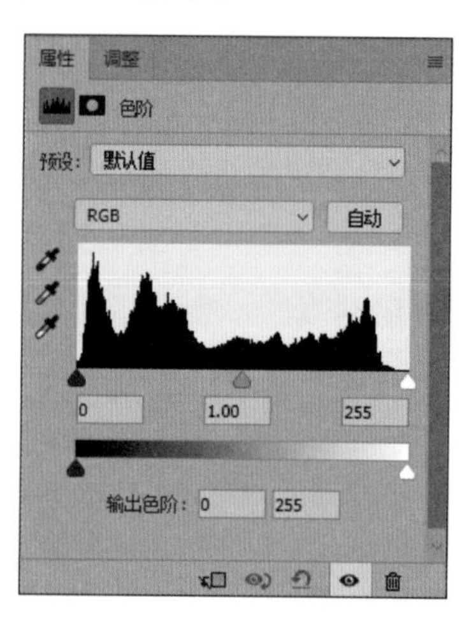

图 5.18

在"色阶"调整面板中，一般使用输入色阶、输出色阶这两种方法来调整色彩。在"输入色阶"下方的直方图中仅拖动黑色滑块可提高画面的暗度，仅拖动白色滑块可提高画面的亮度，两个滑块都拖动则加大画面的明暗对比度。向左拖动中间的灰色滑块会突出画面较亮的部分，向右拖动则突出画面较暗的部分。使用输出色阶调整的方法，可以在不改变画面明暗面积的前提下降低或增加画面的明暗对比度。

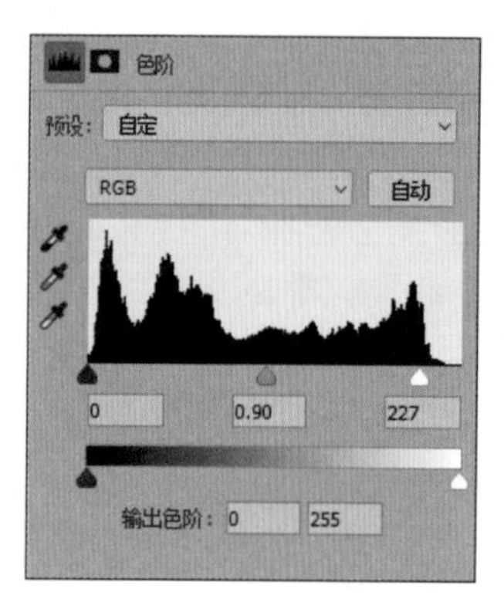

图 5.19

（2）将白色三角形向左拖动到直方图所显示的最亮的地方。拖动时，直方图下方的第三个输入色阶值将发生变化，图像也将相应地发生变化。

（3）将中间的灰色三角形稍微向右移动，以稍微加暗中间调。将"中间值"设置为 0.9，如图 5.19 所示。

5.3.4 在 Camera Raw 中调整人物肤色

色阶调整会对整个色调起到很明显的作用，不过，这里的人物肤色偏暗，无法突出面部信息。需要在 Camera Raw 中调整饱和度，来调整人物的肤色。

（1）选中“图层 0”，选择“滤镜”→“Camera Raw 滤镜”命令。

（2）单击“HSL/灰度”按钮，显示“HSL/灰度”面板。

（3）单击“饱和度”标签，拖动下面的滑块，将“红色”减少到－16，将“橙色”减少到－9，将“洋红”减少到－14，以减少皮肤上的红色量，如图 5.20 所示。

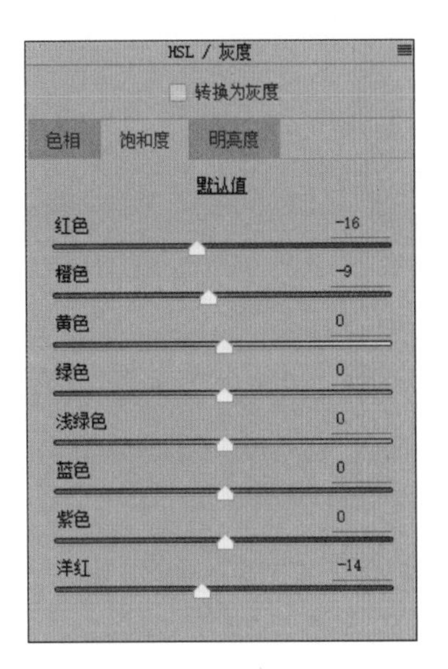

图　5.20

（4）单击“确定”按钮，返回 Photoshop。

5.3.5　使用“减淡工具”和“海绵工具”改善面部信息

（1）选择“05Lesson/范例/05Start”文件夹中的“05 范例 2Start. psd”文件。

（2）在“图层”面板中，右击“图层 0”，在弹出的快捷菜单中，选择“复制图层”命令（快捷键为 Ctrl＋J）。将新图层命名为 corrections。

在处理复制的图层时，保留原始的像素以便在日后修改。由于不能使用修复工具修改智能对象，所以首先需要栅格化图层。

（3）选中 corrections 图层，右击，在弹出的快捷菜单中选择“栅格化图层”命令，此时智能对象转换为普通图层。

（4）下面使用“海绵工具”和“减淡工具”，进一步加亮眼睛和嘴唇的颜色。选择隐藏在“减淡工具”下面的“海绵工具”。在工具选项栏中，设置笔刷“大小”为 25px，笔刷“硬度”为 0％，“模式”为“加色”，“流量”为 50％。然后在视网膜上单击，以提高饱和度。

（5）将笔刷“大小”设置为 10px，“流量”设置为 10％，然后使用海绵工具刷过嘴唇以提高饱和度。

（6）选择“减淡工具”，在工具选项栏中，将笔刷“大小”设置为 5px，“曝光度”设置为 10％。选择范围中的高光，用“减淡工具”刷过眼白，使其更亮。

（7）选择“减淡工具”，在工具选项栏中的范围菜单中选择“阴影”，使用“减淡工具”减轻眼睛上方和视网膜周围的阴影区域提亮颜色。效果如图 5.21 所示。

图　5.21

5.3.6 调整肤色

在 5.3.4 节中，已经在 Camera Raw 中调整人物整体肤色，但人物肤色还是偏暗偏黄，可以使用“色彩范围”命令调整皮肤的色阶和色调，而且不会影响整个图像。

(1) 在菜单栏中选择“选择”→“色彩范围”命令。

(2) 在“色彩范围”对话框中，从“选择”下拉列表中选择“肤色”，在选择肤色的颜色范围时，也将选择图像中具有类似颜色的其他区域，但由于只进行微细的调整，因此这些误差通常是可以接受的。预览显示选择了大部分图像。

(3) 选择“检测人脸”复选框，选区的预览发生了变化。现在脸、头发以及衣服较亮的区域被选中，如图 5.22 所示。

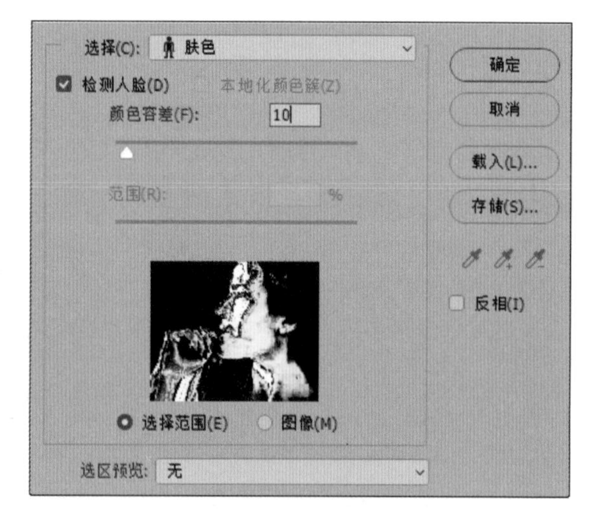

图 5.22

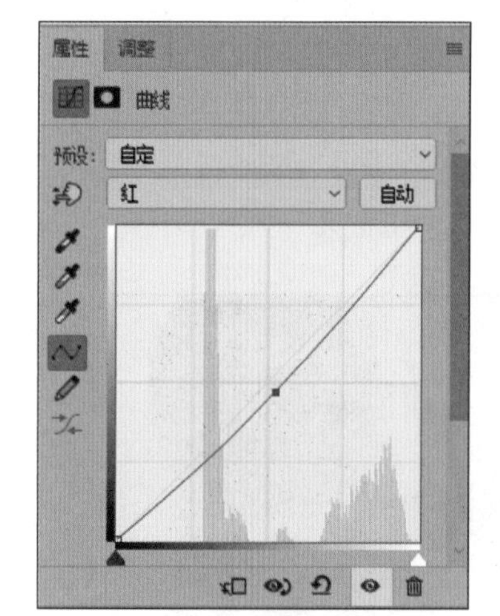

图 5.23

(4) 将“颜色容差”设置为 10，细化选区，然后单击“确定”按钮，选区以“蚂蚁线”的形式出现在图像上。下面对选区应用曲线调整图层，以降低图像中肤色整体中的红色。

(5) 单击“调整”面板中的曲线图标。Photoshop 在 corrections 图层上方添加一个曲线调整图层。

(6) 在“属性”面板的“通道”下拉列表中选择“红”，然后单击曲线图的中间部分，轻微拉动曲线(见图 5.23) 后选定区域变得没有那么红了。注意不要将曲线向下拉太多，否则肤色会偏绿。

(7) 由于在应用曲线调整图层之前选择了肤色，皮肤颜色会发生变化，但背景不变，如图 5.24 所示。

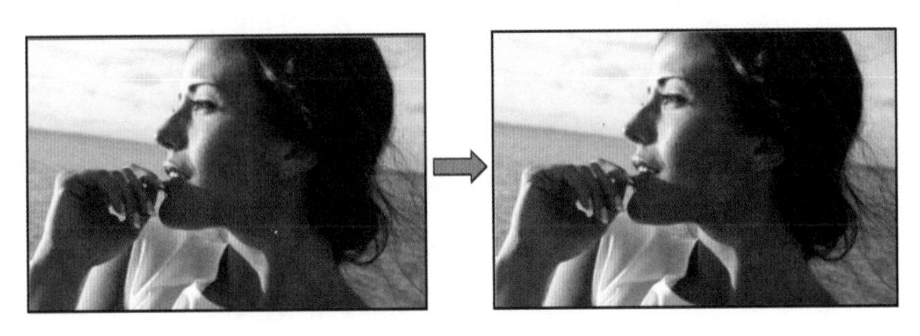

图　5.24

5.3.7　应用“表面模糊”滤镜磨皮

最后，应用“表面模糊”滤镜，让图像中人物的皮肤更光滑。

（1）选择 corrections 图层，然后右击该图层，在弹出的快捷菜单中，“复制图层”命令（或按 Ctrl+J 组合键）。在复制图层对话框中，将图层命名为 surface Blur，然后双击或按 Enter 键。

（2）选中 surface Blur 图层，选择“滤镜”→“模糊”→“表面模糊”命令。

（3）在“表面模糊”对话框中，设置“半径”为 5 像素，并将“阈值”设置为 10 色阶，然后单击“确定”按钮，如图 5.25 所示。

“表面模糊”滤镜让模特的皮肤看起来太光滑了，有些失真，下面通过降低图层的不透明度来减弱这种效果。

（4）选择 surface Blur 图层，在“图层”面板中将“不透明度”设置为 70%。现在的人物看起来更真实了。还可以使用“橡皮擦工具”实现更精确的表面模糊。

（5）选择“橡皮擦工具”，在工具选项栏中设置合适的画笔大小，将“硬度”设置为 20%，“不透明度”设置为 90%。

（6）在眼睛、鼻子、眉毛轮廓线和衣服上绘画。这将删除模糊后的图层的相应部分，让下面更清晰的部分显示出来。缩小图像以便看到整个图片，最终效果如图 5.26 所示。

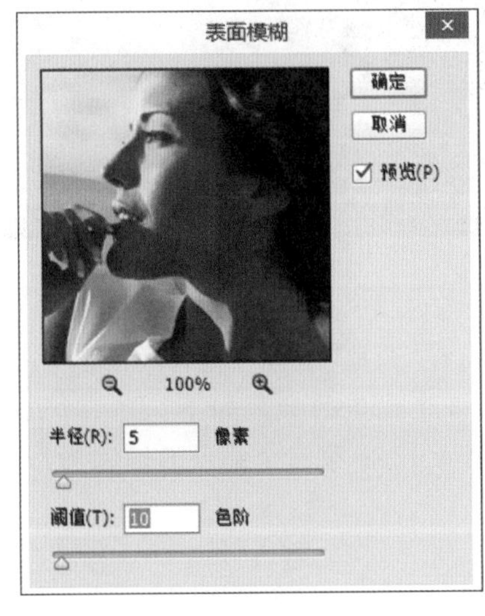

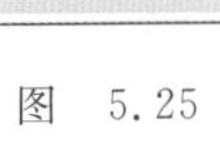

图　5.25

图　5.26

(7) 选中所有图层，右击，在弹出的快捷菜单中选择“合并图层”命令，将图层合并缩小图片尺寸。保存图像，然后将其关闭。

5.4 照片修饰

视频讲解

Photoshop 提供了大量让用户能够轻松地修饰数字照片的功能，本节主要讲述突出图像的阴影和高光区域中的细节、消除人的红眼、修复人物皮肤上的瑕疵、减少图像中不需要的杂色以及锐化图像的特定区域等。

5.4.1 调整图片阴影/高光

(1) 选择“05Lesson/范例/05Start”文件夹中的“05 范例 3Start. psd”文件。

(2) 按 Ctrl+J 组合键将“背景”图层复制为一个新的图层，选择“图像”→“调整”→“阴影/高光”命令，弹出“阴影/高光”对话框。

(3) Photoshop 自动将默认设置应用于该图像——加亮背景。下面自定义设置，以突出阴影和高光中更多的细节，并改善天空中的日落景色。

(4) 在“阴影/高光”对话框中，选中“显示更多选项”复选框以展开该对话框，并进行图 5.27 所示的设置。

(5) 单击“确定”按钮，效果如图 5.28 所示。

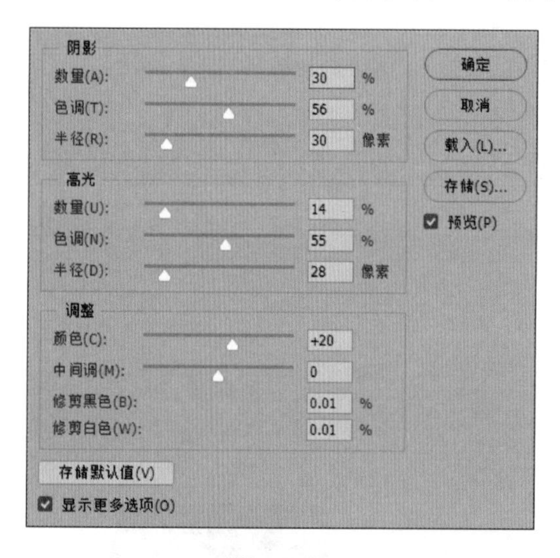

图 5.27

图 5.28

(6) 现在为了让日光与云层之间的层次感更鲜明，在“调整”面板中选择“曲线”，分别增加一些图片的亮部信息和暗部信息，如图 5.29 所示。3 个锚点的参数如下：第一个锚点的输入为 66，输出为 57；第二个锚点的输入为 126，输出为 126；第三个锚点的输入为 207，输出为 215。最终效果如图 5.30 所示。

(7) 按 Ctrl+S 组合键，保存所做的更改。

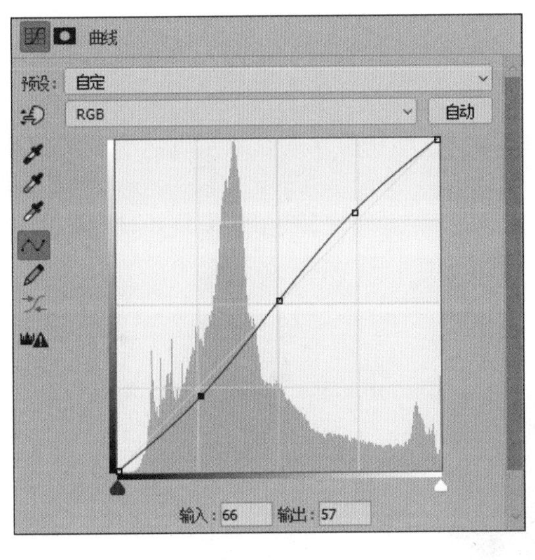

图 5.29

图 5.30

5.4.2 消除人物红眼和雀斑

(1) 选择“05Lesson/范例/Start”文件夹中的“05 范例 4Start.psd”文件。

照片中人物的红眼是怎么造成的呢？在光线比较暗的环境下用数码相机拍照时，闪光灯发出的光照射到人物的眼睛后，会经过眼睛反射回镜头。因为光线比较暗，所以人眼的瞳孔会放大，透过瞳孔眼底的视网膜有许多密密麻麻的微细血管，这些微细血管是红色的，所以反射回镜头的光也是红色的，在照片上就不可避免地形成红眼现象。在 Photoshop 中消除红眼很容易。下面消除图片中小女孩的红眼。

(2) 选择“缩放工具”并放大人物的眼睛，选择隐藏在“修复工具”下面的“红眼工具”。

(3) 按住鼠标左键并拖动鼠标，框选出整个左眼区域，松开鼠标红眼即可消失。右眼采用相同方法。效果如图 5.31 所示。

图 5.31

(4) 接下来祛除小女孩脸上的痣，选择“污点修复画笔工具”，调整适当的画笔大小，单击女孩脸上的两颗痣。“污点修复画笔工具”可以自动匹配周围的像素值，非常适合修复脸上的痣或雀斑。

5.4.3 使图片减少杂色

如果摄影师拍摄不当,例如设置很高的ISO、用较慢的快门速度在黑暗区域中拍照或曝光不足,都可能导致杂色。

(1) 选择"滤镜"→"杂色"→"减少杂色"命令,然后放大图像,在预览窗口中清楚地看到杂色主要为粗糙的噪点。在"减少杂色"对话框中进行图5.32所示的设置。

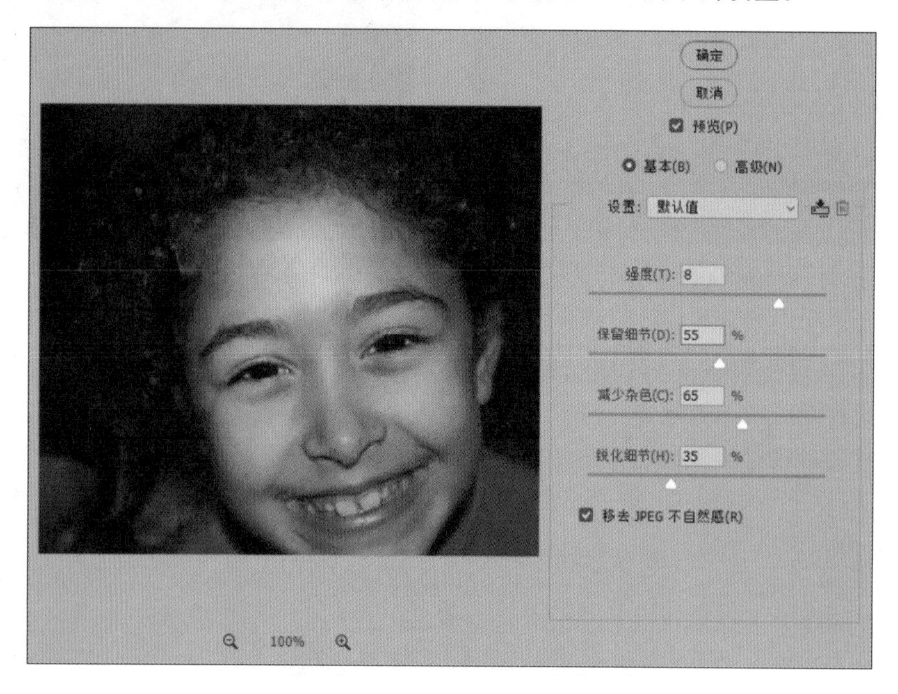

图 5.32

(2) 单击"确定"按钮后,最终效果如图5.33所示。

图 5.33

(3) 按Ctrl+S组合键保存所做的修改。

5.5 矫正倾斜的图片

“镜头矫正”滤镜可修复由数码相机镜头缺陷而导致的照片中出现的桶形和枕形扭曲、色差及暗角等问题。它还可以用来矫正倾斜的照片，或修复由于相机垂直或者水平倾斜而导致的图像透视现象。桶形扭曲是一种镜头缺陷，导致直线向外图像边缘弯曲；枕形扭曲则相反，导致直线向内弯曲；色差指的是图像对象的边缘出现色带；暗角指的是使用镜头广角端或大光圈拍摄时图像边缘（尤其是4个角落）比中央暗。

校正不是万能的，首先并不是所有镜头都有校正数据，其次是如果镜头本身素质不佳，那么校正效果也很一般，理想的状态是优异的镜头配合后期进行校正，以得到满意的结果。

（1）选择“05Lesson/范例/Start”文件夹中的“05 范例 Start5. psd”文件。

（2）按 Ctrl+J 组合键将背景图层复制为一个新的图层，并将锁定着的背景图层隐藏显示。

（3）选择“滤镜”→“镜头校正”命令，弹出“镜头矫正”对话框。将移去扭曲、角度、比例参数分别修改为如图 5.34 所示。

（4）单击“确定”按钮，使修改生效，如图 5.35 所示。

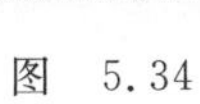

图 5.34

图 5.35

（5）目前图中边缘的一部分像素为空，需要将其修补出来。选择“污点修复画笔工具”，调整适当的画笔大小，分别涂画 4 个边缘的空白像素部分。最终效果如图 5.36 所示。

图 5.36

(6) 按 Ctrl+S 组合键保存所做的修改。

作业

一、模拟练习

打开“05Lesson/模拟/05Complete”文件目录中的“05 模拟 Complete(CC 2017).psd”文件进行浏览(使用 Photoshop CS6 和 Photoshop CC 2017 软件的请打开对应的模拟练习案例,使用 Photoshop CC 2016 和 Photoshop CC 2015 软件的可打开 Photoshop CC 2015 案例文件)。根据本章所述知识,使用“素材”文件夹中的文件制作一个类似的作品。作品资料已完整提供,获取方式见前言。

二、自主创意

自主设计一个 Photoshop 案例,找合适的图片,应用本章所学的在 Camera Row 中处理文件、矫正白平衡、锐化、使用滤镜等知识。

三、理论题

1. 简要介绍 Camera Row 中的白平衡控件。
2. 简述“污点修复画笔工具”“修复画笔工具”和“仿制图章工具”的异同。
3. 简述使用联合图像专家组(JPEG)文件格式的优缺点。

第6章

蒙版和通道

本章学习内容

(1) 通过创建蒙版将主体与背景分离。

(2) 调整蒙版使其包含复杂的边缘。

(3) 创建快速蒙版以修改选定区域。

(4) 使用操控变形操纵图像。

(5) 将选区保存为 Alpha 通道。

(6) 使用“通道”面板查看蒙版。

(7) 将通道作为选区载入。

(8) 隔离通道以修改图像的特定部分。

完成本章的学习需要大约 2 小时,相关资源获取方式见前言和第 1 章中的描述。

知识点

由于本书篇幅有限,下面的知识点并非在本章中都有涉及或详细讲解,在本书的资源网站有详细的资料,欢迎登录学习。

创建蒙版	使用“属性”面板调整蒙版	创建快速蒙版
使用“调整”面板编辑快速蒙版	使用“操控变形工具”操纵图像	
将选区保存为 Alpha 通道	使用“通道”面板查看蒙版	将通道作为选区载入
隔离通道以修改图像的特定部分	颜色模式转换	

本章案例介绍

范例

本章范例是一个时尚杂志封面(见图 6.1),用户通过阅读图片,直观地获取相关的时尚趋势,让读者使用蒙版和通道创建出符合美学性的杂志封面。

模拟

本章模拟案例也是一个杂志封面，将用到本章所讲的知识完成杂志封面设计，如图 6.2 所示。

图 6.1

图 6.2

6.1 预览完成的文件

在本章中，需要制作一个杂志封面。该封面使用的模特照片的背景不合适，要使用蒙版和调整蒙版功能将模特放到合适的背景中。

首先，可以对初始图像和处理后的图像进行对比，如图 6.3 所示。

图 6.3

(1) 选择“06Lesson/范例/06Complete/06 范例 Complete(CC 2017). psd”文件，右击，在弹出的快捷菜单中选择“打开方式”→Adobe Photoshop CC 2017 命令。同样打开“06Lesson/范例/06Start/06 范例 Start(CC 2017). psd”文件。

(2) 关闭当前打开的“06 范例 Complete(CC 2017).psd”文件。

CS6 2015 使用 Photoshop CS6 软件版本的读者请打开“06Lesson/范例/06Complete”文件夹中的“06 范例 Complete(CS6).psd”文件；使用 Photoshop CC 2016 和 Photoshop CC 2015 软件版本的读者请打开“06Lesson/范例/06Complete”文件夹中的“06 范例 Complete(CC 2015).psd”文件。

6.2 蒙版基础

在 Photoshop 中，蒙版是一种遮盖图像的工具，它主要用于合成图像。可以用蒙版将部分图像遮住，从而控制画面的显示内容，这样做并不会删除图像，只是将其隐藏起来。蒙版是一种非破坏性的编辑工具。根据选区创建蒙版时，未选中的区域将被遮住(不能编辑)。使用蒙版可创建和保存耗费大量时间创建的选区，供以后使用。另外，蒙版还可用于完成其他复杂的编辑任务，如修改图像的颜色或应用滤镜效果。

在 Photoshop 中，可创建被称为快速蒙版的临时蒙版，也可创建永久性蒙版，并将其存储为被称为 Alpha 通道的特殊灰度通道。Photoshop 还使用通道存储图像的颜色信息。不同于图层，通道是不能打印的。可以使用通道面板来查看和处理 Alpha 通道。

在蒙版技术中，一个重要的概念是黑色隐藏而白色显示。与现实生活中一样，很少有非黑即白的情况。灰色实现部分隐藏，隐藏程度取决于灰度值(255 相当于黑色，因此完全隐藏；0 相当于白色，因此完全显示)。

6.3 新功能之选择并遮住

视频讲解

在 Photoshop CC 2017 中创建准确的选区和蒙版比以往任何时候都更快捷、更简单。一个新的专用工作区能够帮助用户创建精准的选区和蒙版。使用调整边缘画笔等工具可清晰地分离前景和背景元素，并进行更多操作。

注意：选择并遮住工作区取代了 Photoshop CS6 和 Photoshop CC 2015 版本中的“调整边缘”对话框，它以一种简化的方式提供了相同的功能。下面介绍 Photoshop CC 2017 的新功能“选择并遮住”，随后利用 Photoshop CS6 和 Photoshop CC 2015 版本中的“调整边缘”来分离前景和背景元素。如果使用的是 Photoshop CS6 或 Photoshop CC 2015 版本，请跟着进行学习。

(1) 选择“文件”→“存储为”命令，将“06 范例 Start(CC 2017).psd”文件重命名为 06Working.psd，单击“保存”按钮。如果出现 Photoshop 格式选项对话框，单击“确定”按钮。通过存储原始文件的副本，需要时可使用原始文件。

(2) 选择“选择”→“选择并遮住”命令，或者按 Alt+Ctrl+R 组合键，调出选择并遮住的调整窗口，如图 6.4 所示。

(3) 选择工具箱中的“快速选择工具”，在工具选项栏中，将画笔“大小”设置为 30 像素，“硬度”设置为 100%，如图 6.5 所示。

图 6.4

图 6.5

注意：在此过程中，如果不小心多选了其他背景区域，可以单击“从选区减去”按钮（也可以按住 Alt 键）进行减选，如图 6.6 所示。

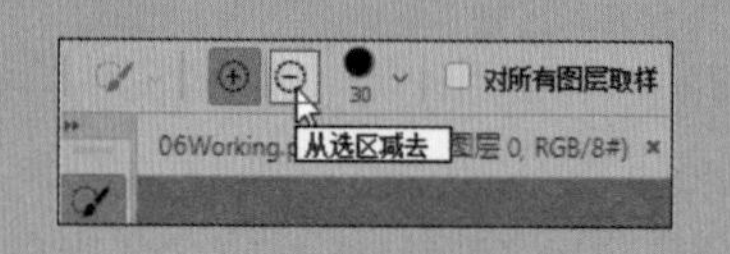

图 6.6

(4) 在右侧“属性”面板中，在“视图”的下拉列表中选择“闪烁虚线”，可以观察到建立的选区并不完美，头发的边缘以及发丝部分还需要进一步细致处理，如图 6.7 所示。

图 6.7

(5) 切换到白底视图，将“透明度”设为 100%，蒙版将以白色为背景，这样头发的边缘会更加清晰地呈现出来。

(6) 选择工具箱中的“调整边缘画笔工具”，将画笔“大小”设置为 30 像素，“硬度”设置为 100%。涂抹头发的边缘，直到周围的发丝较为完整地呈现出来，如图 6.8 所示。

(7) 在“属性”面板的“输出设置”中，选中“净化颜色”复选框，输出到“新建带有图层蒙版的图层”，如图 6.9 所示，单击“确定”按钮。

图 6.8

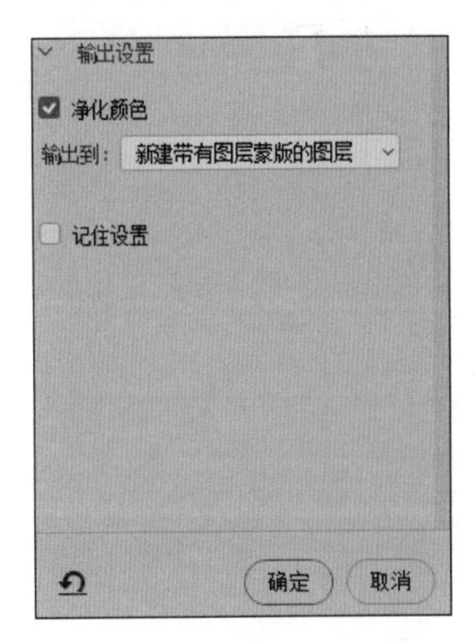

图 6.9

CS6 2015 在 Photoshop CS6 和 Photoshop CC 2015 版本中，创建和调整蒙版的步骤与 Photoshop CC 2017 版本有所区别，将在 6.4 节对其进行细致讲解。

6.4 创建与调整蒙版

使用“快速选择工具”创建一个初始蒙版，以便将模特与背景分离。

图 6.10

(1) 打开“06 范例 Start(CS6).psd”或者“06 范例 Start(CC 2015).psd”文件。

(2) 选择“快速选择工具”。在工具选项栏中，将画笔“大小”设置为 30 像素，“硬度”设置为 100%，将模特抠选出来，如图 6.10 所示。如果建立的选区不完美，也不用担心，下面会接着进行调整。

(3) 在“图层”面板底部单击“添加图层蒙版”按钮，创建一个蒙版，如图 6.11 所示。

该选区成为一个像素蒙版，并且在“图层”面板中以“图层 0”的形式出现。选区外的部分都变成了透明的，用棋盘格表示。

明显可以看到头发周围处理得并不完美，下面要让蒙版更平滑，微调头发周围的区域。

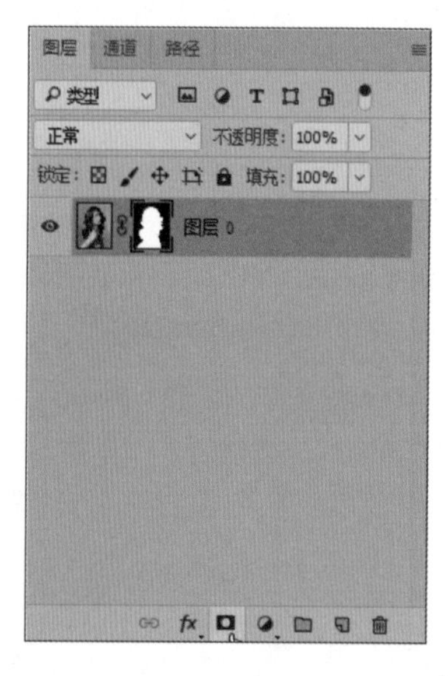

图 6.11

(4) 选择“窗口”→“属性”命令，打开“属性”面板。

(5) 在“图层”面板中，如果“图层 0”上的蒙版没有被选中，则单击该蒙版将其选中。

(6) 在“属性”面板中，单击“蒙版边缘”按钮，弹出“调整蒙版”对话框。

(7) 在该对话框的"视图模式"区域,单击预览窗口旁边的下拉按钮并从下拉菜单中选择"白底",如图 6.12 所示。

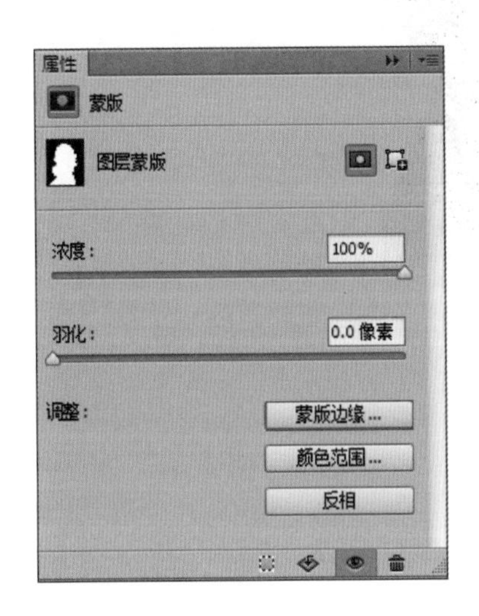

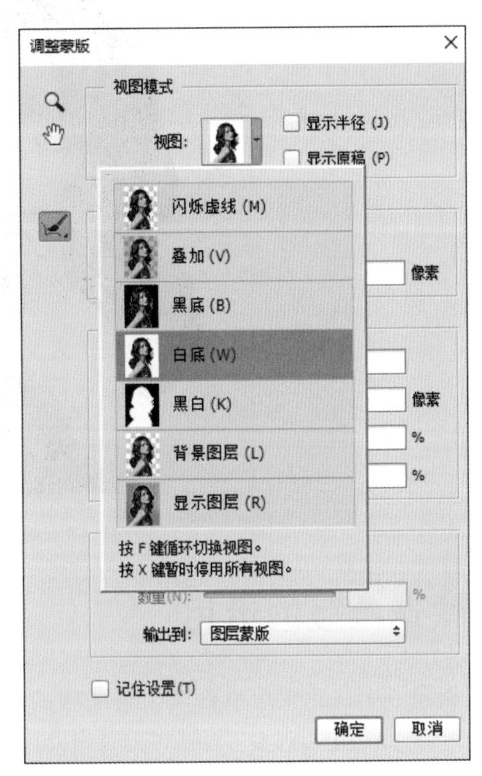

图 6.12

(8) 蒙版将以白色为背景,让头发的边缘更清晰。

(9) 选择"调整蒙版"对话框中的"调整半径工具"。选项栏显示了画笔大小,这里将画笔"大小"设置为 30 像素,沿着头发边缘绘画(特别是包含绿色背景的区域),经过多次绘画,即可以挑选出任何突出的细小发丝,如图 6.13 所示。

绘画时,Photoshop 将调整蒙版边缘,让蒙版涵盖头发,但不会涵盖大部分背景。如果在图层蒙版上绘画,会把背景包含进来。调整蒙版功能很不错,但它并不完美。下面要将随头发一起包含进来的背景删除。

(1) 在"调整蒙版"对话框中,选择隐藏在"调整半径工具"后面的"抹除调整工具"。在呈现出背景色的地方单击一两次,以进一步清理蒙版。小心不要抹去对头发边缘所做的调整。如果必要,可撤销一步或使用"调整半径工具"恢复边缘。

(2) 选择"净化颜色"复选框,并将"数量滑块"设置为 85%。从输出到选择"新建带有图层蒙版的图层",单击"确定"按钮,效果如图 6.14 所示。

图 6.13

图 6.14

6.5 快速蒙版的运用

视频讲解

下面创建一个快速蒙版以修改模特嘴唇的颜色。

(1) 删除“图层 0”,双击“图层 0”选中图层名,并将其重命名为 Model。

(2) 单击工具箱中的“以快速蒙版模式编辑”按钮(默认情况下在标准模式下编辑),如图 6.15 所示。

在快速蒙版模式下,建立选区时,将出现红色覆盖区,此时只能修改该区域,该区域是选定并可见的,处于未保护状态。在“图层”面板中,选定的图层将呈灰色而不是蓝色,这表明当前处于快速蒙版模式。

(3) 选择工具箱中的“画笔工具”工具。在工具选项栏中,确保“模式”为“正常”。打开画笔弹出面板并选择一种直径为 13 像素的画笔,再在面板外单击以关闭它。

(4) 在模特嘴唇上绘画,绘画的区域将变成红色(见图 6.16),这创建了一个蒙版。

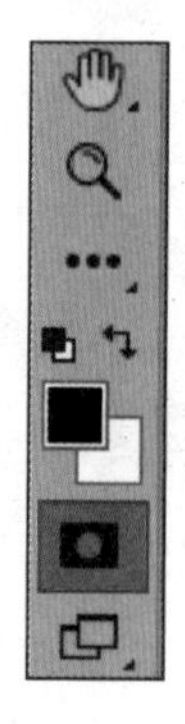

图 6.15

图 6.16

在快速蒙版模式下，Photoshop 自动切换到"灰度模式"："前景色"为"黑色"，"背景色"为"白色"。在快速蒙版模式下使用绘画或编辑工具时，应牢记如下原则：使用黑色绘画将增大蒙版（红色覆盖区）并缩小选区；使用白色绘画将缩小蒙版（红色覆盖区）并增大选区；使用灰色绘画将部分覆盖。

（5）单击"以标准模式编辑"按钮，退出快速蒙版模式。

未覆盖的区域被选中。除非将快速蒙版保存为永久性的 Alpha 通道蒙版，否则临时蒙版转换为选区后，Photoshop 将丢弃它。

（6）选择"选择"→"反选"命令，选择前面遮盖的区域。

（7）在"图层"面板中选择 Model 图层。

（8）选择"图像"→"调整"→"色相/饱和度"命令。

（9）在"色相/饱和度"对话框中，将"饱和度"设置为 30，单击"确定"按钮，嘴唇的颜色将加深，如图 6.17 所示。

图　6.17

（10）选择"选择"→"取消选择"命令，或者按 Ctrl+D 组合键。

（11）按 Ctrl+S 组合键保存。

6.6　使用操控变形操纵图像

视频讲解

"操控变形"与变形网格类似，但功能更加强大。使用该功能时，可以在图像的关键点上放置图钉，然后拖动图钉来对图像进行变形操作，以更灵活地操纵图像。可以轻松地调整人物头发或胳膊等区域的位置，就像提拉木偶上的绳索一样。在这里使用操控变形使模特的头部向后倾斜，这样她看起来像在向上看。

（1）缩小图像以便看到整个模特。在"图层"面板中选择 Model 图层，选择"编辑"→"操控变形"命令。

图层的可见区域（这里是模特）将出现一个网格。接下来需要使用该网格在要控制移动（或确保它不移动）的地方添加图钉。

(2) 沿衣服、手臂的边缘以及颈部单击。每次单击时,操控变形都将添加一颗图钉。添加大约 15 颗图钉就够了。通过在衣服周围添加图钉,可确保倾斜模特头部时衣服保持不动。

(3) 选择颈背后面头发上的图钉,图钉中央将出现一个白点,这表明选择了该图钉,如图 6.18 所示。

图 6.18

(4) 按住 Alt 键,将在图钉周围出现一个更大的圆圈,而鼠标指针将变成弯曲的双箭头。继续按住 Alt 键并拖动鼠标,让头部后仰。在选项栏中将“旋转”角度设置为−60°来让头部后仰,如图 6.19 所示,或者直接单击图钉,在选项栏中直接设置角度。

(5) 对旋转角度满意后,单击选项栏中的“提交操控变形”按钮✔或按 Enter 键。

(6) 按 Ctrl+S 组合键保存项目。

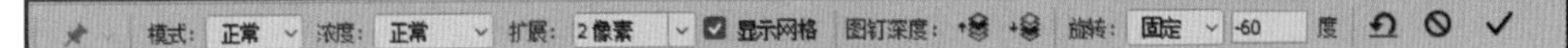

图 6.19

6.7 关于通道

当打开一个图像时,Photoshop 会自动创建该图像的颜色信息通道。通道能够让用户访问特定的信息。在 Alpha 通道中,白色代表可以被选择的区域,黑色代表不能被选择的区域,灰色代表可以被部分选择的区域(即羽化区域)。Alpha 通道将选区存储为灰色图像,而颜色通道存储了有关图层中每种颜色的信息。例如,RGB 图像默认包含红色、绿色、蓝色和复合通道。

通道和图层的区别在于:通道包含了图像的颜色和选区信息,而图层包含的是绘画和效果。

下面要使用一个 Alpha 通道创建模特的投影,然后将图像转换为 CMYK 模式,并使用黑色通道给头发添加彩色高光。

6.7.1 利用 Alpha 通道创建投影

视频讲解

前面创建了一个覆盖模特的蒙版。为创建投影,可复制该蒙版并调整其位置。为实现这种目标,可以使用 Alpha 通道。

(1) 在“图层”面板中,按住 Ctrl 键并单击 Model 图层的缩览图图标,这将选择蒙版对应的区域。

(2) 选择“选择”→“存储选区”命令,在“存储选区”对话框中,从“通道”下拉列表中选择“新建”,然后将通道命名为 Model Outline,如图 6.20 所示,单击“确定”按钮。此时,“图层”面板和图像窗口都没有任何变化,但在“通道”面板中添加了一个名为 Model Outline 的新通道。

(3) 单击“图层”面板底部的“创建新图层”按钮,将新图层拖放到 Model 图层的下

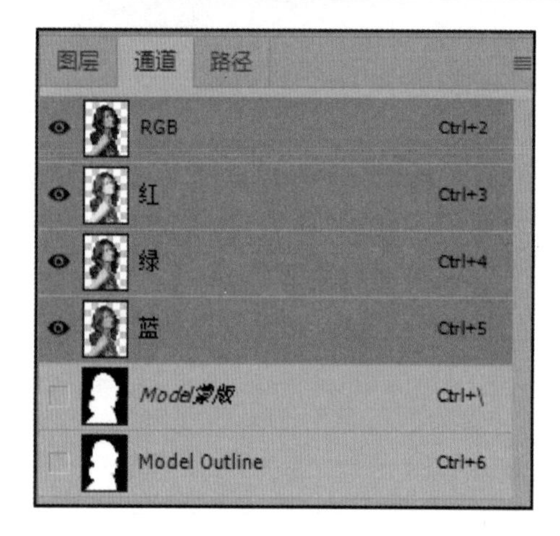

图 6.20

面。双击新图层的名称,并将其重命名为 Shadow。

(4) 选择 Shadow 图层,选择"选择"→"选择并遮住"命令。在"选择并遮住"对话框中,将"移动边缘"设置为+36%,如图 6.21 所示,单击"确定"按钮。

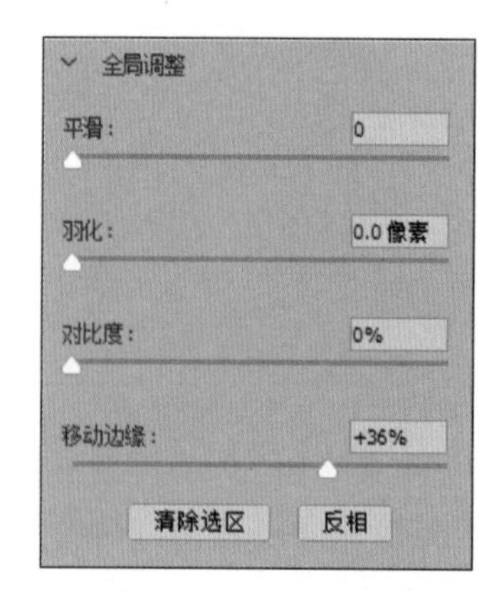

图 6.21

> CS6 2015 在 Photoshop CS6 和 Photoshop CC 2015 版本中,此处应该选择“选择”→“调整边缘”命令,然后对其进行移动边缘设置。

(5) 选择“编辑”→“填充”命令,在“填充”对话框中,设置“内容”为“黑色”,单击“确定”按钮,如图 6.22 所示。

(6) 在“图层”面板中,将图层“不透明度”设置为 50%,如图 6.23 所示。

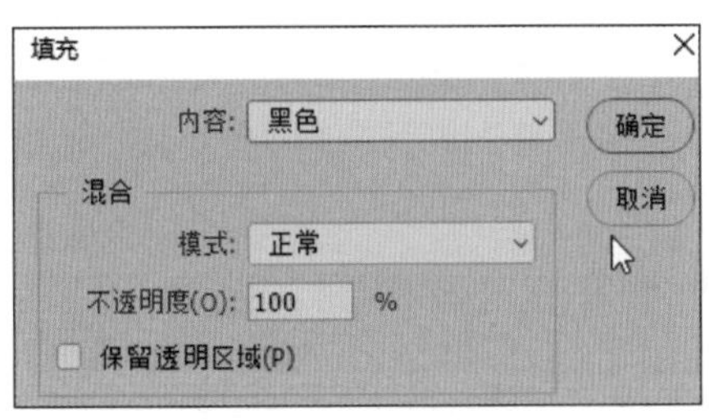
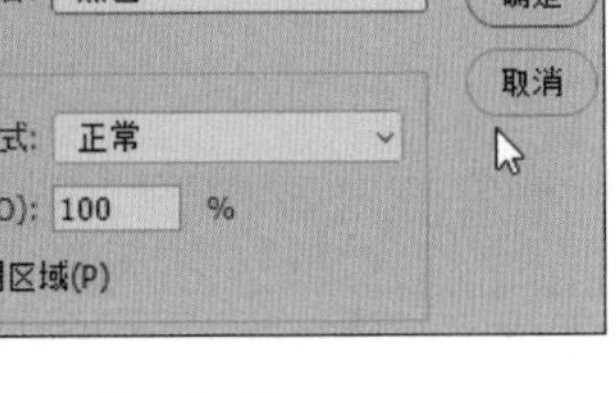

图　6.22

图　6.23

(7) 当前,投影与模特完全重合而不可见,下面调整投影的位置。在菜单栏中选择“选择”→“取消选择”命令。

(8) 选择“编辑”→“变换”→“斜切”命令。手工旋转投影或在选项栏中输入图 6.24 所示的参数,单击 ✔ 按钮或按 Enter 键,让变换生效,如图 6.24 所示。

图　6.24

(9) 在菜单栏中选择“文件”→“存储”命令,保存项目。

视频讲解

6.7.2 调整通道

至此,该杂志封面图像即将制作完成,余下的工作是给模特的头发添加彩色高光。下面将图像转换为 CMYK 模式,以便能够利用黑色通道来完成这项任务。

(1) 在“图层”面板中选择 Model 图层。

(2) 在菜单栏中选择“图像”→“模式”→“CMYK 颜色”命令。在弹出的对话框中,因为要保留图层单击“不合并”按钮,如图 6.25 所示。如果出现有关颜色配置文件的警告,单击“确定”按钮。

图 6.25

(3) 按住 Alt 键并单击 Model 图层左边的“眼睛”图标,以隐藏其他所有图层。

(4) 选择“通道”标签。在“通道”面板中,选择黑色通道,再从“通道”面板菜单中选择“复制通道”,将通道命名为 Hair,并单击“确定”按钮,效果如图 6.26 所示。

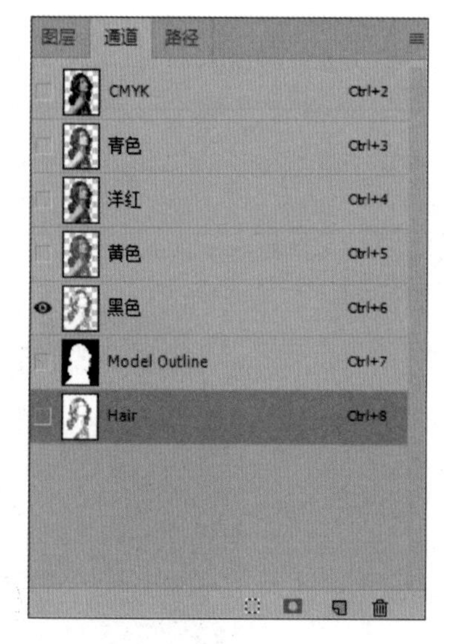

图 6.26

如果只显示了一个通道,图像窗口显示的将是灰度图像;如果显示了多个通道,将为彩色图像。

(5) 让 Hair 通道可见,并隐藏黑色通道,如图 6.27 所示,然后选择 Hair 通道,并选择“图像”→“调整”→“色阶”命令。

(6) 在“色阶”对话框中,将“黑色”设置为 85,“中间色”设置为 1.00,“白色”设置为 165,如图 6.28 所示,单击“确定”按钮。

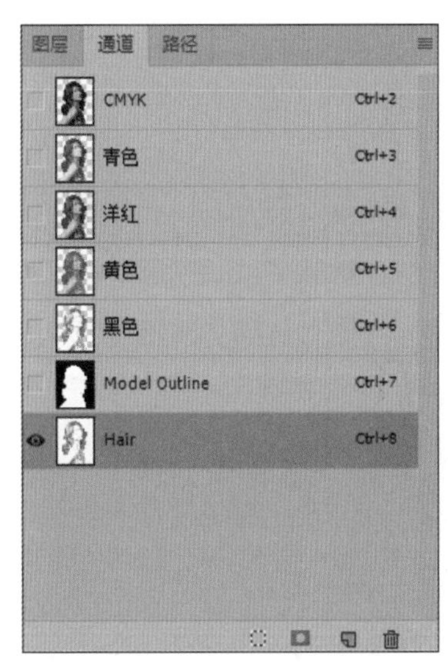

图 6.27

(7) 在仍选择 Hair 通道的情况下，选择“图像”→“调整”→“反相”命令，该通道将变成黑色背景中的白色区域。

(8) 选择“画笔工具”，单击工具箱中的“切换前景色和背景色”图标，将“前景色”设置为黑色，然后在脸部、衣服以及不是头发的其他所有区域绘画，如图 6.29 所示。

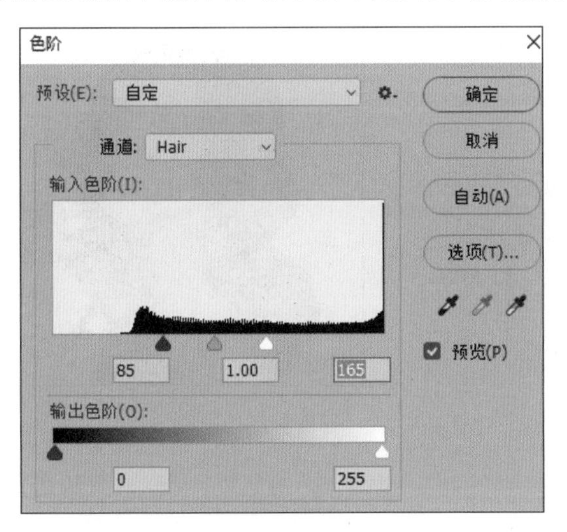

图 6.28

图 6.29

(9) 单击“通道”面板底部的“将通道作为选区载入”按钮。

(10) 选择“图层”标签，再在“图层”面板中选择 Model 图层，如图 6.30 所示。

(11) 选择“选择→选择并遮住”命令。在弹出的“选择并遮住”对话框中，将“羽化”设置为 1.2 像素，单击“确定”按钮。

CS6 2015 在 Photoshop CS6 和 Photoshop CC 2015 版本中，此处应该选择“选择”→“调整蒙版”→“调整边缘”命令，然后对其进行“羽化”设置。

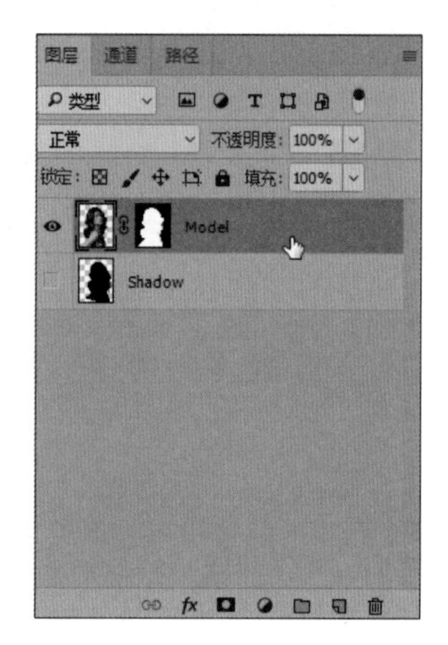

图 6.30

(12) 选择“图像”→“调整”→“色相/饱和度”命令。按图 6.31 所示参数设置滑块,单击“确定”按钮。

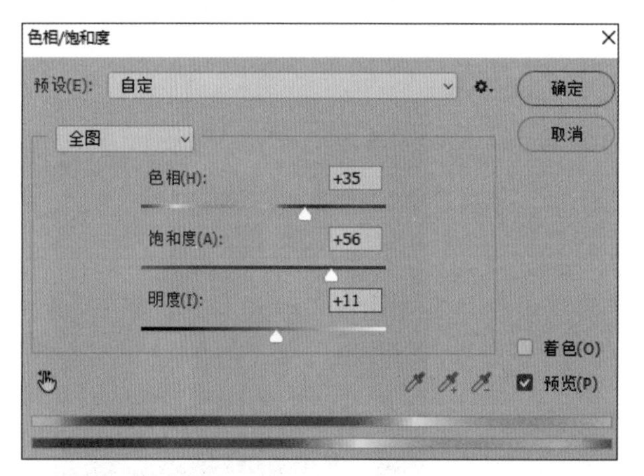

图 6.31

(13) 选择“图像”→“调整”→“色阶”命令,在弹出的“色阶”对话框中,调整滑块位置,设置的值分别为 58、1.65、255,然后单击“确定”按钮,如图 6.32 所示。

(14) 在菜单栏中选择“选择”→“取消选择”命令。

(15) 在“图层”面板中,创建一个新的图层,将其拖动到最底层,并命名为 Background。设置“前景色”为白色,按 Alt+Delete 组合键为背景图层填充白色。然后显示 Shadow 图层。

(16) 将“06Lesson/范例/06Start”文件夹中的 Text.png 文件拖动到项目中,单击按钮 ✔ 或按 Enter 键完成放置,然后将该图层拖动到图层最上方。

(17) 选择“文件”→“存储”命令,最终效果如图 6.31 所示。

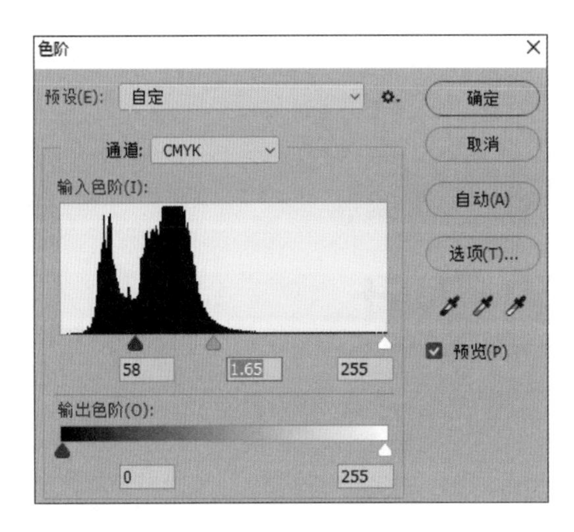

图 6.32

作业

一、模拟练习

打开“06Lesson/模拟”文件目录，选择“06Complete/06 模拟 Complete(CC 2017).psd”文件进行浏览(使用 Photoshop CS6 和 Photoshop CC 2017 软件的请打开对应的模拟练习案例，使用 Photoshop CC 2016 和 Photoshop CC 2015 软件的可打开 Photoshop CC 2015 案例文件)。根据本章所述知识，使用“素材”文件夹中的文件制作一个类似的作品。作品资料已完整提供，获取方式见前言。

二、自主创意

自主设计一个 Photoshop 案例，应用本章所学习的创建蒙版、调整蒙版、创建快速蒙版、使用属性面板编辑蒙版、使用操控变形操纵图像、将选区保存为 Alpha 通道、将通道作为选区载入、隔离通道以修改图像的特定部分等知识。

三、理论题

1. 使用快速蒙版有何优点？
2. 取消选择快速蒙版时，将发生什么情况？
3. 将选区存储为蒙版时，蒙版将存储在什么地方？
4. 存储蒙版后如何在通道中编辑蒙版？
5. 图层和通道之间有何不同？

第7章

文 字 设 计

本章学习内容

(1) 文字的创建。

(2) 利用参考线在合成图像中放置文本。

(3) 利用"字符"面板设置字符格式。

(4) 文字的排版。

完成本章的学习需要大约90分钟，相关资源获取方式见前言和第1章中的描述。

知识点

由于本书篇幅有限，下面的知识点并非在本章中都有涉及或详细讲解，在本书的资源网站有详细的资料，欢迎登录学习。

设置字符格式	设置段落格式	行距和字距	字体
编辑文本	创建文字效果	创建文字	亚洲文字

本章案例介绍

范例

本章范例是一个为海报设计的镂空文字(见图7.1)，学习使用横排和竖排文字工具，了解点文字和段落文字的区别以及转换，熟悉运用"字符"面板等，创造出想要得到的海报文字风格。

模拟

本章模拟案例中，将用到本章所讲的创建文字以及设置文字属性等知识，完成海报背景文字设计排版，如图7.2所示。

图　7.1

图　7.2

视频讲解

7.1　预览完成的文件

在本章中，将完成海报的文字设计与排版，然后对其进行少许的修饰。首先，可以对处理后的图像进行预览。

（1）选择“07Lesson/范例/07Complete/07 范例 Complete(CC 2017). psd”文件，右击，在弹出的快捷菜单中选择“打开方式”→“Adobe Photoshop CC 2017”命令，打开文件如图 7.1 所示。

（2）关闭当前打开的“07 范例 Complete(CC 2017). psd”文件。

CS6　2015　使用 Photoshop CS6 软件版本的读者请打开“07Lesson/范例/07Complete”文件夹中的“07 范例 Complete(CS6). psd”文件；使用 Photoshop CC 2016 和 Photoshop CC 2015 软件版本的读者请打开“07Lesson/范例/07Complete”文件夹中的“07 范例 Complete(CC 2015). psd”文件。

7.2　关于文字

Photoshop 中的文字由基于矢量的文字轮廓组成，也可以说由以数学方式定义的形状组成，这些形状描述了某种字体中的字母、数字和符号。文字在 Photoshop 中的应用非常之多,Photoshop 的文本处理功能也十分强大。

在 Photoshop 中将文字加入到图像中时,字符由像素组成,其分辨率与图像文件相同——放大文字时将出现锯齿边缘。然而 Photoshop 保留基于矢量的文字轮廓,并在用户缩放文字、保存 PDF 或 EPS 文件或者通过 postscript 打印机打印图像时使用它们。因此,用户可以创建边缘犀利的独立于分辨率的文字,将效果和样式应用于文字以及对其形状和大小进行变换。

7.3 图片处理

视频讲解

本章要制作海报风格文字,首先为背景图片进行去色处理和色阶调整。

7.3.1 去色与色阶调整

“去色”命令可以将图像中的彩色去除,将图像所有的颜色饱和度变为 0,将彩色图像转换为灰色图像。它与“灰度”模式是不同的,“灰度”模式是模式的转换,在“灰度”模式下再没有彩色显现;“去色”只是将当前图像中的彩色去除,并不影响图像的模式,而且在当前文档中还可以利用其他工具绘制出彩色效果。

(1) 打开“07Lesson/范例/07Start”文件夹中的“07 范例 Start(CC 2017). psd”文件。首先将“图层 0”复制一份(快捷键为 Ctrl+J)。

(2) 选择“图像”→“调整”→“去色”命令(见图 7.3)(快捷键为 Ctrl+Shift+U),照片变成黑白的(见图 7.4),但是有些发灰,下面为其调整“色阶”。

图 7.3

图　7.4

(3) 选择“图像”→“调整”→“色阶”命令(快捷键为 Ctrl+L),将暗部调高,亮部调低,得到经过去色和色阶调整之后的图片,如图 7.5 所示。

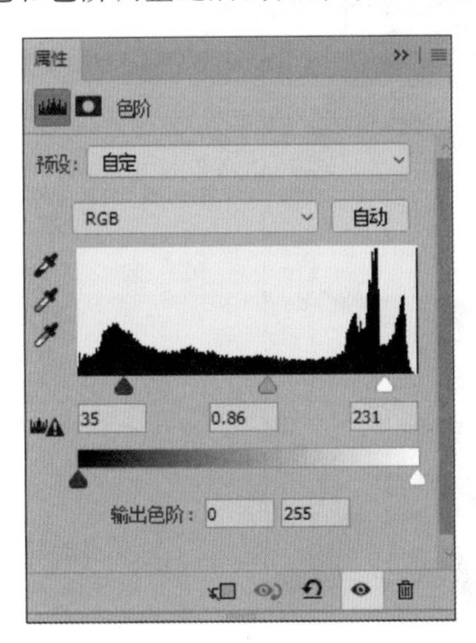

图　7.5

7.3.2　添加参考线

添加参考线来辅助文字的添加。

(1) 选择“视图”→“标尺”命令,在图像窗口顶端和左边显示参考线标尺。在标尺上右击,可以看到不同的标尺数值种类,此处选择“百分比”,如图 7.6 所示。

(2) 从左标尺拖动出一条垂直参考线,并将其放在 50%处,也就是图片中央,如图 7.7 所示。

图 7.6

图 7.7

7.3.3 添加矩形

(1) 选择“矩形选框工具”，在参考线右侧绘制出与右侧图片大小相同的矩形选框，如图 7.8 所示。

(2) 在“图层”面板中新建一个图层，设置“前景色”为黑色，然后按 Alt+Delete 组合键为矩形选框填充黑色，如图 7.9 所示。

(3) 按 Ctrl+D 组合键，取消矩形选区。

图　7.8

图　7.9

(4) 选择“文件”→“存储”命令，保存当前作品。

7.4　创建文字

Photoshop 允许用户在图像的任何位置创建横排或竖排文字。用户可以输入文字：一个字母、一个单词或一行或段落文字。

7.4.1　横排与直排文字工具

“横排文字工具”用于创建水平矢量文字，“直排文字工具”用于创建垂直矢量文字。使用横排或直排文字工具创建文字时，“图层”面板中会自动新建一个“文字图层”，并且会以输入的文字进行命名。

7.4.2　横排与直排文字蒙版工具

“横排文字蒙版工具”用于创建水平文字，“直排文字蒙版工具”用于创建水平垂直文字。它们的用法与横竖排文字工具相似，但这两个工具创建的文字是以蒙版的形式呈现的，输入文字后，文字会显示文字选区出现在原图层上，并不会创建一个新的图层。

7.4.3　点文字与段落文字

创建点文字时，每一行的文字都是独立的，单行的长度会随着文字的增加而增长，并不会自动换行，如若要换行，必须进行手动换行。在工具箱中选择任意文字创建工具，如“横排文字工具”，在图像上单击，可以看到出现一个闪动的竖线光标，输入文字即可。

创建段落文字时，文字会根据创建的文本框的大小而自动换行调整。也可以通过调整外框的大小来改变文字的排列。在本章案例中，可以选择利用“横排文字工具”创建段落文字。

选择"横排文字工具",在图像右侧按住鼠标拖动创建矩形文本框,然后输入文字,如图7.10所示。

图 7.10

注意:如果在输入文字的过程中看不到文字,可能是文字颜色跟背景颜色一致,显示不出来。可以选择"窗口"→"字符"命令,在"字符"面板中修改合适的颜色、字体以及字号大小,方便观察和操作。关于"字符"面板的使用,后面会进行详细讲解。

7.4.4 添加来自注释中的段落文字

在实际的设计中,文字可能是以字处理文档或电子邮件正文的方式提供的,可将其复制并粘贴到Photoshop中,也可以自己输入。对著作权人来说,另一种添加文字的简易方式是使用注释将其附加到图像文件中,这里就是这样做的。

选择"移动工具",双击图像窗口右下角的黄色注释,打开"注释"面板,按Ctrl+C组合键将其复制到剪贴板,关闭"注释"面板,如图7.11所示。

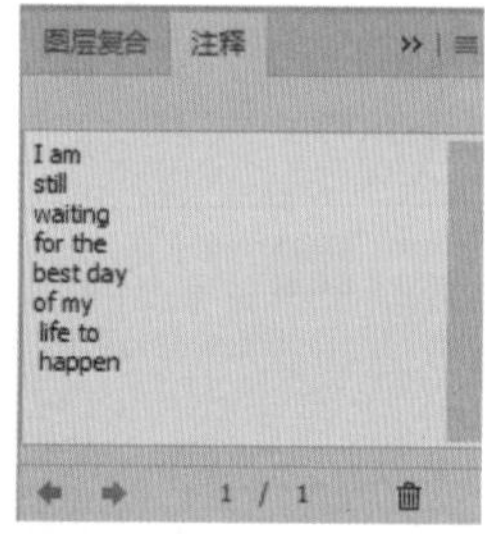

图 7.11

7.5 “字符”面板

“字符”面板提供用于设置字符格式的选项。选项栏中也提供了一些格式设置选项。可以通过执行下列操作之一来显示“字符”面板。

(1) 在菜单栏中选择“窗口”→“字符”命令，或者单击“字符”面板。

(2) 在“文字工具”处于选定状态的情况下，单击选项栏中的“字符面板”按钮。

(3) 若要在“字符”面板中设置某个选项，可从该选项右边的弹出式菜单中选取一个值。对于具有数字值的选项，也可以使用“向上”或“向下”箭头来设置值，也可以直接在文本框中编辑值。当直接编辑值时，按 Enter 键可应用值；按 Shift+Enter 组合键可应用值并随后高光显示刚刚编辑的值；按 Tab 键可应用值并移到面板中的下一个文本框。“字符”面板如图 7.12 所示。

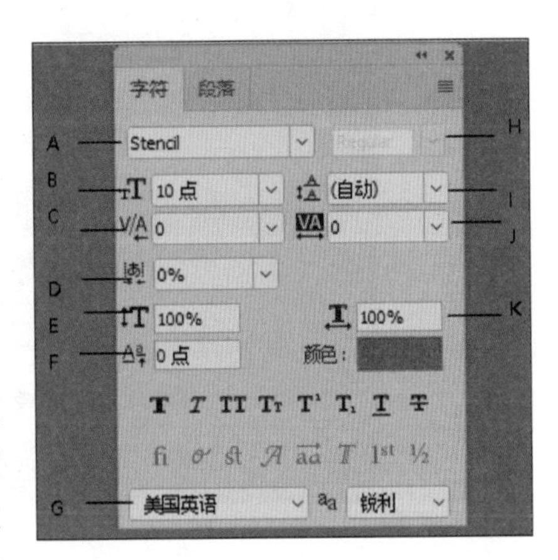

图 7.12

A—字体系列；B—字体大小；C—字距微调；D—“设置比例间距”选项；E—垂直缩放；F—基线偏移；G—语言；H—字体样式；I—行距；J—字距调整；K—水平缩放

注意：要使“设置比例间距”选项出现在“字符”面板中，可在“文字”首选项中选择“显示亚洲字体”选项。可以在“字符”面板菜单中访问其他命令和选项。若要使用此菜单，可单击面板右上角的三角形图标。

7.5.1 行距和字距

各个文字行之间的垂直间距称为行距。对于罗马文字，“行距”是从一行文字的基线到它的上一行文字的“基线”的距离。“基线”是一条看不见的直线，大部分文字都位于这条线的上面。可以在同一段落中应用一个以上的行距量；但是，文字行中的最大行距值决定该行的行距值。

注意：在使用横排亚洲文字时，可以指定行距的度量方式(从基线到基线，或从某一行的顶部到下一行的顶部)。

行距为 6 点的 5 点文字和行距为 12 点的 5 点文字效果对比如图 7.13 所示。

(1) 行距调整。

① 选择要更改的字符。如果不选择任何文本，则行距将应用于创建的新文本。

② 在“字符”面板中设置行距值。

字距微调是增加或减少特定字符对之间的间距的过程。字距调整是放宽或收紧选定文本或整个文本块中字符之间的间距的过程。

(2) 字距调整。

① 选择要调整的字符范围或文字对象。

② 在“字符”面板中设置“字距调整”选项。

图 7.13

7.5.2 关于字体

“字体”就是具有同样粗细、宽度和样式的一组字符(包括字母、数字和符号)所形成的完整集合,如 10 点 Adobe Garamond 粗体。

字样也称文字系列或字体系列,是由具有相同的整体外观的字体形成的集合,专为一同使用而设计,如 Adobe Garamond。

字体样式是字体系列中单个字体的变体。通常,字体系列的罗马体或普通字体(实际名称将因字体系列而异)是基本字体,其中可能包括一些文字样式,如常规、粗体、半粗体、斜体和粗体斜体。如果某一字体不包括所需的样式,则可以应用仿样式——粗体、斜体、上标、下标、全部大写字母以及小型大写字母的模拟版本。

除了可在键盘上看到的字符之外,字样还包括许多字符。根据字体的不同,这些字符可能包括连字、分数字、花饰字、装饰字、序数字、标题和文体替代字、上标字符和下标字符、变高数字和全高数字。字型是字符的一种具体形式。例如,在某些字体中,大写字母 A 有多种形式,如花体字和小型大写字母。

7.6 文字排版

视频讲解

页面上的文字外观取决于一个复杂的过程交互,称为排版。通过使用选择的单词间距、字母间距、符号间距和连字符连接选项,Adobe 应用程序可以评估可能的换行方式,并选取最能支持指定参数的换行方式。下面将为本章案例进行文字排版。排版的时候会较多地涉及字体、字号、字距调整以及行距等几个基本属性。

(1) 关闭黑色矩形框图层前的“眼睛”图标,隐藏黑色矩形,方便文字排版。

(2) 选择文字工具,选中第一行文字,如图 7.14 所示,在“字符”面板中修改文字字体为 Stencil,“字号”为 7 点,“行距”为 6 点。

图 7.14

> **注意**：如果只需要修改两行文字之间的行距，那么选中第一行文字，然后在"字符"面板中设置行距值，即可只改变这两行文字的行距。

接下来的每一行文字都需要单独进行调整设置。排版是一个稍微复杂的过程，需要耐心调整，设计好的文字排版如图 7.15 所示。也可以选择自己喜欢的方式排版。

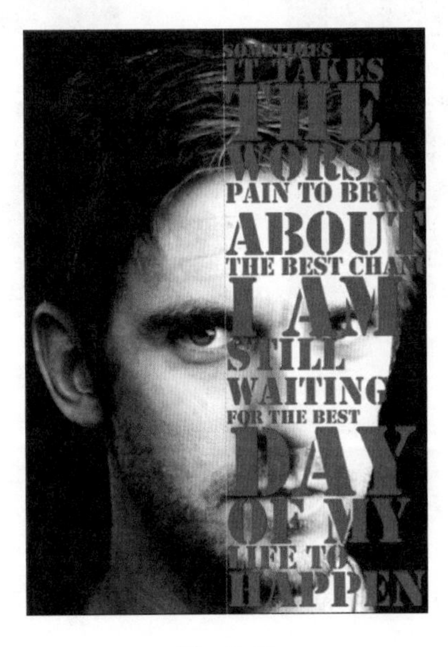

图 7.15

7.7 镂空文字效果处理

视频讲解

现在，需要对文字进行镂空效果处理。

(1) 取消黑色矩形框的隐藏，使其显示出来。

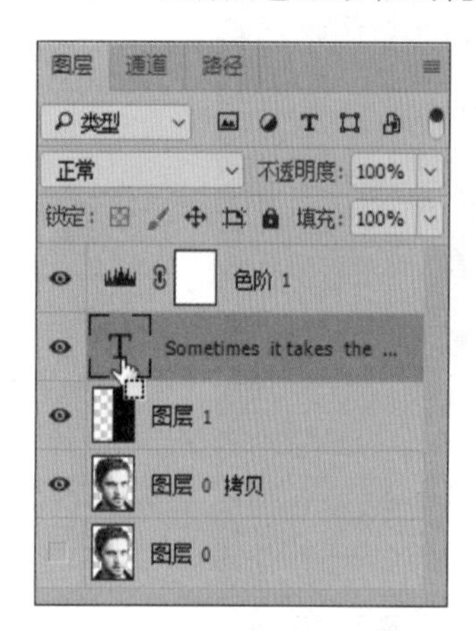

图 7.16

(2) 按住 Ctrl 键，将鼠标指针放在“图层”面板的文字图层上，可以看到，文字图层上出现一个带有小矩形的抓手，如图 7.16 所示。

(3) 单击该图层，可以看到红色文字以选区呈现出来，如图 7.17 所示。

(4) 选中黑色矩形框图层，按 Delete 键删除选区对应的黑色矩形框下的部分。

(5) 按 Ctrl+D 组合键取消文字选区。

(6) 此时会发现删除操作后图像似乎没有什么变化，接下来，只需要隐藏文字图层即可看到镂空效果。

(7) 关闭文字图层前的“眼睛”图标，隐藏文字图层(此处也可将文字图层删除，但是为了方便后期修改，选择将其隐藏)。隐藏图层后的效果如图 7.18 所示。

图 7.17

图 7.18

(8) 选择“文件”→“存储”命令，保存工作。

7.8 添加背景及海报边框

视频讲解

(1) 在“图层”面板的底层新建图层，将“前景色”改为黑色，然后按 Alt+Delete 组合键为该图层填充黑色，如图 7.19 所示。

（2）利用图层特效为海报效果添加边框。在“图层”面板的顶层新建一个图层，为其填充白色，为了不让白色图层遮挡下面的图层效果，将“填充”数值调整为 0，如图 7.20 所示。

图　7.19

图　7.20

（3）为该图层添加“图层样式”，双击该图层，弹出“图层样式”对话框。

（4）为图层添加“内发光”，设置“阻塞”为 100%，“大小”为 8 像素，“不透明度”调整为 35%，如图 7.21(a)所示。

（5）为图层添加描边效果，设置内部 3 像素的黑色描边，如图 7.21(b)所示。

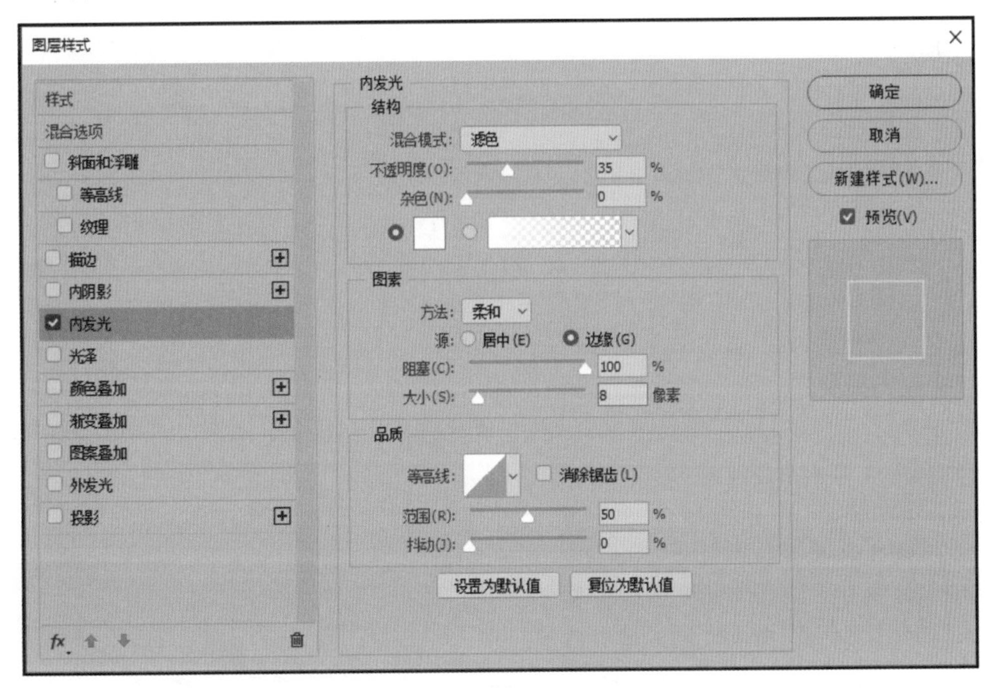

(a)

图　7.21

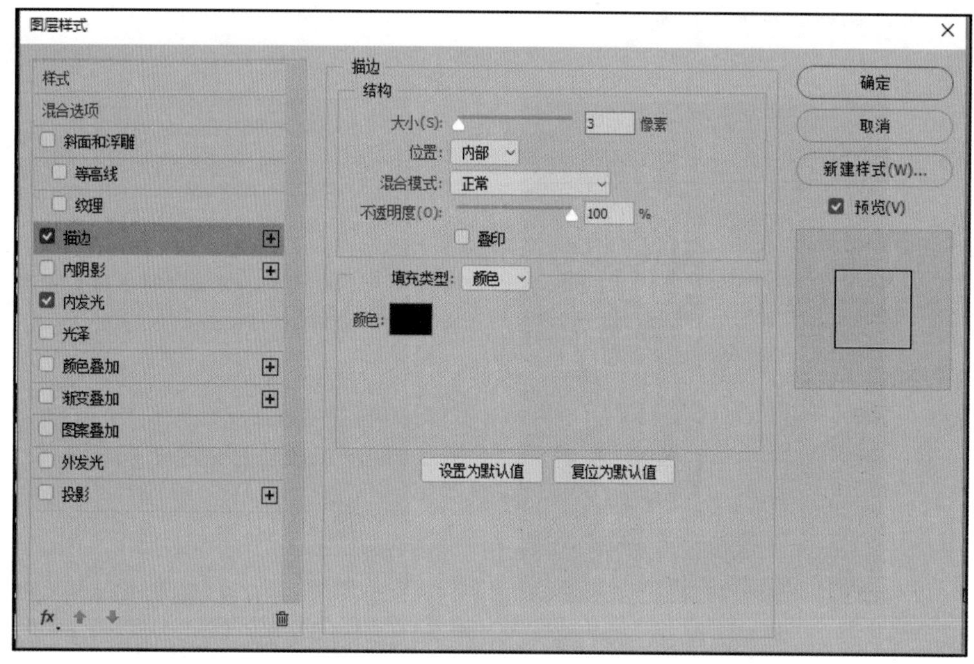

(b)

图 7.21 (续)

(6) 将“参考线”拖动到最左侧,取消显示参考线,最终效果图如图 7.1 所示。

(7) 选择“文件”→“存储”命令,保存工作。

作业

一、模拟练习

打开“07Lesson/模拟/07Complete 文件夹”的“07 模拟 Complete(CC 2017).psd”文件进行浏览(使用 Photoshop CS6 和 Photoshop CC 各版本的请打开对应的模拟练习案例,使用 Photoshop CC 2016 和 Photoshop CC 2015 软件的可打开 Photoshop CC 2015 案例文件)。根据本章所述知识,使用“素材”文件夹中的文件制作一个类似的海报文字设计作品。作品资料已完整提供,获取方式见前言。

二、自主创意

自主设计一个海报文字设计案例,应用本章所学习的创建文字的方法,以及“字符”面板的参数设置、文字的排版等知识。

三、理论题

1. 文字工具有哪几种类型?
2. 简述文字在 Photoshop 中的概念。
3. 如何在“字符”面板中设置某个选项?

第8章

矢量工具与路径

本章学习内容

(1) 区分位图和矢量图。

(2) 使用“钢笔工具”绘制笔直和弯曲的路径。

(3) 将路径和选区相互转换。

(4) 保存路径。

(5) 绘制和编辑图层形状。

(6) 绘制自定形状。

完成本章的学习需要大约 2 小时,相关资源获取方式见前言和第 1 章中的描述。

知识点

由于本书篇幅有限,下面的知识点并非在本章中都有涉及或详细讲解,在本书的资源网站有详细的资料,欢迎登录学习。

位图	矢量图	“钢笔工具”绘制路径	路径和选区	路径的保存
图层形状	绘制和编辑	绘制自定形状	导入智能对象	

本章案例介绍

范例

本章范例是一张简易的汽车宣传页,该汽车宣传页由多种元素构成,主要涉及用“钢笔工具”绘制路径和自定形状,最终效果如图 8.1 所示。通过本章案例的学习,需掌握位图与矢量图的区别、使用“钢笔工具”绘制路径和自定形状、路径与选区的转换等。

模拟

本章模拟案例是一幅以毕业季为主题的卡通海报,最终效果如图 8.2 所示。

图 8.1

图 8.2

8.1 概述

视频讲解

（1）选择“08Lesson/范例/08Complete/08 范例 Complete(CC 2017).psd”文件，右击，在弹出的快捷菜单中选择“打开方式”→Adobe Photoshop CC 2017 命令。

（2）关闭当前打开的“08 范例 Complete(CC 2017).psd”文件。

（3）选择“08Lesson/范例/素材”文件夹中的“跑车.psd”文件和“08Lesson/范例/08Start”文件夹中的“08 范例 Start(CC 2017).psd”文件，右击，在弹出的快捷菜单中选择“打开方式”→Adobe Photoshop CC 2017 命令。

CS6 2015 使用 Photoshop CS6 软件版本的读者请打开“08Lesson/范例/08Complete”文件夹中的“08 范例 Complete(CS6).psd”文件；使用 Photoshop CC 2016 和 Photoshop CC 2015 软件版本的读者请打开“08Lesson/范例/08Complete”文件夹中的“08 范例 Complete(CC 2015).psd”文件。

8.1.1 位图和矢量图的区别

计算机能以矢量图 vector 或位图 bitmap 格式显示图像。理解两者的区别能更好地提高学习本章的效率。

1. 矢量图

矢量图使用线段和曲线描述图像,所以称为矢量,同时图形也包含了色彩和位置信息。下面例子中的鼓,就是利用大量的点连接成曲线来描述鼓的轮廓线,然后根据轮廓线,在图像内部填充一定的色彩,当进行矢量图形的编辑时,定义的是描述图形形状的线和曲线的属性,这些属性将被记录下来。对矢量图形的操作(例如移动、重新定义尺寸、重新定义形状,或者改变矢量图形的色彩)都不会改变矢量图形的显示品质。也可以通过矢量对象的交叠,使得图形的某一部分被隐藏,或者改变对象的透明度。矢量图形是"分辨率独立"的,这就是说,当显示或输出图像时,图像的品质不受设备的分辨率的影响。在图 8.3(a)中,右边是放大后的矢量图形,其中图像的品质没有受到影响。

(a)

(b)

图 8.3

2. 位图

位图使用称为像素的一格一格的小点来描述图像。计算机屏幕其实就是一张包含大量像素点的网格。在位图中,看到上面的女孩图像将会由每一个网格中的像素点的位置和色彩值来决定。每一点的色彩是固定的,当在更高分辨率下观看图像时,每一个小点看上去就像是一个个马赛克色块,如图 8.3(b)所示,右边是放大后的位图图像。

当在进行位图编辑时,其实是在一点一点地定义图像中的所有像素点的信息,而不是类似矢量图只需要定义图形的轮廓线段和曲线。因为一定尺寸的位图图像是在一定分辨率下被一点一点记录下来,所以这些位图图像的品质是和图像生成时采用的分辨率相关的。

矢量图和位图的区别:矢量图可以无限放大,而且不会失真,而位图不能;位图由像素组成,而矢量图由矢量线组成;位图可以表现的色彩比较多,矢量图较少。表 8.1 为位图和矢量图比较表。

表 8.1

项　　目	位　　图	矢　量　图
存储空间	大	小
放大缩小的效果	放大模糊	可无限放大保持清晰
计算机显示的时间	慢	快
表现内容	丰富	单一

8.1.2 “钢笔工具”与路径

Photoshop 提供多种“钢笔工具”，如图 8.4 所示。标准“钢笔工具”可用于绘制具有最高精度的图像；“自由钢笔工具”可用于像使用铅笔在纸上绘图一样来绘制路径；磁性钢笔选项可用于绘制与图像中已定义区域的边缘对齐的路径。可以组合使用“钢笔工具”和形状工具创建复杂的形状。

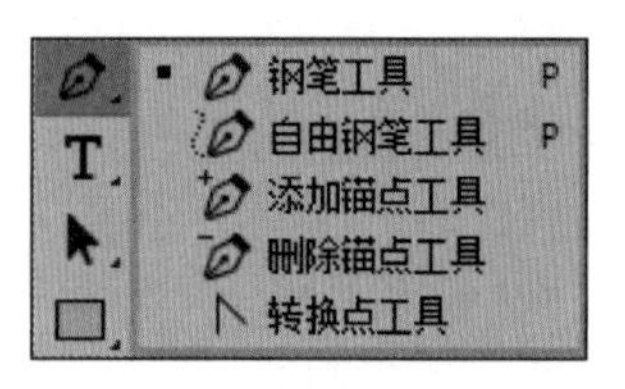

图 8.4

“钢笔工具”是 Photoshop 中最为强大的绘图工具，它主要有两种用途：一是绘制矢量图形；二是用于选取对象。“钢笔工具”是用来创造路径的工具，创造路径后，还可再编辑。“钢笔工具”属于矢量绘图工具，其优点是可以勾画平滑的曲线，在缩放或者变形之后仍能保持平滑效果。

路径这个概念相对来说较容易理解。所谓路径，是可以转换为选区或使用颜色填充和描边的轮廓。路径由定位点和连接定位点的线段(曲线)构成；每一个定位点还包含了两个句柄，用以精确调整定位点及前后线段的曲度，从而匹配想要选择的边界。可以使用前景色描画路径，从而在图像或图层上创建一个永久的效果。路径通常被用作选择的基础，它可以进行精确定位和调整，比较适用于不规则的、难于使用其他工具进行选择的区域。

提示：路径是矢量对象，不包含像素，没有填充或描边处理是不能打印出来的，使用 PSD、TIFF、PDF 等格式存储文件可以保存路径。

8.2 使用“钢笔工具”绘图

视频讲解

本章范例中的跑车边缘不规则而又弯曲，使用其他方法难以选取，使用“钢笔工具”选择最合适不过了。

需要绘制一条环绕跑车边缘的路径，将路径转换为选区，以便只选择跑车而不选择路径。最后，使用跑车图像新建一个图层，并修改它后面的图像。

使用“钢笔工具”绘制路径时，应使用尽可能少的点来创建所需的形状。使用的点越少，曲线越平滑。例如，图 8.5(a)是正确的点数，图 8.5(b)表述点数太多。

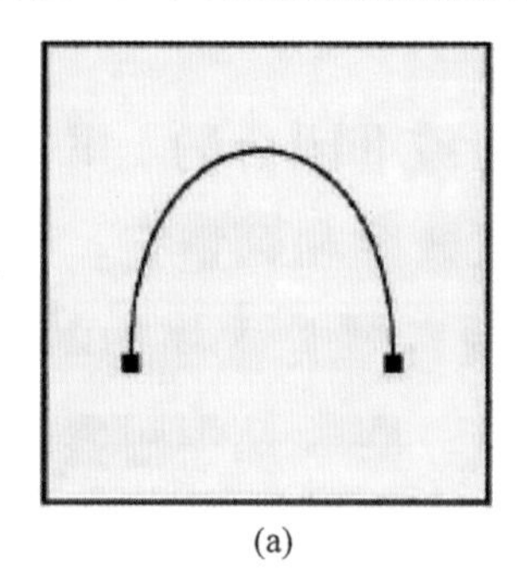

(a)

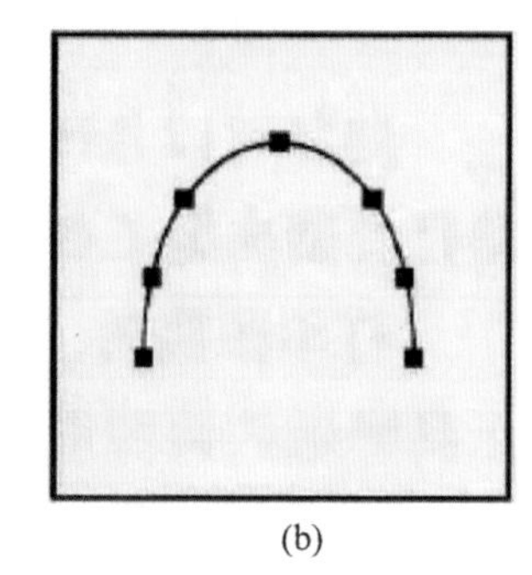

(b)

图 8.5

8.2.1　使用“钢笔工具”创建路径

“钢笔工具”是最基本的路径创建工具，可以勾画平滑的曲线，并且缩放后仍能保持其平滑的效果。允许路径处于开放的状态，如果把起点和终点重合绘制就可以得到封闭路径。

(1) 用“钢笔工具”绘制直线。将“钢笔工具”定位到所需的直线段起点并单击，以定义第一个锚点(不要拖动)，再次单击直线段结束的位置。继续单击以便为其他直线段设置锚点，如图 8.6 所示。最后添加的锚点总是显示为实心方形，表示已选中状态。当添加更多的锚点时，以前定义的锚点会变成空心并被取消选择。如果将“钢笔工具”定位在第一个(空心)锚点上，“钢笔工具”指针旁将出现一个小圆圈，单击或拖动可闭合路径。

(2) 用“钢笔工具”绘制曲线。将“钢笔工具”定位到曲线的起点并按住鼠标，此时会出现第一个锚点，同时“钢笔工具”指针变为一个箭头，再拖动鼠标为该锚点创建一条方向线，然后通过单击放置下一个锚点。每条方向线有两个方向点，方向点和方向线的位置决定了曲线段的长度和形状。通过移动方向线和方向点可以调整路径中曲线的形状，如图 8.7 所示。

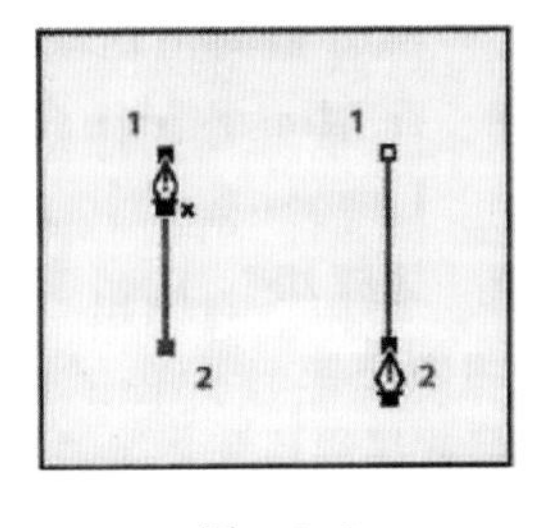

图　8.6

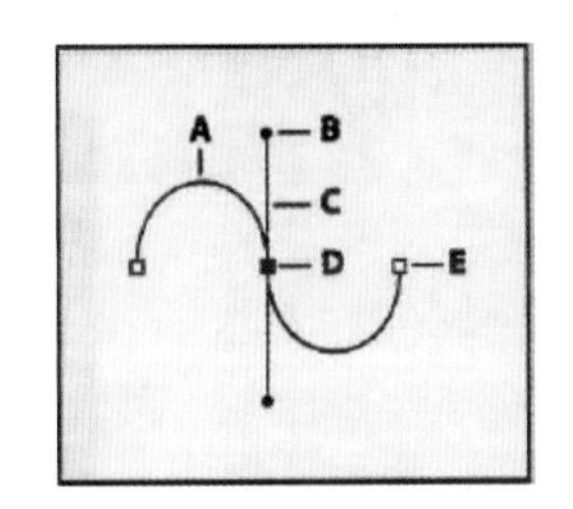

图　8.7

A—曲线段；B—方向点；C—方向线；
D—选定的锚点；E—未选定的锚点

提示　“钢笔工具”绘制的曲线称为贝塞尔曲线。贝赛尔曲线是由法国数学家 Pierre Bézier 发明的一种锚点调节方式，其原理是在锚点上加两个控制柄，无论调整哪一个控制柄，另外一个始终与它保持成一直线并与曲线相切。贝塞尔曲线具有精确和易于修改的特点，被广泛应用在计算机图形领域。

创建闭合路径和非闭合路径的差别在于结束路径的绘制。要结束非闭合路径的绘制，单击工具箱中的“钢笔工具”；要创建闭合路径，将鼠标指向路径起点并单击，如图 8.8 所示。路径闭合后，将自动结束路径的绘制，同时鼠标图标将包含一个 x，这表明下次单击将开始绘制新路径。

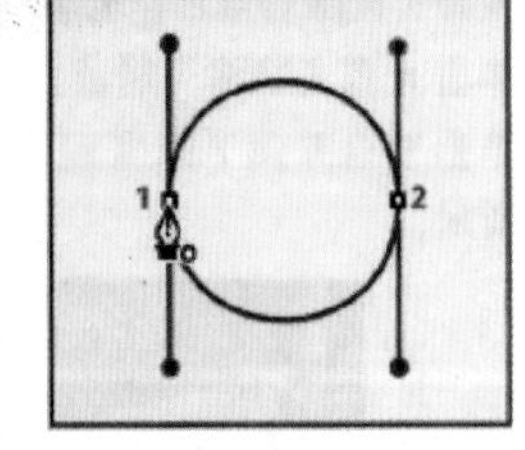

图　8.8

绘制路径时，“路径”面板中将出现一个名为“工作路径”的临时存储区。应保存工作路径，如果在同一幅图像中使用了多条不同路径，则必须这样做。如果在“路径”面板中取消对现有“工作路径”的选择，并在此开始绘制，新的工作路径将取代原来的工作路径，因此原来的工作路径将丢失。要保存“工作路径”，应在“路径”

面板中双击它，然后在“保存路径”对话框中输入名称，并单击“确定”按钮将其重命名并保存。

8.2.2 使用“钢笔工具”抠图

下面使用“钢笔工具”绘制跑车的封闭轮廓路径，并设置一些线段、平滑点和角点。首先配置钢笔选项和工作区，然后使用模板描绘跑车的轮廓。

(1) 选择“跑车.psd”文件中的“跑车”图层，按 Ctrl+J 组合键复制图样。

(2) 在“工具箱”中选择“钢笔工具”。

(3) 在工具选项栏下拉列表中选择为“路径”，确保没有选中“橡皮带”，选中“自动添加/删除”复选框，如图 8.9 所示。

图 8.9

(4) 在面板组中单击“路径”标签，如图 8.10 所示。“路径”面板显示了绘制的路径图的缩览图。当前该面板为空，因为还没有开始绘制。

图 8.10

(5) 在必要的情况下，放大视图以便能够看到形状模板上用字母标记的点。确保能够在图像窗口中看到整个模板，并在放大视图后重新选择“钢笔工具”。

(6) 用“钢笔工具”在关键的点勾勒出跑车的大致轮廓。单击 A 点并松开鼠标，这样就设置了第一个锚点，继续单击 B 点，直到连接到 Y 点，完成整个轮廓绘制，效果如图 8.11 所示。

图 8.11

提示 也可以根据情况添加或删除锚点。在“钢笔工具”绘制的路径上单击可以添加锚点，再次单击原来的锚点可删除锚点。

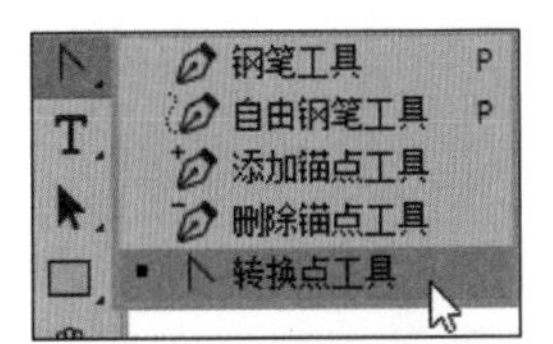

图 8.12

(7) 此时“钢笔工具”勾勒出的线条过于生硬且不能与跑车的边线贴合，接下来选择隐藏在“钢笔工具”下的“转换点工具”(见图 8.12)(或在选择“钢笔工具”时按住 Alt 键)，拖动锚点，锚点的两侧会出现两条带有手柄的方向线，移动方向线的手柄可以将直线转换为曲线。将 A～Y 的锚点逐一调整至贴合跑车边线，如图 8.13 所示。

图 8.13

提示 按住 Alt 键可以只改变一边的方向线，若某一锚点的位置不合适，按住 Ctrl 键可移动此锚点到合适的位置。

(8) 在“路径”面板中，双击“工作路径”，在“存储路径”对话框中输入 car，如图 8.14 所示，单击“确定”按钮。

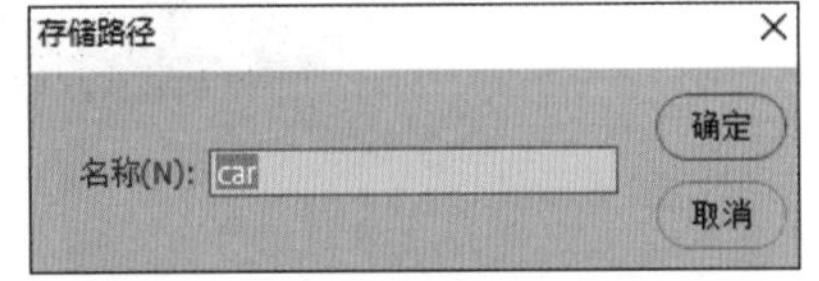

图 8.14

(9) 选择“文件”→“储存”命令，保存项目。

8.2.3 路径与选区相互转换

下面使用另一种方法创建第二条路径。

(1) 使用“选取工具”选择图片左侧齿轮及其阴影的区域，然后将选区转换为路径。可以将使用“选取工具”创建的任何选区转换为路径。在工具箱中选择“快速选择工具”，在工具选项栏中保持默认设置。

(2) 多次单击选中左侧的齿轮区域，如图 8.15 所示。

(3) 单击“路径”标签，再单击面板底部的“从选区生成工作路径”按钮，选区被转换为路径并创建了一条新的工作路径。

(4) 双击工作路径，将其命名为“齿轮”，单击“确定”按钮保存该路径，如图 8.16 所示。

(5) 选择“文件”→“存储”命令，或按 Ctrl+S 组合键，保存工作。

就像可以将选区的边界转换为路径一样，也可以将路径转换为选区区域。路径有平滑效果，让用户能够创建精确选区。绘制汽车的路径 car 后，可将这些路径转换为选区。

图 8.15

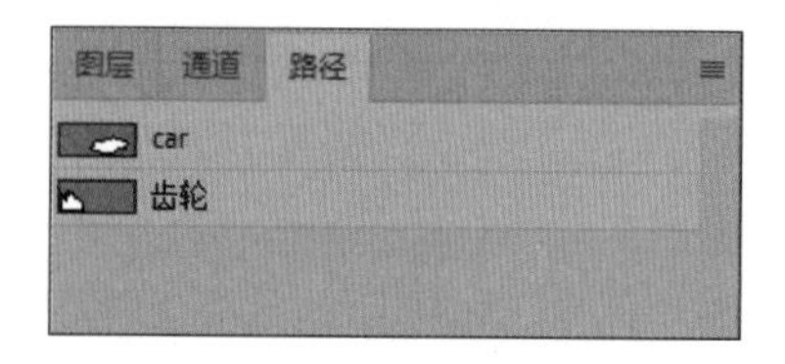

图 8.16

(1) 在“路径”面板中，单击car路径使其处于选中状态，右击，在弹出的快捷菜单中选择“建立选区”命令，再单击“确定”按钮将car路径转换为选区，如图8.17所示。

图 8.17

(2) 选择“移动工具”，将该选区移动到“08范例Start(CC 2017).psd”文件中，在“背景图层”上方自动添加了一个图层，将该图层重命名为“红色跑车”，勾选上方“显示变换控件”复选框，按住Shift键适当等比例缩小跑车的大小，编辑完成后取消勾选“显示变换控件”复选框。

(3) 用同样的方法，将齿轮工作路径转换为选区后移动到“08范例Start(CC 2017).psd”文件中，将新图层重命名为“齿轮”，并调整其大小和透明度。

(4) 选择“文件”→“存储”命令，或按Ctrl+S组合键，保存工作。

8.3 绘制矢量对象

视频讲解

接下来，将使用“钢笔工具”创建矢量形状。由于这些形状是矢量图像，因此以后修改时可以缩放它们，而不会丢失细节或降低质量。

8.3.1 使用“钢笔工具”绘制直线

(1) 在“08范例Start.psd”文件中，在工具箱中选择“钢笔工具”，在工具选项栏中设置

"属性"为"形状","填充"为"无填充","描边"为"白色"1 像素,确保选中"自动添加/删除"复选框,如图 8.18 所示。

图　8.18

(2) 留出一定距离的空隙,沿着跑车边缘的轮廓绘制直线(方法仿照 8.2.1 节),绘制完成后,按 Enter 键,完成该形状的绘制效果,如图 8.19 所示。

图　8.19

(3) 完成绘制后,在"图层"面板可看到,Photoshop 自动为该形状创建了图层,将该形状图层重命名为"跑车边线"。

(4) 选择"文件"→"存储"命令,或按 Ctrl+S 组合键,保存工作。

提示　形状图层是一种特殊的图层,它上面的图像不像其他图层一样是以位图形式存在,而是以矢量形式存在。简单来说,其他图层是像素点,而形状图层是坐标数据。这一特性决定了它可以无限放大而不失真,边缘依旧光滑。当然,形状图层一旦栅格化,就会变成普通图层。

8.3.2　使用"钢笔工具"绘制曲线

(1) 确保"钢笔工具"的工具选项栏中设置"属性"为"形状","填充"为"无填充","描边"为"白色"1 像素,确保选中"自动添加/删除"复选框。

(2) 绘制跑车上带有文字的白色标志。使用"钢笔工具"画出图 8.20(a)所示的形状,选择隐藏在"钢笔工具"下的"转换点工具"(或按住 Alt 键),拖动锚点,如图 8.20(b)所示,锚点的两侧会出现两条带有手柄的方向线,移动方向线的手柄可以将直线转换为曲线。拖动方向线的手柄调整边框形状,完成后按 Enter 键完成绘制,效果如图 8.20(c)所示。

(3) 在"图层"面板中,Photoshop 自动为该形状创建了形状图层,将该图层重命名为"外边框",右击该图层,选择"复制图层"命令,在弹出的对话框中将复制的图层命名为"内边框"。

(a)

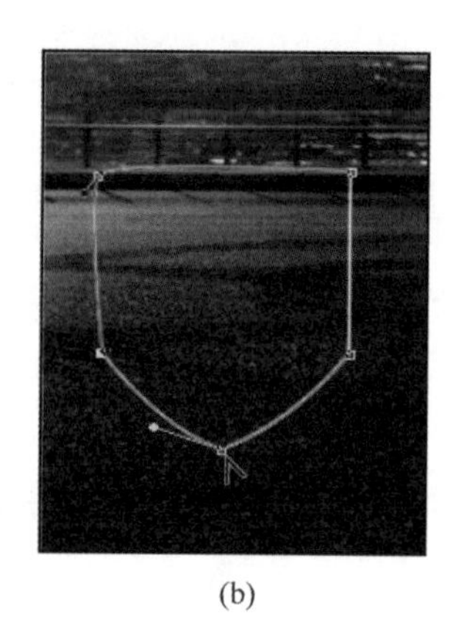

(b)

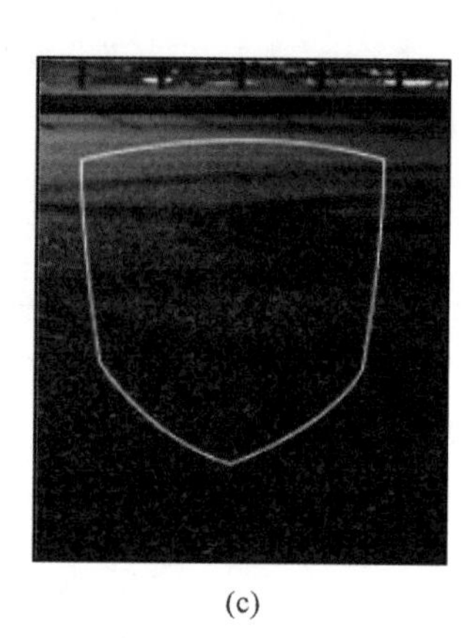

(c)

图 8.20

图 8.21

(4) 选中“内边框”形状图层，在工具选项栏中勾选“显示变换控件”，将该形状等比例缩小并放在“外边框”形状的里面，如图 8.21 所示。

(5) 在工具箱中选择“横排文字工具”，在“属性面板”中设置文字属性，设置字体为 Franklin Gothic Heavy，“字号”为“24 点”，颜色为“白色”，其他保持原有设置，如图 8.22 所示。在文本框中输入文字 super&speed。

(6) 选择工具箱中的“移动工具”，将刚刚设置好的文字拖动到内外边框的中心处，如图 8.23 所示。

(7) 按住 Ctrl 键在“图层”面板中选中 super&speed 文字图层和“外边框”“内边框”形状图层，右击，在弹出的快捷菜单中选择“合并图层”命令，如图 8.24 所示。将合并后的图层重命名为“标识”。

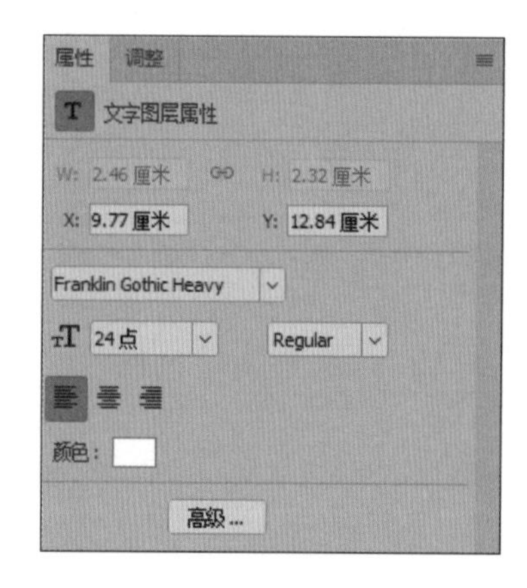

图 8.22

图 8.23

(8) 选中“标识”图层，将其移动到右侧车门附近，在工具选项栏中选中“显示变换控件”复选框，按住 Shift 键可以等比例放大、缩小标识，按住 Ctrl 键，拖动边框上的节点可以使标识在某一个方向上变形，如图 8.25 所示。使标识变换后能够贴合在车身上，完成后效果如图 8.26 所示。

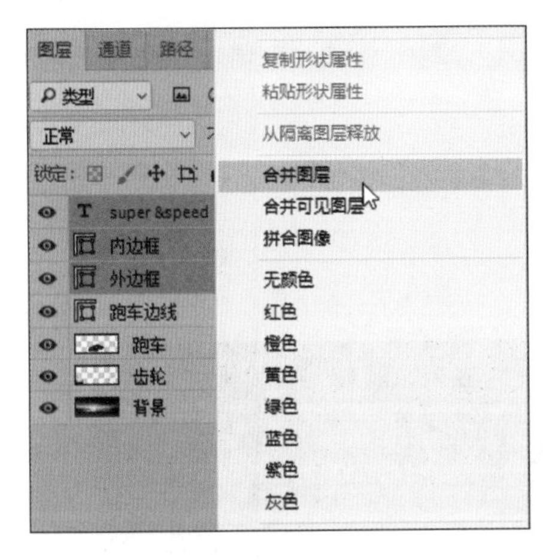

图 8.24

图 8.25

图 8.26

(9) 选择“文件”→“存储”命令，求按 Ctrl+S 组合键，保存工作。

8.3.3 绘制自定义形状

在作品中使用形状的另一种方法是绘制自定义(预设)形状。为此，只需选择自定形状工具，然后从自定形状工具中选择一个形状，再在图像窗口中绘制即可。

(1) 在工具箱中选择隐藏在“矩形工具”下的“自定形状工具”。

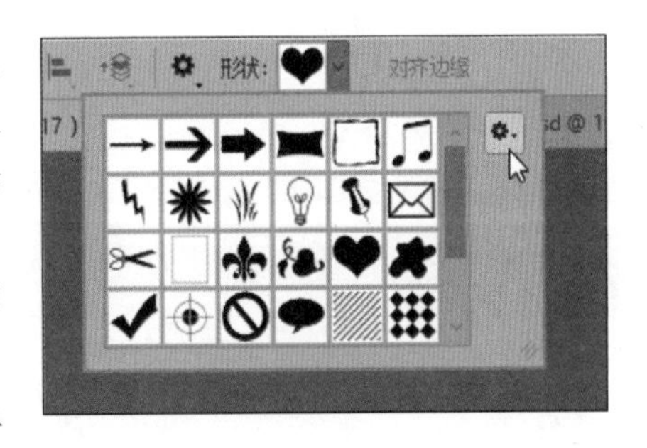

图 8.27

(2) 在工具选项栏中打开“形状”下拉菜单，单击设置按钮，如图 8.27 所示。选择“载入形状”，导航至“08Lesson/范例/素材”文件夹中的0039.csh文件，单击“载入”按钮，选择飞机形状。

(3) 在工具选项栏中设置“属性”为“形状”，“填充”颜色选择“黑色”，确保选中“对齐边缘”复选框，如图8.28所示。

图 8.28

(4) 在画布左侧上方绘制飞机形状，绘制完成后可观察到在“图层”面板中自动创建了一个形状图层，将该图层重命名为“飞机”。可选中“显示变换控件”或“选择移动工具”对该形状的“大小”和“位置”进行改变，最终效果如图8.29所示。

图 8.29

(5) 选择“文件”→“存储”命令，或按Ctrl+S组合键，保存文件。

8.4 在文件中导入智能对象

视频讲解

对智能对象做修改可以达到无损处理的效果。这是它最大的好处，也是它的特点。智能对象能够对图层执行非破坏性编辑，也就是无损处理，无论如何缩放、旋转、扭曲或变换智能对象，它都不会丢失其原始信息。

下面将在Illustrator中创建的矢量对象作为智能对象导入Photoshop。

在Illustrator中使用Photoshop文件：在本章中，导入了在Illustrator中创建的矢量图，将其作为海报文字使用。如果在Illustrator中编辑原始对象，所做的修改将反映到Photoshop图像文件中相应的智能对象中。还可以在Illustrator中打开、放置或粘贴Photoshop文件。

(1) 在工具箱中选择“移动工具”，然后选中任意图层，并选择“文件”→“置入嵌入的智能对象”命令。导航到“Lesson8/范例/素材”文件夹中，选择“文字.ai”文件并单击“置入”按钮，在弹出对话框中单击“确定”按钮，如图8.30所示，将其加入合成图像的中央，文本周围是一个包含可调整手柄的定界框。

图　8.30

（2）在"图层"面板中出现了一个名为"文字"的新图层。将文字对象拖动到招贴画的右侧，然后按住 Shift 键并拖动某个控制点，按原来的长宽比扩大该文本对象，使其大小与背景的右侧部分相称，如图 8.31 所示。

图　8.31

（3）完成后，按 Enter 键，或取消选中工具选项栏中的"显示变换控件"按钮。提交变换后，图层缩览图将发生变化，表明文字图层是一个智能对象。

（4）与其他任何形状图层和智能对象一样，可继续编辑其大小和形状。为此，只需选择其所在的图层，并选择"编辑"→"自由变换"命令，然后通过控制手柄对其进行调整。也可选择"移动工具"，然后在工具选项栏中选中"显示变换控件"复选框，再通过拖动手柄进行调整。

（5）选择"文件"→"存储"命令，或按 Ctrl+S 组合键，保存工作。

8.5 为智能对象添加蒙版

为了创建出一种有趣的效果，下面将文字中的 R 字母添加一个镂空的汽车图形，这需要使用矢量蒙版，将矢量蒙版与 Photoshop 中的智能对象链接起来。

矢量蒙版，也称为路径蒙版，是可以任意放大或缩小的蒙版。

简单地说，矢量蒙版就是不会因放大或缩小操作而影响清晰度的蒙版。矢量蒙版可以保证原图不受损，并且可以随时用“钢笔工具”修改形状，并且形状无论拉大多少，都不会失真。

(1) 确保选中文字图层，在“图层”面板下方单击“添加矢量蒙版”按钮，在文字图层的右侧创建好了一个白色底的矢量蒙版，若选择“添加矢量蒙版”按钮后创建了黑色底的矢量蒙版，按 Ctrl+I 组合键反相即可。

(2) 在工具箱中选择隐藏在“矩形工具”下的“自定形状工具”。

(3) 在工具选项栏中打开“形状”下拉菜单，单击设置按钮。选择“载入形状”，选择“08Lesson/范例/素材”文件夹中的 0039. csh 文件，单击“载入”按钮，选择汽车形状。

(4) 在工具选项栏中设置“属性”为“像素”，“不透明度”为 100%，确保选中“消除锯齿”复选框，如图 8.32 所示。

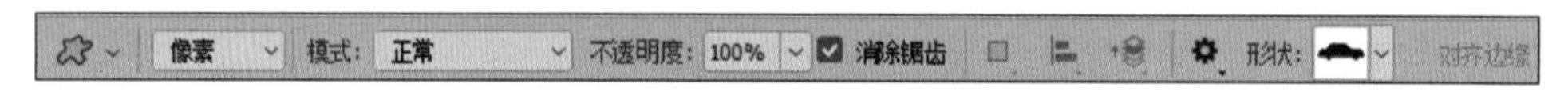

图 8.32

(5) 选择工具箱下方的按钮，切换“前景色”为黑色，确保选中文字图层的矢量蒙版，在 R 字母上绘制汽车自定义形状，如图 8.33 所示。

图 8.33

(6) 选择“文件”→“存储”命令，或按 Ctrl+S 组合键，保存工作。最终效果如图 8.1 所示。

作业

一、模拟练习

打开“08Lesson/模拟”文件目录，选择“08Complete/08 模拟 Complete(CC 2017).psd”文件进行浏览(使用 Photoshop CS6 和 Photoshop CC 2017 软件的请打开对应的模拟练习案例，使用 Photoshop CC 2016 和 Photoshop CC 2015 软件的可打开 Photoshop CC 2015 案例文件)。根据本章所述知识，使用“素材”文件夹中的文件制作一个类似的作品。作品资料已完整提供，获取方式见前言。

二、自主创意

自主设计一个 Photoshop 案例，应用本章所学习知识，尽量使用到本章所介绍的工具设计作品。

三、理论题

1. 作为选取工具，“钢笔工具”有什么用途？
2. 位图图像和矢量图形之间有什么区别？
3. 什么是形状图层？
4. 可以使用哪些工具来移动路径和形状并调整它们的大小？
5. 智能对象是什么？使用智能对象有什么优点？

第9章

高级合成技术

本章学习内容

(1) 滤镜。
(2) 智能滤镜。
(3) 滤镜库。
(4) 动作。
(5) 使用 Photomerge 拼接全景图。

完成本章的学习需要大约 2 小时，相关资源获取方式见前言和第 1 章中的描述。

知识点

由于本书篇幅有限，下面的知识点并非在本章中都有涉及或详细讲解，在本书的资源网站有详细的资料，欢迎登录学习。

滤镜	智能滤镜	滤镜库	录制动作	导入外部动作
动作中插入停止	修改动作	Photomerge 拼接全景图		

本章案例介绍

范例 1

在 Photoshop 中有很多滤镜效果，可以通过使用滤镜根据需要对图像进行不同的修改。本章范例 1 就是在学习滤镜的基础上使用“滤镜库”来制作出图像的漫画效果，如图 9.1 所示。

范例 2

本章范例 2 是基于在 Photoshop 中，可以通过动作将图像的处理过程记录下来，当对其他图像进行相同的处理时，执行该动作便可以自动完成操作任务。范例 2 的效果如图 9.2 所示。

图　9.1

图　9.2

模拟 1：

本章模拟 1 案例是对于本章“滤镜库”知识点的巩固应用，使用滤镜效果制作风景漫画效果图，如图 9.3 所示。

图　9.3

模拟 2:

本章模拟 2 案例是对于 Photomerge 知识点的巩固应用，将 3 张同一风景不同角度的图片拼接成一幅完整的图像，使用滤镜效果制作风景漫画效果图，如图 9.4 所示。

图 9.4

9.1 预览完成的文件

视频讲解

(1) 选择“09Lesson/范例/09Complete”中的“09 范例 1Complete(CC 2017). psd”“09 范例 2Complete(CC 2017). psd”文件，右击，在弹出的快捷菜单中选择“打开方式”→Adobe Photoshop CC 2017 命令，打开文件。

(2) 关闭当前打开的“09 范例 1Complete(CC 2017). psd”和“09 范例 2Complete(CC 2017). psd”文件。

CS6 2015 使用 Photoshop CS6 软件版本的读者请打开“09Lesson/范例/09Complete”文件夹中的“09 范例 Complete(CS6). psd”和“09 范例 2Complete(CS6). psd”文件；使用 Photoshop CC 2016 和 Photoshop CC 2015 软件版本的读者请打开“09Lesson/范例/09Complete”文件夹中的“09 范例 Complete(CC 2015). psd”和“09 范例 2Complete(CC 2015). psd”文件。

9.2 滤镜

视频讲解

滤镜是 Photoshop 中最具吸引力的功能之一，可以让普通的图像呈现出多种多样的视觉效果。滤镜不仅能够用于制作各种特效，还能模拟素描、油画、水彩等绘画效果。

9.2.1 滤镜的原理

滤镜原本是一种摄影器材，摄影师可以将带有不同效果的滤镜安装在相机镜头的前面，以便影响色彩或产生特殊的拍摄效果。

Photoshop 滤镜是一种插件模块，它们能够修改图像中的像素。位图是由像素构成的，每个像素都有自己的位置和颜色值，滤镜就是通过改变像素的位置或颜色来生成特效的。

9.2.2 滤镜的种类

滤镜分为内置滤镜和外挂滤镜两大类。内置滤镜是由 Photoshop 自身提供的各种滤镜,而外挂滤镜是由其他厂商开发的滤镜,需要安装在 Photoshop 中才能使用。Photoshop 的所有滤镜都在“滤镜”菜单中。其中“滤镜库”“镜头矫正”“液化”和“消失点”等是特殊滤镜,被单独列出,其他滤镜依据其主要功能被放置在不同类别的滤镜组中。如果安装了外挂滤镜,则会在“滤镜”菜单底部出现。

注意:在 Photoshop CC 2015 和 Photoshop CC 2017 版本中,“滤镜”菜单中的“特殊滤镜”中包含“Camera Raw 滤镜”,如图 9.5 所示;而在 Photoshop CS6 版本中,“特殊滤镜”中没有“Camera Raw 滤镜”,且加入了“油画”滤镜和 Digimarc 滤镜,如图 9.6 所示。

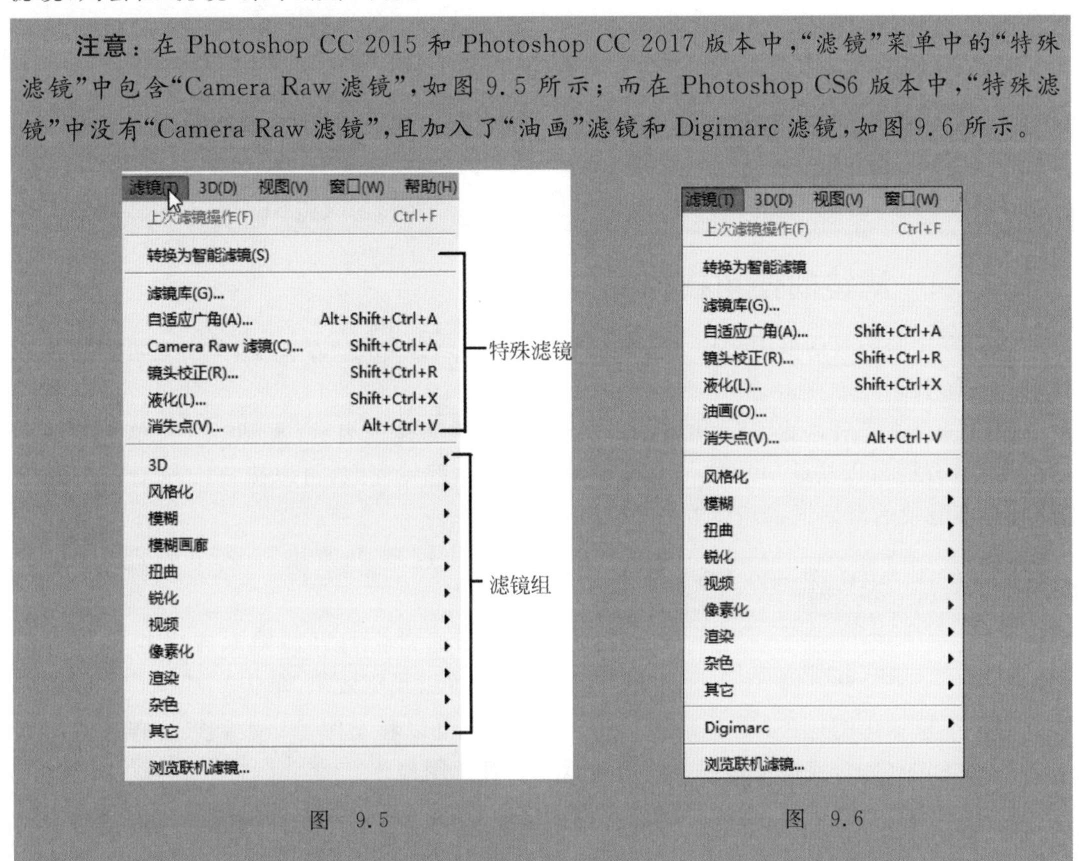

图 9.5　　　　图 9.6

Photoshop 的内置滤镜主要有两种用途。

(1) 用于创建具体的图像特效,如生成粉笔画、图章、纹理、波浪等各种效果。此类滤镜的数量最多,且绝大多数都在“风格化”“画笔描边”“扭曲”“素描”“纹理”“像素化”“渲染”“艺术效果”等滤镜组中。除了“扭曲”以及其他少数滤镜外,基本都是通过“滤镜库”来管理应用的。

(2) 用于编辑图像,如减少杂色、提高清晰度等。这些滤镜在“模糊”“锐化”“杂色”等滤镜组中。此外,“液化”“消失点”“镜头矫正”也属于此类滤镜,这 3 种滤镜功能强大,并且有自己的工具和独特的操作方法。

9.2.3 滤镜的使用方法

使用滤镜来处理某一图层中的图像时,需要选择该图层,并且图层必须是可见的(缩览图前也有可供显示的“眼睛”图标)。

如果创建了选区,滤镜只处理选中的图像;如果未创建选区,则处理当前图层中的全部图像。

滤镜的处理效果是以像素为单位进行计算的，因此相同的参数处理不同分辨率的图像，其效果也会有所不同。

滤镜可以处理图层蒙版、快速蒙版和通道。

只有“云彩”滤镜可以应用在没有像素的区域，其他滤镜都必须应用在包含像素的区域，否则不能使用这些滤镜，但外挂滤镜除外。

注意：如果“滤镜”菜单中某些命令显示为“灰色”，就表示它们不能使用。一般这是由于图像模式造成的。RGB 模式图像可以使用全部滤镜，CMYK 模式有些滤镜不能使用，索引和位图模式的图像不能使用任何滤镜。如果想要对位图、索引、CMYK 图像应用滤镜，可以先选择“图像”→“模式”→“RGB 颜色”命令，将其转换为 RGB 模式，再使用滤镜。

9.2.4 滤镜的使用技巧

在任意滤镜的对话框中按住 Alt 键，“取消”按钮会变成“复位”按钮，单击它可以将参数恢复到初始状态。

使用一个滤镜后，“滤镜”菜单的第一行会出现该滤镜的名称（见图 9.7），单击它或按 Ctrl+F 组合键可以快速应用这一滤镜。如果要修改滤镜参数，可以按 Alt+Ctrl+F 组合键，打开该滤镜的对话框重新设置。

图 9.7

应用滤镜的过程中如果要终止处理，可以按 Esc 键。

使用滤镜时通常会打开滤镜库或者相应的对话框，在预览框中可以预览效果，单击“+”“-”按钮可以放大或缩小显示比例；单击并拖动预览框内的图像，可以移动图像；如果想要查看某一区域，可在文档中单击，滤镜预览框中就会显示单击处的图像。

使用滤镜处理图像后，选择“编辑”→“渐隐”命令可以修改滤镜效果的混合模式和不透明度。“渐隐”命令必须在进行了编辑操作后立即执行，如果中间又进行了其他操作，则无法使用该命令。

9.3 智能滤镜

视频讲解

在前面的章节中介绍过智能滤镜。普通滤镜需要修改像素才能呈现特效，而智能滤镜则是一种非破坏性的滤镜，可以达到与普通滤镜完全相同的效果，但是它作为图层效果出现在“图层”面板中，因而不会真正改变图像中的任何像素，并且可以随时修改参数或者删除。

9.3.1 智能滤镜和普通滤镜的区别

在 Photoshop 中，普通滤镜是通过修改像素来生成效果的。例如，图 9.8 所示为一个图像的原文件，当它被滤镜“扩散”处理后，“图层”面板中可以看到“背景”图层的像素也被修改了，而且没有显示滤镜效果的文字，如图 9.9 所示。如果将图层保存并关闭，则无法恢复到原来的效果。

图　9.8

图　9.9

智能滤镜是一种非破坏性的滤镜，它将滤镜效果应用于智能对象上，不会修改图像的原始参数。图 9.10 所示为同一张图片被智能滤镜处理后的效果，可以看到它与普通滤镜“扩散”的效果完全相同，但是在“图层”面板上显示有所不同，可以后期对滤镜进行调整或者删除。

智能滤镜包含一个类似于图层样式的列表，列表中显示了使用的滤镜，只要单击智能滤镜前面的“眼睛”图标，就可将滤镜效果隐藏或者删除，即可恢复为原始图像。

注意：除了“液化”和“消失点”等少数滤镜外，其他滤镜都可以作为智能滤镜使用，这其中也包括支持智能滤镜的外挂滤镜。

图 9.10

9.3.2 复制智能滤镜

如果想要把已经设置好的滤镜效果运用到其他图层当中,可以在“图层”面板中,按住Alt键,将智能滤镜从一个智能对象拖动到另一个智能对象上,或者拖动到智能滤镜列表中的新位置,放开鼠标后即可复制智能滤镜效果。

9.4 滤镜库

视频讲解

滤镜库是一个整合了“风格化”“画笔描边”“扭曲”“素描”等多个滤镜组的对话框,它可以将多个滤镜同时应用于同一个图像,也能对同一图像多次应用同一滤镜,或者用其他滤镜替换原有的滤镜。

9.4.1 滤镜库概况

在菜单栏中选择“滤镜”→“滤镜库”命令,弹出图 9.11 所示的“滤镜库”对话框,其左侧是预览区,中间是 6 组可选择的滤镜,右侧是参数设置区。

预览区:用来预览滤镜效果。

滤镜组/参数设置区:“滤镜库”中共包含 6 组滤镜,单击一个滤镜组前面的▶按钮,可以展开该滤镜组,单击滤镜组中的一个滤镜即可使用该滤镜,与此同时,右侧的参数设置区会显示该滤镜的参数选项。

当前选择的滤镜缩览图:显示当前使用的滤镜。

显示/隐藏滤镜缩览图⌃:单击该按钮,可以隐藏滤镜组,将窗口空间留给图像预览区,再次单击则显示滤镜组。

下拉列表:单击⌄按钮,可以在打开的下拉列表中选择一个滤镜。这些滤镜是按照滤镜名称拼音的先后顺序排列的,如果想要使用某个滤镜,但不知道它在哪个滤镜组,便可在

图 9.11

该下拉列表中查找。

缩放区：单击⊟按钮可缩小预览区图像的显示比例，单击⊞按钮可放大预览区图像的显示比例。

9.4.2 效果图层

在“滤镜库”对话框中选择一个滤镜后，该滤镜就会显示在对话框右下角的已应用滤镜列表中，如图 9.12 所示。

图 9.12

单击“新建效果图层”按钮，可以添加一个效果图层，如图 9.13 所示。添加之后可以选取要应用的另一个滤镜。重复此过程可添加多个滤镜，图像效果也会变得更加丰富。

图 9.13

滤镜效果图层与图层的编辑方式相同，上下拖动效果图层可以调整它们的堆叠顺序，滤镜效果也会发生改变，如图 9.14 所示。

图 9.14

（1）打开“09Lesson/范例/09Start”文件夹中的“09 范例 1Start(CC 2017)”文件。

CS6 2015 使用 Photoshop CS6 软件版本的读者请打开“09Lesson/范例/09Start”文件夹中的“09 范例 1Start(CS6).psd”文件；使用 Photoshop CC 2016 和 Photoshop CC 2015

软件版本的读者请打开"09Lesson/范例/09Start"文件夹中的"09 范例 1Start(CC 2015).psd"文件。

(2) 在"图层"面板中选中"背景"图层，按3次Ctrl+J组合键将"背景"图层复制3个副本图层，分别命名为"阴影""中间调""高光"，如图9.15所示。

(3) 先将上方两个图层的"眼睛"图标关掉，单击选中"阴影"图层。

(4) 在菜单栏中选择"滤镜"→"滤镜库"命令，在弹出的"滤镜库"对话框中选择"艺术效果"→"海报边缘"。在参数中设置"边缘厚度"为2，"边缘强度"为2，"海报化"为6，如图9.16所示单击"确定"按钮。

图　9.15

图　9.16

(5) 确定应用海报的边缘效果，此时会发现"阴影"图层的图像效果蒙上一层黑点，就将这部分区域作为漫画的阴影区域。

(6) 选中"中间调"图层并把"眼睛"图标打开，在菜单栏中选择"滤镜"→"滤镜库"命令，在弹出的"滤镜库"对话框中选择"画笔描边"→"强化的边缘"。在参数中设置"边缘宽度"为2，"边缘亮度"为38，"平滑度"为2，如图9.17所示，单击"确定"按钮。

(7) 此时可以看出"中间调"图层被覆盖了一层较亮的光泽，在"图层"面板中将其"不透明度"设置为60%，如图9.18所示。

(8) 选中"高光"图层并把"眼睛"图标打开，在菜单栏中选择"滤镜"→"风格化"→"查找边缘"命令。

(9) 将其模式设置为"变亮"，如图9.19所示。此时可以看出画面的整体效果都亮了起来。

图 9.17

(10) 在“图层”面板中单击“创建新的填充或调整图层”按钮，选择“曲线”命令，在RGB中设置曲线如图9.20所示，单击“剪切到此图层”按钮。

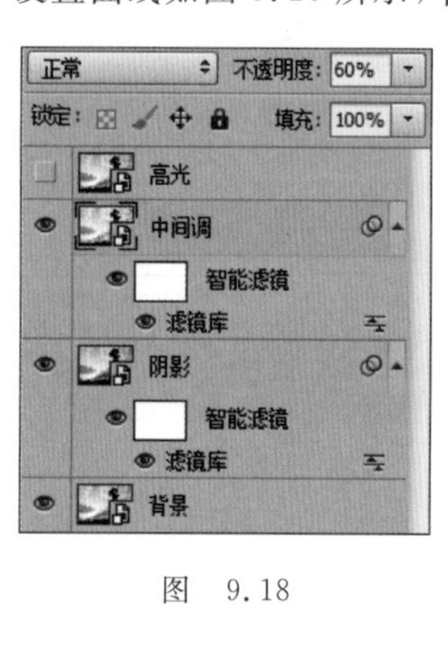

图 9.18

图 9.19

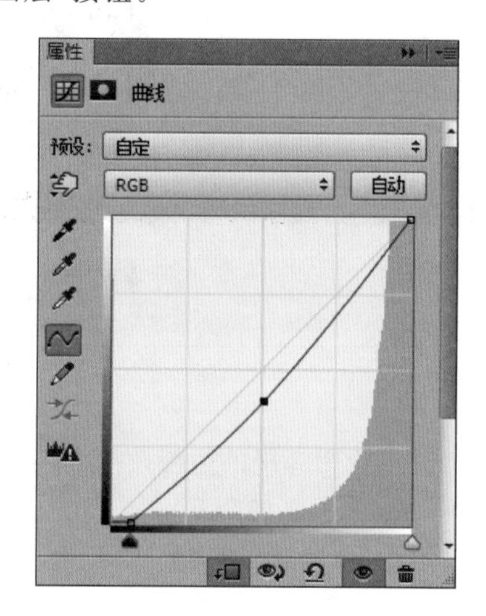

图 9.20

(11) 至此，完成漫画的效果，如图9.1所示。

9.5 动作

视频讲解

动作是用来处理单个文件或一批文件的一系列命令。在Photoshop中，可以通过动作将图像的处理过程记录下来，在对其他图像进行相同的处理时，执行该动作便可以自动完成操作任务。

9.5.1 “动作”面板

“动作”面板用于创建、播放、修改和删除动作,如图 9.21 所示。

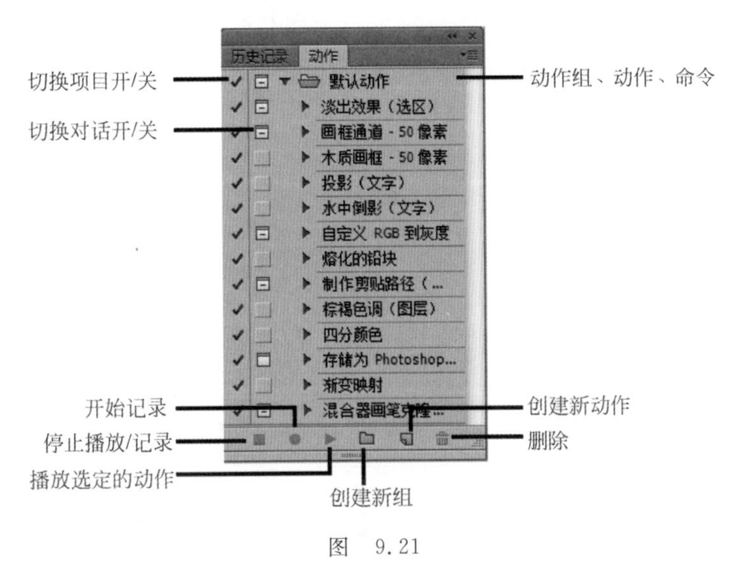

图 9.21

切换项目开/关:如果动作组、动作和命令前显示有该图标,表示这个动作组、动作和命令可以执行;如果动作组或动作前没有该图标,表示该动作组或动作不能执行,如果某一命令前没有该图标,则表示该命令不能执行。

切换对话开/关:如果命令前显示该图标,表示动作执行到该命令时会暂停,并打开相应命令的对话框,此时可修改命令的参数,单击“确定”按钮可继续执行后面的动作;如果动作组或动作前出现该图标,则表示动作中有部分命令设置了暂停。

动作、动作组、命令:动作组是一系列动作的集合,动作是一系列操作命令的集合。单击命令前的▶按钮可以展开命令列表,显示命令的具体参数。

停止播放/记录:用来停止播放动作和停止记录动作。

开始记录:单击该按钮,可录制动作。

播放选定的动作:选择一个动作后,单击该按钮可播放该动作。

创建新组:可创建一个新的动作组,以保存新建的动作。

创建新动作:单击该按钮,可以创建一个新动作。

删除:选择动作组、动作和命令后,单击该按钮,可将其删除。

9.5.2 录制动作

下面来初步录制一个处理照片的曲线的动作,在此基础上处理其他色调相似的照片。

(1) 打开“09Lesson/范例/09Start”文件夹中的“09 范例 2Start(CC 2017)”文件。

CS6 2015 使用 Photoshop CS6 软件版本的读者请打开“09Lesson/范例/09Start”文件夹中的“09 范例 2Start(CS6).psd”文件;使用 Photoshop CC 2016 和 Photoshop CC 2015 软件版本的读者请打开“09Lesson/范例/09Start”文件夹中的“09 范例 2Start(CC 2015).psd”文件。

(2) 选择菜单栏中的“窗口”→“动作”命令，打开“动作”面板，单击“创建新组”按钮，在弹出的对话框中设置“名称”为“自定义”，单击“确定”按钮。

(3) 在“图层”面板中选择“背景”图层；在“动作”面板中选中“自定义”动作组，单击“创建新动作”按钮，在弹出的“新建动作”对话框中设置“名称”为“曲线”，单击“记录”按钮开始录制动作，如图 9.22 所示。此时，面板中的“开始记录”按钮会变为红色()。

(4) 在“调整”面板“添加调整”中选择“曲线”命令，在“曲线”的“属性”面板 RGB 模式下调整曲线，单击“创建剪贴蒙版”按钮，如图 9.23 所示。

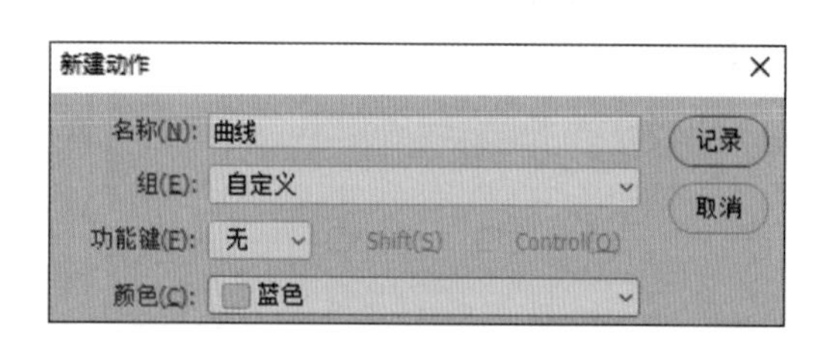

图 9.22

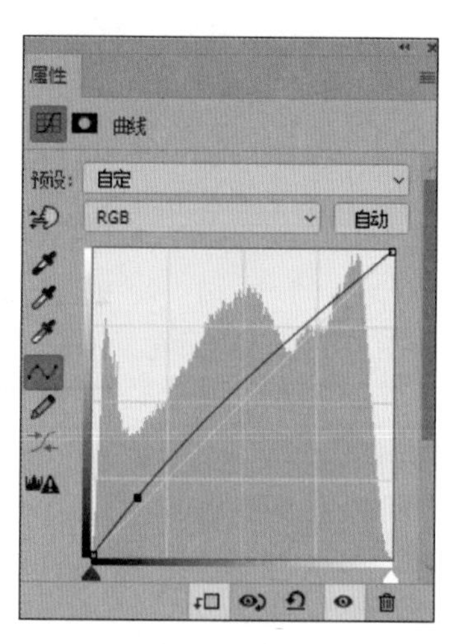

图 9.23

(5) 单击“动作”面板中的“停止播放/记录”按钮，完成动作录制。此时，在“动作”面板中会自动添加上录制期间所运行过的所有动作操作，错误操作的动作也会在其中显示，如图 9.24 所示。

(6) 下面来使用录制过的动作处理其他图像。将“图层”面板中的“模仿背景”前的“眼睛”图标打开，将“动作”图层组前的“眼睛”图标关闭，选中“模仿背景”图层。

(7) 在“动作”面板中选择“曲线”动作，单击“播放选定动作”按钮。此时刚才做过的“曲线调整”会对“模仿背景”图层进行同样的修改，如图 9.25 所示。

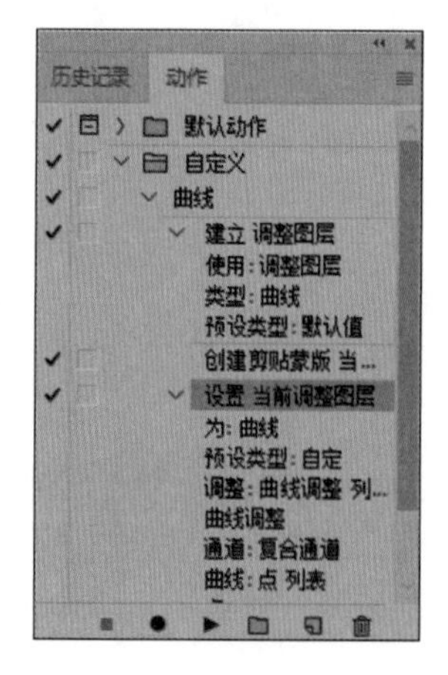

图 9.24

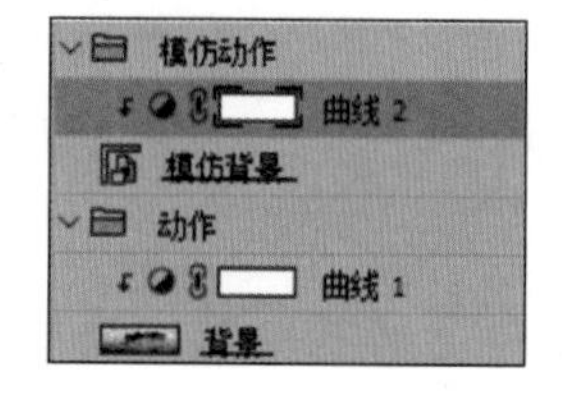

图 9.25

注意：在 Photoshop 中，使用选框、移动、多边形、套索、魔棒、裁剪、切片、魔术橡皮擦、渐变、油漆桶、文字、形状、注释、吸管和颜色取样器等工具进行的操作均可录制为动作。另外，在“色板”“颜色”“图层”“样式”“路径”“通道”“历史记录”和“动作”面板中进行的操作也可以录制为动作。对于有些不能被记录的操作，可以插入菜单项目或者停止命令。

9.5.3　在动作中进行修改

按照顺序播放全部动作：选择一个动作，单击“播放选定的动作”按钮▶，可以按照顺序播放该动作中的所有动作。

从指定的命令开始播放动作：在动作中选择一个命令，单击“播放选定的动作”按钮，可以播放该命令及后面的命令，它之前的命令不会播放。

播放单个命令：按住 Ctrl 键双击面板中的一个命令，可以单独播放该命令。

播放部分命令：单击动作前面的“切换项目开/关”按钮✔(可隐藏该图标)，这些命令便不能够播放；如果单击某一动作前面的“切换项目开/关”按钮，则动作中的所有命令都不能够播放；如果单击一个动作组前面的“切换项目开/关”按钮，则该组中的所有动作和命令都不能够播放。

下面回到本章范例 2，进行以下操作。

(1) 将图层中“动作”组前的“眼睛”图标可视，“模仿动作”前的“眼睛”图标关闭。

(2) 选中“背景”图层，右击，在弹出的快捷菜单中选择“转换为智能对象”命令，依然命名为“背景”。

(3) 在“动作”面板中选择刚才创建的“自定义”动作组，单击“创建新动作”按钮。设置“名称”为“模糊”，“颜色”为“蓝色”，如图 9.26 所示，单击“记录”按钮。

图　9.26

(4) 选择菜单栏中的“滤镜”→“模糊”→“高斯模糊”命令，设置“半径”为 2.4，单击“确定”按钮。

(5) 单击“图层”面板中“智能滤镜”前的小缩览图，在工具箱中选择“渐变工具”，在图像中从右上往左下拉出一条渐变线，达到近实远虚的效果，如图 9.27 所示。

图　9.27

(6) 选择“背景”图层，在菜单栏中选择“滤镜”→“锐化”→“USM 锐化”命令，设置“数量”为 31，“半径”为 1.2，“阈值”为 0，单击“确定”按钮。

(7) 在“动作”按钮中单击“停止播放/记录”按钮完成动作的添加。

9.5.4 在动作中插入停止

插入停止是指让动作播放到某一步时自动停止，这样就可以手动执行无法录制为动作的任务。例如，想要在案例动作中的“曲线”命令后面插入停止。

(1) 在“动作”面板中选择“曲线”动作组，单击右上方的展开更多命令的按钮，选择“插入停止”命令，如图 9.28 所示。

(2) 在弹出的“记录停止”对话框中，输入提示信息“进入模糊锐化处理”，并选中“允许继续”复选框，如图 9.29 所示，单击“确定”按钮，可将停止插入到动作中。

(3) 从“曲线”命令开始播放，播放完“曲线”命令后，动作会停止并弹出刚才设置的信息，如图 9.30 所示。单击“停止”按钮，则会停止继续播放进行其他操作不被记录；单击“继续”按钮，则会继续播放后面的动作。

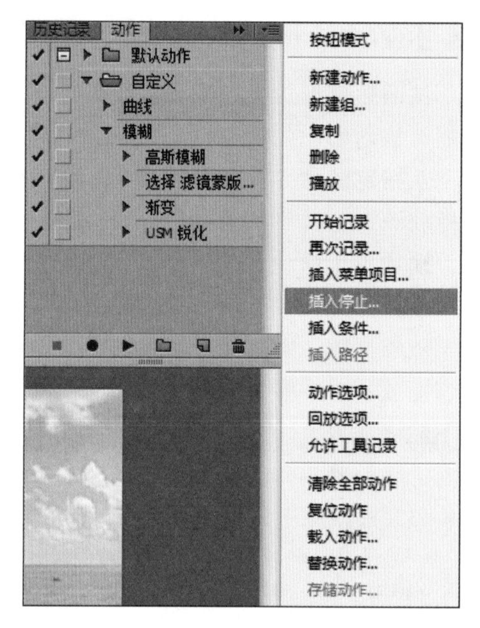

图 9.28

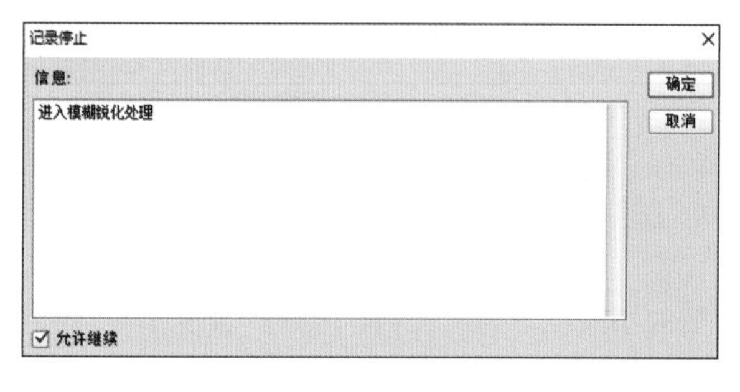

图 9.29

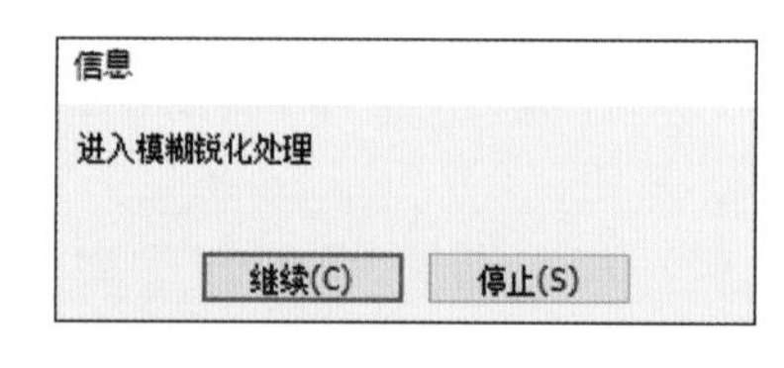

图 9.30

9.5.5 载入外部动作

(1) 在“动作”面板，单击右上方的展开更多命令的按钮，选择“载入动作”命令。

(2) 在弹出的对话框中，选择“09Lesson/范例/素材”中的 REP005.atn 文件，如图 9.31 所示，单击“载入”按钮，此时“动作”面板中就会将这个已经做好的动作导入。

(3) 在“动作”面板中展开 REP005 组，选择 Step1 动作，单击“播放选定动作”按钮，如图 9.32 所示，不用做任何操作，系统会自动执行该动作下的所有命令。此动作播放完后，选择 Step2 动作，单击“播放选定动作”按钮，使全部的操作完成，即可出现最终的效果图，如图 9.33 所示。

图　9.31

图　9.32

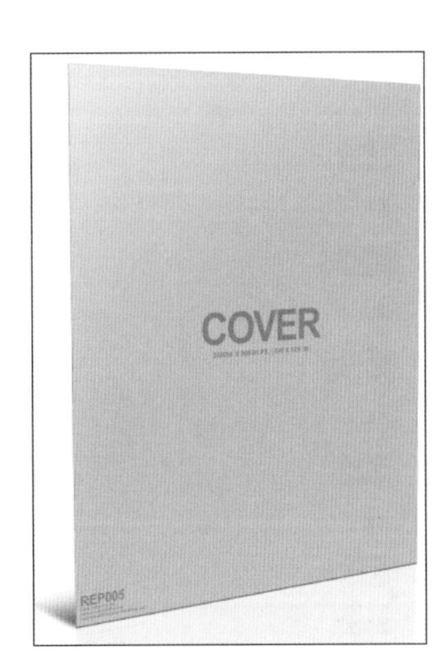

图　9.33

9.5.6　指定回放速度

在“动作”面板单击右上方的展开更多命令的按钮，选择“回放选项”命令，打开“回放选项”对话框，如图 9.34 所示。在对话框中可以设置动作播放的速度，或者将其暂停，以便对动作进行测试。

加速：默认选项，以正常的速度播放动作。

逐步：显示每个命令的处理结果，然后再进入下一个动作，动作的播放速度较慢。

暂停：选择该单选按钮并输入时间，可指定播放动作时各个命令的间隔时间。

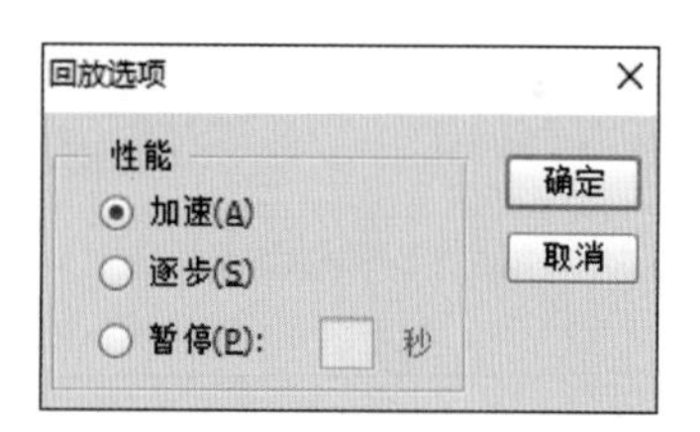

图 9.34

9.6 用 Photomerge 创建全景图

视频讲解

在拍摄风景图时，如果广角镜头也无法拍摄到整体画面，可以采取拍几张不同角度的照片，再用 Photoshop 将它们拼接成全景图即可。用于合成全景图的各张照片都需要有一定的重叠内容，Photoshop 需要识别这些重叠的地方才能拼接照片。一般来说，重叠处应该占照片的10%～15%。

(1) 打开相应版本的 Photoshop 软件。

(2) 在菜单栏中选择"文件"→"自动"→"Photomerge"命令，打开 Photomerge 对话框。在"版面"中选择"自动"单选按钮，选中"混合图像"复选框。

(3) 单击"浏览"按钮，在弹出的对话框中选择"09Lesson/范例/素材"中的"拼合1""拼合2""拼合3"文件，如图 9.35 所示，单击"确定"按钮。

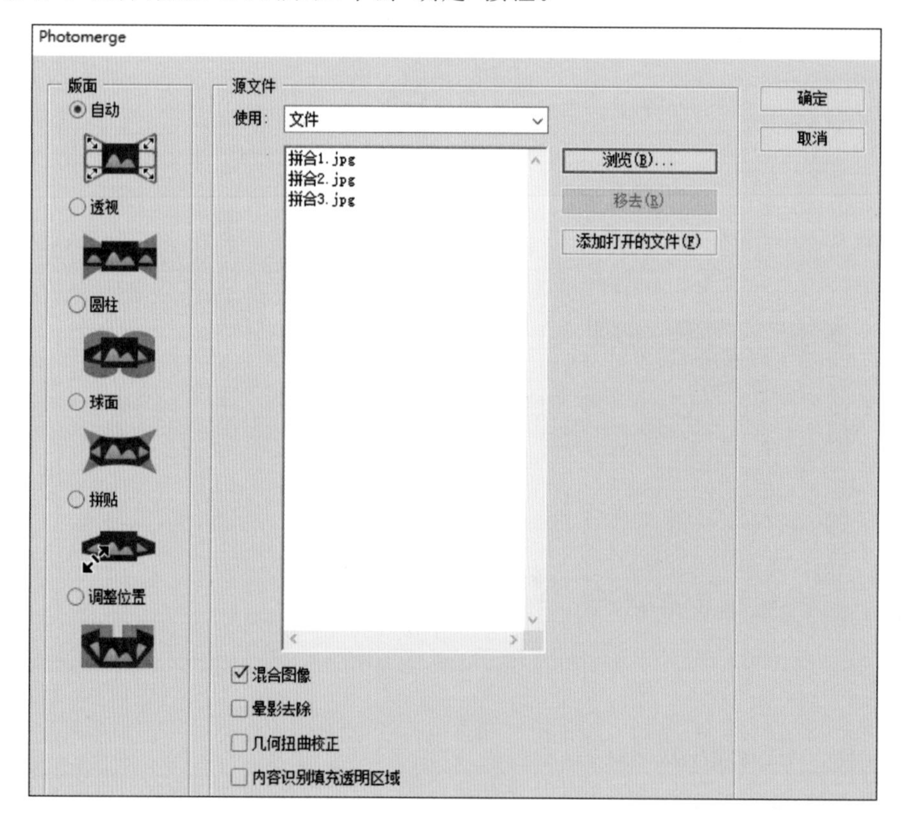

图 9.35

（4）此时，Photoshop 就会自动拼合照片，在“图层”面板中也会添加 3 张图片的相应图层，如图 9.36 所示，并为其添加图层蒙版，使照片之间无缝衔接。单击工具箱中的“矩形选框工具”，将照片中的完整区域选中，如图 9.37 所示。

图　9.36

图　9.37

（5）选择菜单栏中的“图像”→“裁剪”命令，将空白区域和多余的内容裁剪掉。

注意：不要用工具箱中“裁剪”工具，这是因为“裁剪”工具会自动吸附到画布的边缘，不容易对齐到图像的边缘。

（6）按 Ctrl+D 组合键取消选区，选择“文件”→“另存为”命令保存图像为 JPEG 格式。

9.6.1　自动对齐图层

也可以使用“自动对齐图层”来创建全景图，可以指定一个图层为参考图层，也可以让 Photoshop 自动选择参考图层，其他图层与参考图层对齐，以便匹配的内容能够自行叠加。

（1）将几张用于合成全景图的图片拖入一个文件的不同图层，如图 9.38 所示。

（2）选择“编辑”→“自动对齐图层”命令，在“自动对齐图层”对话框（见图 9.39）中进行放置，也可根据不同图层的相似内容（如角和边）自动对齐。

图　9.38

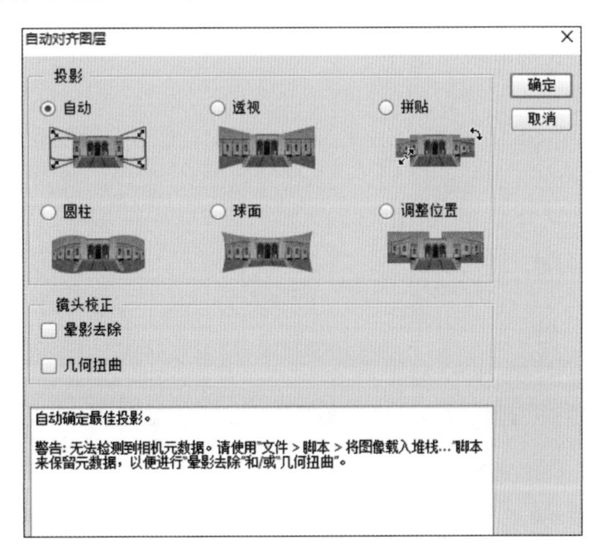

图　9.39

（3）选择“自动”单选按钮，单击“确定”按钮。

“自动对齐图层”对话框中的主要选项介绍如下。

自动：Photoshop 会自动分析源图像并应用“透视”或“圆柱”版面（取决于哪一种面板能够生成更好的复合图像）。

透视：通过将源图像中的一张图像（默认情况下为中间的图像）指定为参考图像来创建一致的复合图像。然后将变换其他图像（必要时，进行位置调整、伸展或斜切），以匹配图层的重叠内容。

拼贴：对齐图层并匹配重叠内容，不修改图像中对象的形状（例如，方形将保持为方形）。

圆柱：通过在展开的圆柱上显示各个图像来减少在“透视”版面中出现的“领结”扭曲。图层的重叠内容仍匹配，将参考图像居中放置。该方式适合创建宽全景图。

球面：将图像与宽视角对齐（垂直和水平）。指定某个源图像（默认情况下是中间图像）作为参考图像，并对其他图像执行球面变换，以便匹配重叠的内容。如果是 360°全景拍摄的照片，可选择该选项，拼合并变换图像，以模拟观看 360°全景图。

调整位置：对齐图层并匹配重叠内容，但不会变换（伸展或斜切）任何源图层。

镜头校正：自动校正镜头缺陷，对导致图像边缘（尤其是角落）比图像中心暗的镜头缺陷进行补偿，以及补偿桶形、枕头或鱼眼失真。

9.6.2 自动混合图层

当使用几张图片创建全景图，或者用几张图像的局部图合成一张完整的图片时，各个图片之间的曝光差异可能会导致最终结果中出现接缝或不一致的现象。

使用“编辑”→“自动混合图层”命令处理这样的图像，可以在最终图像中生成平滑的过渡，Photoshop 会根据需要对每个图层应用图层蒙版，以遮盖过度曝光或曝光不足的区域或内容之间的差异，从而创建出无缝拼接的效果。

作业

一、模拟练习

打开“09Lesson/模拟/09Complete”文件目录，选择“09 模拟（CC 2017）.psd”文件进行浏览（使用 Photoshop CS6 和 Photoshop CC 2017 软件的请打开对应的模拟练习案例，使用 Photoshop CC 2016 和 Photoshop CC 2015 软件的可打开 Photoshop CC 2015 案例文件）。根据本章所述知识，使用“素材”文件夹中的文件制作一个类似的作品。作品资料已完整提供，获取方式见前言。

提示：

（1）只复制了两个图层。

（2）可以双击图层中的“滤镜库”查看添加的滤镜及其参数。

二、自主创意

针对某一个背景图片文件，应用本章所学习知识，尽量使用到本章所介绍的工具进行自主创意设计作品。也可以把自己完成的作品上传到课程网站进行交流。

三、理论题

1. 简述 Photoshop 滤镜原理。
2. 简述智能滤镜与普通滤镜的区别。
3. 简述 Photoshop 中“动作”的作用。
4. 简述使用 Photomerge 创建全景图的条件。

第10章

编辑视频

本章学习内容

(1) 在 Photoshop 中创建视频时间轴。

(2) 在"时间轴"面板中给视频组添加媒体。

(3) 为剪辑视频和静止图像添加动感。

(4) 使用关键帧制作文字和效果动画。

(5) 在视频剪辑中运用智能滤镜。

(6) 在视频剪辑之间添加过渡。

(7) 在视频文件中添加音频。

(8) 渲染视频。

完成本章的学习需要大约 2 小时,相关资源获取方式见前言和第 1 章中的描述。

知识点

由于本书篇幅有限,下面的知识点并非在本章中都有涉及或详细讲解,在本书的资源网站有详细的资料,欢迎登录学习。

视频时间轴　为图像添加动感　使用关键帧制作动画效果

视频剪辑添加智能滤镜　视频剪辑之间添加过渡效果　添加音频

本章案例介绍

范例

本章范例是一段视频和音频以及静态图片构成的简短视频。本章将使用导入的静态图形文件、视频文件和音频文件创建一段海上冲浪的视频,它带有一些非常有趣的效果。

通过这个范例，学习创建和制作视频、添加音频以及为其添加效果等，最终效果如图 10.1 所示。

模拟

本章模拟案例是一段视频和音频以及静态图片构成的简短视频。模拟案例以一道可口美食——水煮鱼作为主题，讲述了水煮鱼的大致制作过程，最终效果如图 10.2 所示。

图 10.1

图 10.2

10.1 预览完成的文件

视频讲解

在本章中，要编辑一段网络上下载的图片和视频，创建一个视频时间轴，导入剪辑，添加过滤效果和其他视频效果，并渲染、导出最终的视频。首先，来看看创建的最终项目。

(1) 选择“10Lesson/范例/10Complete”文件夹中的“10 范例 Complete. mp4”文件，预览范例完成的效果，如图 10.3 所示。其中包含有过渡效果、图层效果、文字动画和音轨，为创建该影片，需要处理几幅静态图片，为其添加动感效果，并编辑视频剪辑。

图 10.3

（2）选择“10Lesson/范例/10Complete/10 范例 Complete(CC 2017).psd”文件，右击，在弹出的快捷菜单中选择“打开方式”→Adobe Photoshop CC 2017 命令，在 Photoshop CC 2017 软件中进行预览。

CS6 2015 使用 Photoshop CS6 软件的读者请打开“10Lesson/范例/10Complete”文件夹中的“10 范例 Complete(CS6).psd”文件；使用 Photoshop CC 2016 和 Photoshop CC 2015 软件版本的读者请打开“10Lesson/范例/10Complete”文件夹中的“10 范例 Complete(CC 2015).psd”文件。

10.2 创建视频项目

视频讲解

在创建视频项目之前，首先了解视频功能。Photoshop 可以编辑视频的各个帧，如可以使用任意工具在视频上进行编辑或绘制，还可运用滤镜、蒙版、变换、图层样式和混合模式等。编辑完成后，将文档存储为 PSD 格式还可以在 Adobe Premiere Pro、After Effects 等应用程序中播放。

10.2.1 创建空白视频图像文件

Photoshop 不仅可以打开和编辑视频，还可以创建具有各种常见长宽比的图像，以便它们能够在不同的设备(如视频显示器)上显示。下面创建一个新的视频项目。

（1）选择“文件”→“新建”命令，将文件命名为 demo10.psd。

（2）从“预设”中选择“胶片和视频”，从“空白文档预设”中选择 HDTV 1080p。

（3）保持其他选项的默认设置，如图 10.4 所示，单击“创建”按钮。

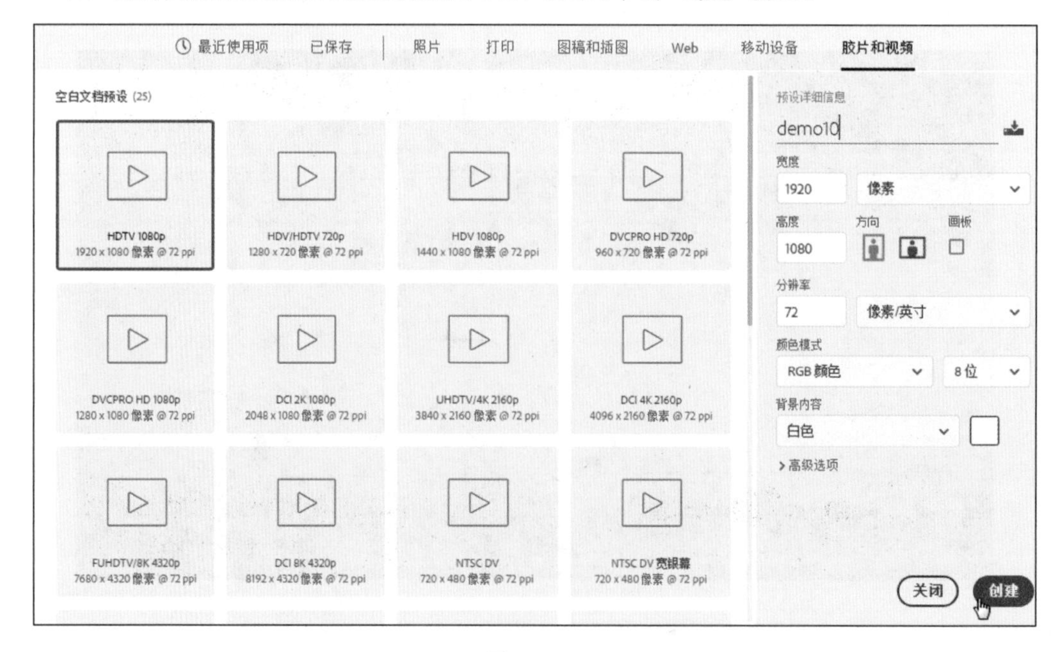

图 10.4

2015 在 Photoshop CC 2015 版本和 Photoshop CS6 版本中，选择“文件”→“新建”命令，从“文档类型”下拉列表中选择“胶片和视频”，从“大小”下拉列表中选择 HDTV 1080p/29.97。保持其他选项的默认设置，如图 10.5 所示，单击“确定”按钮。

图　10.5

（4）选择“文件”→“存储为”命令，将其保存在“10Lesson/范例”文件夹中。

提示：“大小”下拉列表中的 29.97 为帧速率。帧速率是指每秒刷新的图片的帧数，也可以理解为图形处理器每秒能够刷新几次。对影片内容而言，帧速率指每秒所显示的静止帧格数。要生成平滑连贯的动画效果，帧速率一般不小于 8f/s；而电影的帧速率为 24f/s。捕捉动态视频内容时，此数字越高越好。

10.2.2　导入素材

Photoshop 提供了专门用于处理视频的模块——“时间轴”面板。“时间轴”面板可能已被打开，因为之前预览了最终文件。可以使用“时间轴”面板更改视频中的图层顺序、视频长度，以及应用过渡效果等。若“时间轴”面板没有被打开，在为视频导入文件之前要选择运动工作区并组织面板。

（1）选择菜单栏中的“窗口”→“工作区”→“动感”命令。

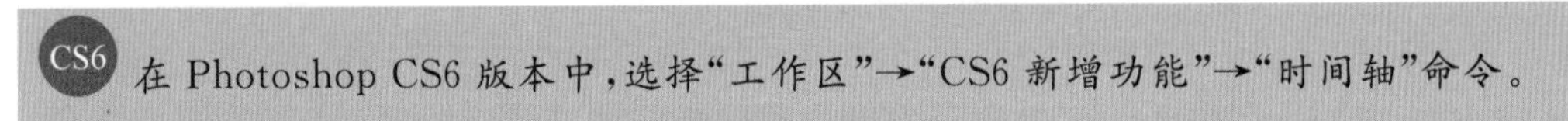

CS6 在 Photoshop CS6 版本中，选择“工作区”→“CS6 新增功能”→“时间轴”命令。

（2）合理调整“时间轴”面板的位置和大小，使面板占据工作区的下半部分。

（3）选择“缩放工具”，然后在“工具选项栏”中单击“适合屏幕”，以便在屏幕的上半部分看到整个画布。

（4）在“时间轴”面板中单击“创建视频时间轴”，如图 10.6(a)所示。Photoshop 创建了一个新的视频时间轴，其中包括两个默认的轨道：“图层 0”和“音轨”，如图 10.6(b)所示。

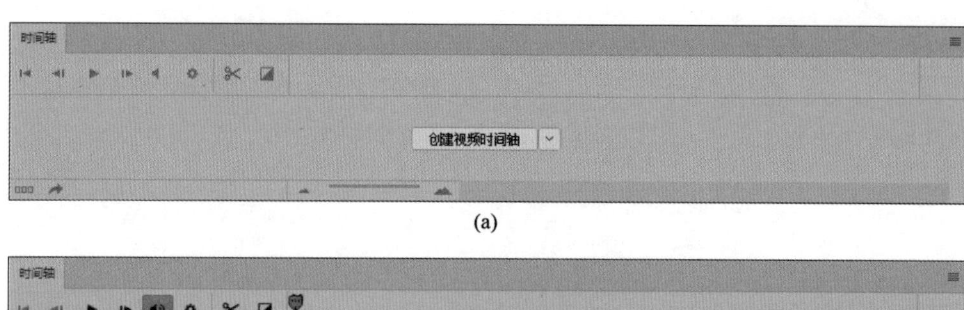

(a)

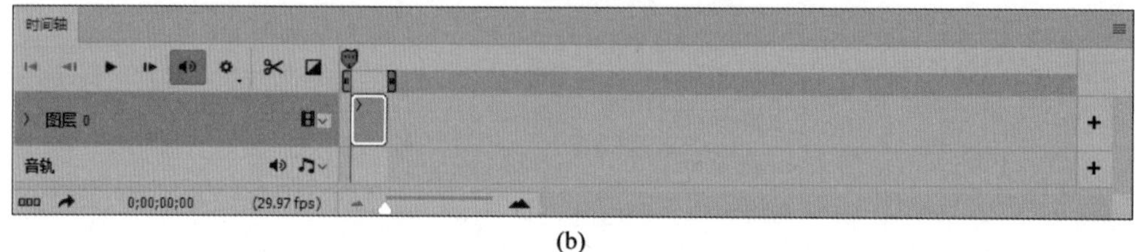

(b)

图 10.6

(5) 在"图层 0"的轨道上单击"媒体菜单"按钮，选择"添加媒体"。在弹出的对话框中导航至"10Lesson/范例/素材"文件夹下，选中"video1-3"与"photo1-7"文件，单击打开。

Photoshop 将选择的 10 个素材导入同一条轨道上，在"时间轴"面板中，该轨道命名为"视频组 1"。其中，静止图像为紫色背景，而视频剪辑为蓝色背景。在"图层"面板中，素材在名为"视频组 1"的"图层组"中显示为独立的图层。

(6) "图层 0"无内容，将其选中并删除。

(7) 选中某个剪辑，拖动鼠标更改各剪辑的顺序为 video1、photo1、photo2、video2、photo3、photo4、video3、photo5、photo6、photo7。(可根据需要或喜好更改图层上各剪辑的顺序)

注意： 在使用 Add Media(添加媒体)按钮时，如果没有指定画布的大小，Photoshop 将根据它发现的第一个视频文件决定项目的尺寸。如果只导入了图像文件，则将根据图像文件大小决定项目的尺寸。

10.2.3 更改剪辑的长度

导入 10 个素材文件后，会发现剪辑的长度各异，这意味着它们的播放时间各不相同。对于这段视频而言，图片剪辑需要具有相同的时间长度，以使得整个视频时长有统一感。因而会将所有静止的图片剪辑缩短到 3s。剪辑的长度(其持续时间)以秒和帧为单位，例如 04∶00 表示 4 秒，01∶55 表示 1 秒 55 帧。

(1) 将时间轴底部的"控制时间轴显示比例"滑块拖动到时间轴面板底部的右边，使时间轴放大。这样能够看到每个剪辑的缩览图以及时间标尺的细节，从而可以准确地改变每个剪辑的时间。

(2) 在时间标尺上拖动第二个剪辑 photo1 的右边缘至 03∶00。拖动时，Photoshop 中显示结束和持续时间，如图 10.7 所示。这样就可以找到合适的停止点。

(3) 剪辑 video1 中 4s 后的部分冗余，需要剪掉。拖动第一个剪辑 video1 的右边缘，使其持续时间为 04∶00。

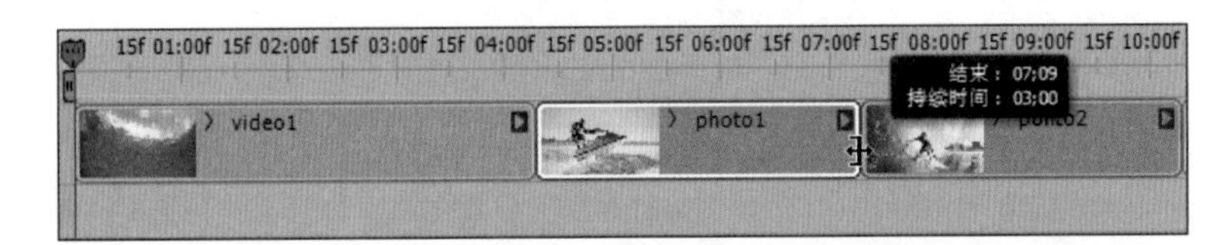

图 10.7

(4) 在剩下的每个剪辑中都重复进行步骤(2),以便每个图像剪辑都有 3s 的播放时间,如图 10.8 所示。

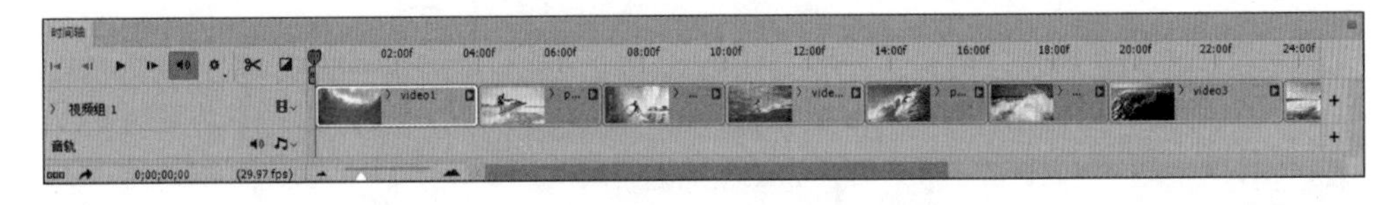

图 10.8

(5) 选择"文件"→"存储"命令,保存工作。

提示:步骤(3)中缩短视频剪辑并不是压缩它,而是将它的一部分剪掉。如果想使用视频剪辑的不同部分,可能需要在视频的两边都进行调整。拖动视频剪辑的终点时,Photoshop 会显示一个预览,从这个预览中可以看到都包含了剪辑的哪些部分。

要快速改变视频剪辑的播放时间,可以单击右上角的箭头,然后输入一个新的持续值。此选项不可用于静态影像。

10.3 使用关键帧制作影片文字

关键帧能够让用户精准地控制动画效果以及随时间发生的变化。Photoshop 中的关键帧与 Flash 中的类似,能够指定该点的位置、大小和样式。要实现随时间发生的变化,至少需要两个关键帧,一个表示变化前的状态,另一个表示变化后的状态。Photoshop 会自动确保在这两个关键帧之间内平滑地完成变化。下面使用关键帧来制作影片标题(GO SURFING)动画,让它从图像右边移到左边。

(1) 在"视频组 1"轨道中单击"视频图标",在弹出菜单中选择"新建视频组",如 Photoshop 添加"视频组 2"到"时间轴"面板。

(2) 确定选中"视频组 2",选择"横排文字工具",然后单击图像的左侧边缘,大约为从中部偏下位置。Photoshop 在"视频组 2"轨道中创建了一个名为"图层 1"的新图层。

(3) 在工具选项栏中,选择一种无衬线字形,例如 Segoe Print,设置字体"大小"为"450 点",文字"样式"为"平滑",将文字颜色设置为"白色",如图 10.9 所示。

图 10.9

(4) 单击右侧的对钩按钮后依次输入 GO SURFING,文本较宽,画布容纳不下。这没有关系,下面将让文本以动画方式掠过图像。

(5) 在“图层”面板中，将 GO SURFING 文本图层的“不透明度”更改为 40%。

(6) 在“时间轴”面板中，拖动文字图层的“终点”至 03：00，使它具有与 vedio1 图层相同的长度。

(7) 在“时间轴”面板中单击 GO SURFING 剪辑缩览图旁边的箭头，如图 10.10 所示，以显示剪辑的属性。

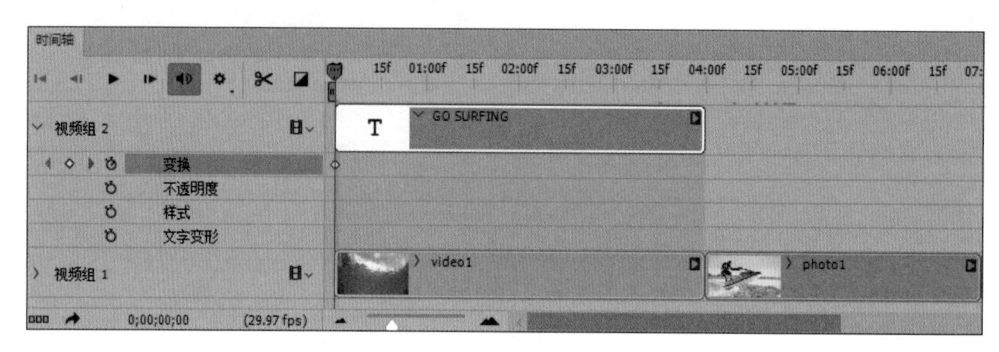

图 10.10

(8) 确保播放头位于时间标尺的开始位置。单击变换属性旁边的“秒表图标”(如图 10.10 的蓝色选区所示)，设置该图层的初始关键帧。

(9) 选择“移动工具”，在画布上拖动文字将其拖到右边，从而使文字 GO 与画布右侧边界对齐。只让 GO 在画布上是可见的。

(10) 将播放头移动到第一个剪辑的最后一帧(02：29)(提示：Photoshop 在时间轴面板的左下角显示播放头的位置)。按住 Shift 键以确保在移动过程中保持文字的垂直位置不变，把文字图层拖动到画布左边，使 SURFING 右边缘中的 G 字母是可见的。因为文字位置已经改变，Photoshop 在 02：29 处自动创建了一个新的关键帧。

(11) 移动播放头，使其滑过时间标尺前 3s，以预览动画。标题在图像上滑过。

(12) 关闭剪辑的属性，然后选择“文件”→“存储”命令，保存工作。

10.4 添加特效

视频讲解

在 Photoshop 中编辑视频文件的便利之处是可以使用调整图层、样式、变换等来为剪辑添加效果。

视频时间轴图层的基本面板参数如下所示。

位置：单纯控制图层对象在画布的移动。该参数动画对位图图层有效，矢量图层则需要启动矢量蒙版位置才会产生移动动画效果。

变换：包含对图层对象在画布的移动控制和变形控制，可以产生原地旋转、放大缩小、翻转动画效果。参数只针对智能对象图层有效。

样式：控制图层对象样式效果。图层样式是可以产生很丰富的动画效果，除了简单的外发光、内发光、投影等基本动画效果，里面的图案样式更可以应付重复的背景场景，如飘雪、流星等效果。

不透明度：用于控制图层对象的整体透明度。

10.4.1 使用“动感”面板制作动画效果

经过简单的变换，可以为视频制作成有趣的动画以丰富其效果。这里将在 photo1 剪辑中实现缩放效果动画。

(1) 在“时间轴”面板中，将播放头移到 photo1 剪辑的开始位置。

(2) 单击 photo1 剪辑右上方的箭头图标，显示“动感”面板。

(3) 从下拉列表中选择“缩放”，在“缩放”下拉列表中选择“放大”。在“缩放起点”网格中，选择左上角的位置，并从该点开始放大。确保“调整大小以填充画布”复选框被选中，如图 10.11 所示。单击“时间轴”面板的空白区域，关闭“动感”面板。

(4) 拖动播放头移过整个剪辑，预览效果。可以放大最后一个关键帧图像，使缩放效果更明显。

(5) 单击 photo1 剪辑左侧的箭头图标，以显示剪辑的属性。这里有两个关键帧，一个用于放大效果的开始，一个用于结束。

(6) 如果播放头不在最后一帧，单击变换属性旁边向右的箭头图标，如图 10.12 所示。然后选择“编辑”→“变换”→“缩放”命令。在工具选项栏中的“宽度”和“高度”中输入 150%，按 Enter 键确认变换。

(7) 单击 photo1 左侧的箭头图标以关闭剪辑的属性。在时间标尺中拖动播放头移过 photo1 剪辑，以便再次预览动画。

(8) 为 photo4 和 photo6 添加缩放动画。打开“动感”面板，从下拉列表中选择“缩放”，缩放起点为中心点，确保“调整大小以填充画布”复选框被选中，单击“时间轴”面板上的空白区域，关闭“动感”面板。

(9) 选择“文件”→“存储”命令，保存工作。

下面制作平移和缩放效果动画。

(1) 将播放头移动到 photo2 剪辑开始的位置，打开其“动感”面板，从下拉列表中选择“平移和缩放”。在“平移”处输入−45，使得图像向右下方移动，确保“调整大小以填充画布”复选框被选中，如图 10.13 所示。然后单击“时间轴”面板上的空白区域，关闭“动感”面板。

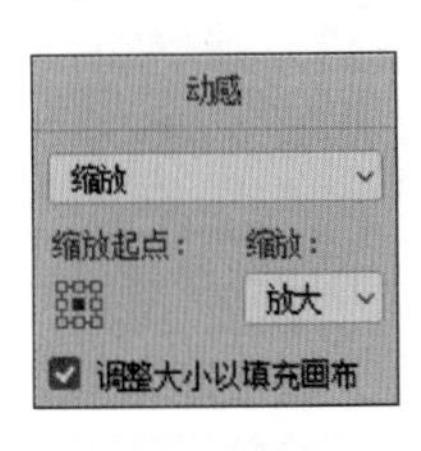

图　10.11

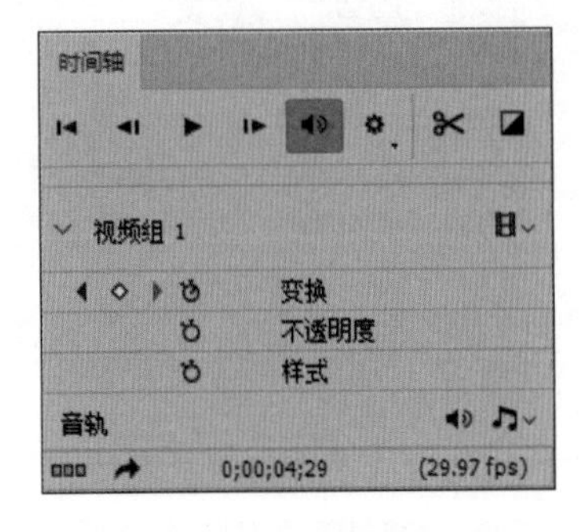

图　10.12

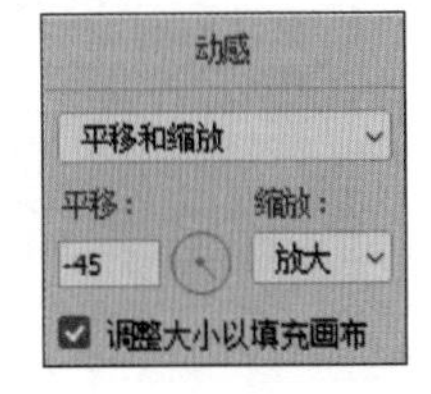

图　10.13

(2) 在“时间标尺”中拖动播放头移过 photo2 剪辑，以便再次预览动画。

(3) 为 photo5 添加平移动画。在时间轴中选中 photo5 剪辑，打开“动感”面板，从下拉列表中选择“平移”。在“平移”处输入−180，使得图像从右向左移动，确保“调整大小以填充画布”复选框被选中，如图 10.14 所示。单击“时间轴”面板上的空白区域，关闭“动感”面板。

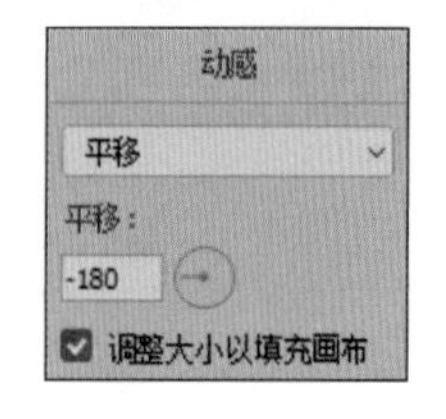

图 10.14

(4) 为 photo7 添加平移和缩放动画。打开其“动感”面板，从下拉列表中选择“平移和缩放”。在“平移”处输入 90，使得图像向上方移动，确保“调整大小以填充画布”复选框被选中。单击“时间轴”面板上的空白区域，关闭“动感”面板。

(5) 读者也可根据自己的喜好添加不同动画。选择“文件”→“存储”命令，保存工作。

可以将图层样式运用到时间轴面板的剪辑中。下面要在 photo5 图像中添加一个样式动画效果。

(1) 将播放头移到 photo5 剪辑的起始位置。

(2) 选择“窗口”→“样式”命令，打开“样式”面板。

(3) 在“时间轴”面板中，单击 photo5 剪辑缩览图旁边的箭头图标，以显示其属性，然后单击样式属性旁边的“秒表图标”，创建样式关键帧。

(4) 将播放头移至剪辑的 1/4 左右。然后在“样式”面板中，选择“褪色照片(图像)”( )样式，如图 10.15 所示，“时间轴”面板中自动添加了一个关键帧。

图 10.15

(5) 将播放头移到剪辑的中间位置，选择“无样式” 以删除效果。Photoshop 自动添加了另一个关键帧。

(6) 将播放头移过剪辑的 3/4，再次运用“褪色照片”样式，Photoshop 自动添加第 4 个关键帧。

（7）将播放头移到剪辑的结束位置，并选择“无样式”，Photoshop 为该剪辑添加最后一个关键帧，如图 10.16 所示。

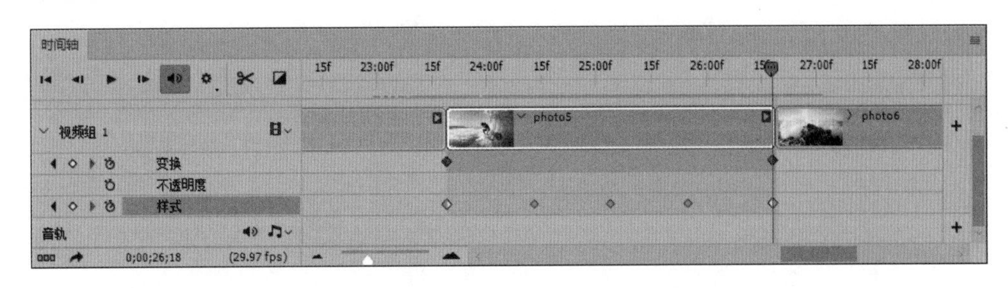

图 10.16

（8）将播放头移过整个时间标尺以预览效果，关闭剪辑的属性。选择“文件”→“存储”命令，保存工作。

10.4.2 使用关键帧创建图像运动效果

本节将使用剪辑属性中的位置关键帧来制作动画，以创建图像移动效果。

（1）选择 photo3 剪辑，选择“编辑”→“变换”→“缩放”命令。在工具选项栏中的“宽度”和“高度”中输入 150%，按 Enter 键确认变换，将其图像等比例放大为 150%。

（2）将播放头移到 photo3 剪辑的开始位置，并选择该剪辑。单击剪辑的左侧箭头图标，显示该剪辑的属性，然后单击用于位置属性的秒表图标，添加一个关键帧。按键盘向左键（←）移动图像，同时按住 Shift 键，使人物靠近画布左侧。

（3）将播放头移到剪辑的末端，按键盘向右键（→）移动图像，同时按住 Shift 键，使人物靠近画布右侧，Photoshop 自动添加了一个关键帧，如图 10.17 所示。

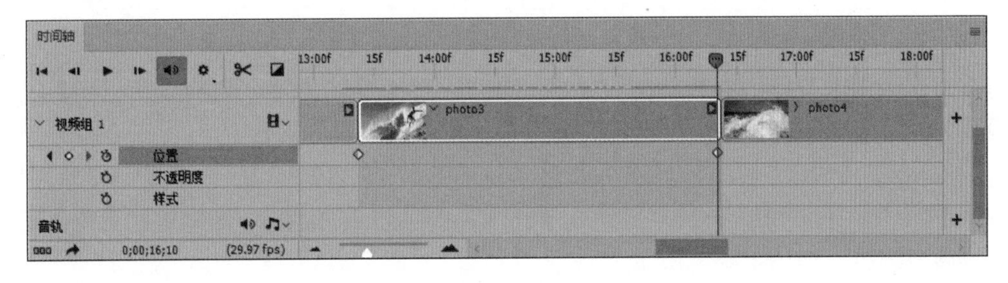

图 10.17

（4）将播放头移过整个时间标尺以预览效果，关闭剪辑的属性。选择“文件”→“存储”命令，保存工作。

10.4.3 为视频剪辑添加图层样式

当在视频组中应用调整图层时，Photoshop 只将其运用在“图层”面板中相邻的图层。

（1）在“图层”面板中选择“视频组 1”图层中的 video3 剪辑。

（2）在“时间轴”面板中，将播放头移动到 video3 剪辑开始的地方，从而可以看到应用的效果。

（3）可以看出 video3 剪辑看起来色彩不够明亮，在“调整”面板中，单击“亮度/对比度”

按钮。将亮度滑块调至 23,对比度滑块调至 8,如图 10.18 所示。

(4) 下面为整个视频剪辑添加滤镜,在“属性”面板中单击“照片滤镜”按钮,在“滤镜”下拉列表中选择“蓝”,将“浓度”滑块调至 30%,如图 10.19 所示。

图 10.18

图 10.19

(5) 在“时间轴”面板中,移动播放头以跨越整个 video3 剪辑,预览应用的效果。

(6) 调整过后的视频剪辑色调非常适合这个剪辑。也可以根据自己的喜好调整效果。

(7) 选择“文件”→“存储”命令,保存工作。

10.4.4 为视频剪辑添加智能滤镜

在 Photoshop 中还可以对智能对象(包括视频项目中的智能对象)运用智能滤镜。下面将把 video2 剪辑转换为智能对象,然后为其添加移轴模糊滤镜。由于此滤镜是作为智能滤镜添加的,因此在未来任何时候都可以编辑或删除该模糊。

(1) 将播放头移动到 video2 剪辑的第一帧(开始处),并在“时间轴”面板中选择该剪辑。

(2) 右击“图层”面板的 video2 图层,选择“转换为智能对象”。“图层”面板中图层的图标发生了变化,这表示其变为了智能对象。

(3) 将播放头移动到 video 2 剪辑开始的位置,选择“滤镜”→“模糊画廊”→“移轴模糊”命令。工作区发生变化显示为模糊画廊,而且打开了“滤镜工具”和“模糊效果”面板。将海浪模糊掉,从而使焦点集中在冲浪的任务,而其他景物则被模糊处理。

(4) 画布中白色实线是“模糊效果起始点”,虚线是“模糊范围边框”,中间是“模糊控制点”,调整实线使它包括人物,将鼠标指针放在实线中间的控制点上,鼠标指针变成时,将区域倾斜约 12°,如图 10.20 所示。

(5) 在“模糊工具”面板中将“模糊度”调至 20 像素,“扭曲度”保持为 0%,然后单击“确认”按钮。

提示:通过边缘的两条虚线为移轴模糊过渡的起始点,通过调整移轴范围调整模糊的起始点;在移轴控制中心的控制点,拖动该点可以调整移轴效果在照片上的位置以及移轴形成模糊的强弱程度。

- 模糊:控制图像中移轴模糊两条虚线外的模糊程度,数值越大越模糊。
- 扭曲度:调整图像中移轴模糊两条虚线外的模糊图像扭曲度,数值越大越扭曲。
- 对称扭曲:选中“对称扭曲”,调整扭曲度时虚线外两边同时调整扭曲度,不选中则只调整一边。

图　10.20

(6) 在 video2 剪辑中移动播放头来预览模糊效果。随着视频的播放，对焦区域保持静止。随着时间和视频的变动，某些清晰区域不再是焦点，而跑到了模糊区里。可以扩大焦点，来调整焦点区域。在“图层”面板 video2 图层下方，双击模糊画廊，可调整滤镜的设置，修改调整后单击“确定”按钮。

(7) 将播放头移过整个时间标尺以预览效果，关闭剪辑的属性。选择“文件”→“存储”命令，保存工作。

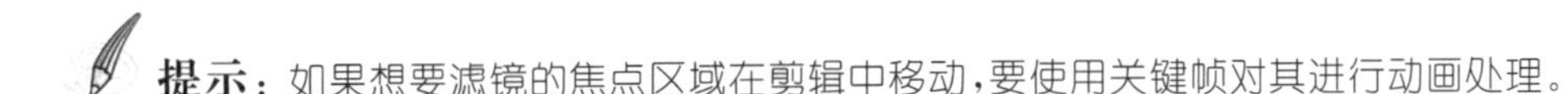

提示：如果想要滤镜的焦点区域在剪辑中移动，要使用关键帧对其进行动画处理。

10.5　为剪辑间添加过渡效果

视频讲解

过渡将视频从一个场景转换到下一个场景，可以看出各个剪辑之间的过渡较为生硬。在 Photoshop 中，只需通过拖放就可以给剪辑添加平滑过渡效果。

(1) 单击“时间轴”面板左上角的“转到第一帧”按钮，让播放头回到时间标尺的开始位置。在“时间轴”面板的左上角单击“选择过渡效果并拖动以应用”按钮。选择“交叉渐隐”，将下方持续时间的值改为 0.25s(1/4s)。

(2) 将“交叉渐隐”过渡拖动到 video1 和 photo1 之间。

(3) Photoshop 通过调整这两个剪辑的端点来应用过渡，并在第二个剪辑的右下角增加了一个白色的小图标。将“交叉渐隐”过渡拖动到其他任何两个相邻的剪辑之间。

(4) 将持续时间的值改为 1s 后，将“黑色渐隐”过渡拖动到最后一个剪辑上，如图 10.21 所示。

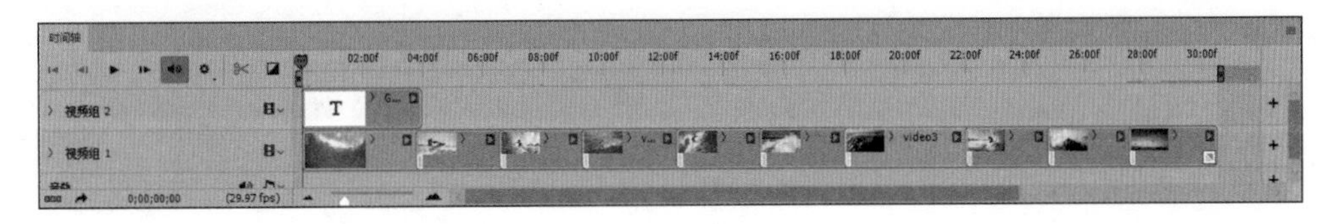

图　10.21

(5) 选择“文件”→“存储”命令,保存工作。

10.6 添加音频

视频讲解

在 Photoshop 中,可在视频文件中添加独立的音轨。事实上,“时间轴”面板默认情况下包含了一个音轨。本节要添加一个音频文件来作为这个短片的配乐。

(1) 单击“时间轴”面板底部的“音轨图标”,从弹出的菜单中选择“添加音频”,在弹出的对话框中选择“10Lesson/范例/素材”文件夹中的 Sunburst. wav 文件,单击“确定”按钮。

(2) 音频文件将被添加到时间轴上,不过它长于视频。需要使用“在播放头处拆开”工具来缩短长度。

(3) 将播放头移到 photo7 剪辑的末尾,然后单击“在播放头处拆开”工具,音频文件在这一点上被拆分成为两个音频剪辑,如图 10.22 所示。

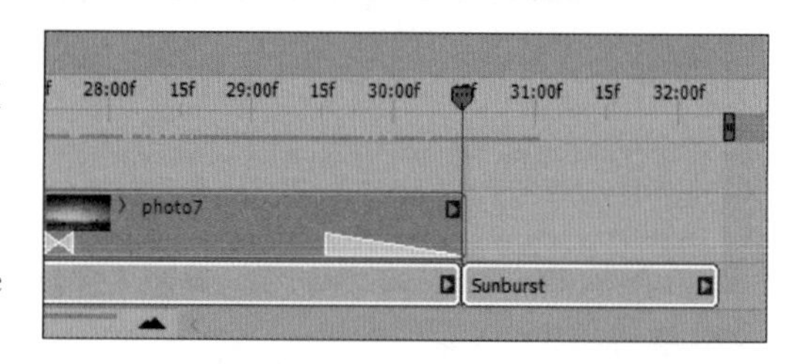

图 10.22

(4) 选择音频文件的第二段,按 Delete 键删除选定的剪辑。现在音频文件与视频的长度相同。下面将添加淡出效果,使其平滑结束。

(5) 单击音频剪辑右边缘的箭头图标,打开“音频”面板。将“淡入”设置为“1.00 秒”,“淡出”设置为“2.00 秒”,如图 10.23 所示。

(6) 选择“文件”→“存储”命令,保存工作。

到目前为止,通过在时间标尺移动播放头,已经预览了视频的各个部分。现在,要使用在“时间轴”面板上的“播放”按钮预览整个视频,然后将视频剪辑中所有多余的音频变成静音。在“时间轴”面板左上角单击“播放”按钮,预览到现在为止的视频片段。

(7) 视频看似快要完成了,但某些视频剪辑中有不必要的背景噪声。需要将这些额外的声音变成静音。

(8) 单击视频 video3 右端的小三角图标,单击音频标签,查看音频选项,然后选择“静音”复选框,如图 10.24 所示。单击“时间轴”面板上的空白区域,关闭“音频”面板。

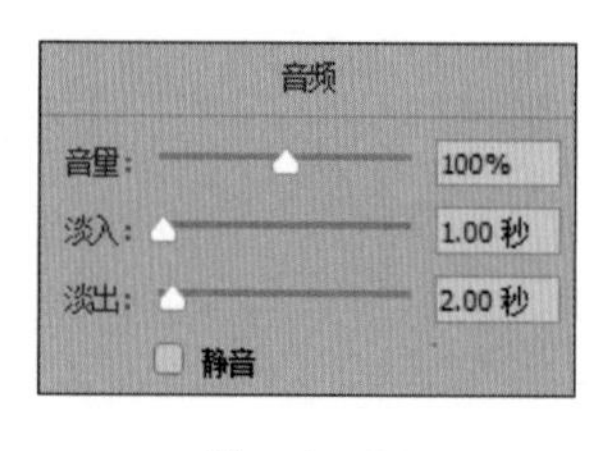

图 10.23

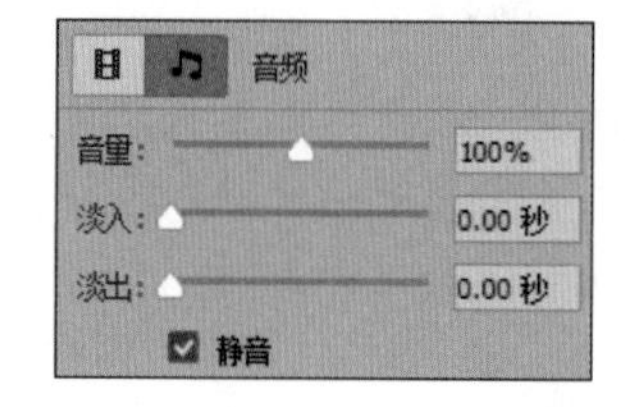

图 10.24

(9) 再次播放以观察 video3 中的额外声音是否消失。选择“文件”→“存储”命令,保存工作。

10.7　渲染视频

视频讲解

现在可以将项目渲染为视频了。Photoshop 提供了多种渲染选项，需要选择适合流视频的选项，以便在网站分享。有关渲染选项的其他信息，可参阅 Photoshop Help。

(1) 选择“文件”→“导出”→“渲染视频”命令，或者在“时间轴”面板左下角单击“渲染视频”按钮 。

(2) 在弹出的对话框中，文件名为 demo10. mp4。单击“选择文件夹”按钮，然后导航到“10Lesson/范例”文件夹下，单击“确定”按钮。

(3) 从“预设”下拉列表中，设置“格式”为 H. 264，保持其他默认设置，如图 10. 25 所示，单击“渲染”按钮。

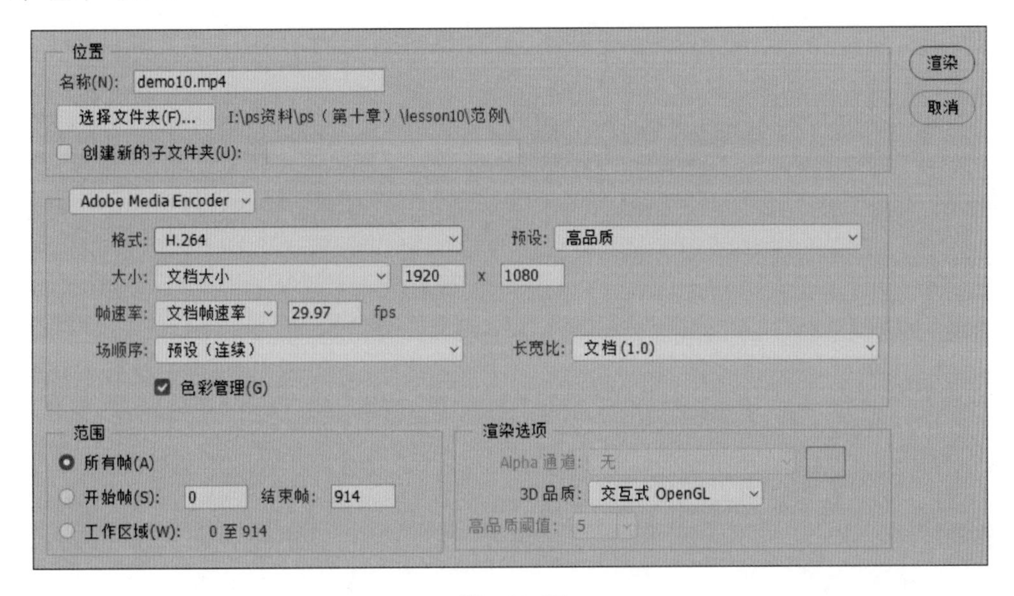

图　10. 25

(4) Photoshop 在导出视频的同时会显示一个进度条。根据系统的不同，渲染过程可能需要几分钟甚至更久。渲染完成后，找到“10Lesson/范例”文件夹中的 demo10. mp4 文件，双击它来查看制作的视频。

作业

一、模拟练习

打开“10Lesson/模拟”文件目录，选择“10Complete/10 模拟 Complete(CC 2017). psd”文件进行浏览(使用 Photoshop CS6 和 Photoshop CC 2017 软件的请打开对应的模拟练习案例，使用 Photoshop CC 2016 和 Photoshop CC 2015 软件的可打开 Photoshop CC 2015 案例文件)。根据本章所述知识，使用“素材”文件夹中的文件制作一个类似的作品。作品资料已完整提供，获取方式见前言。

二、自主创意

自主设计一个 Photoshop 文件,应用本章学习的图像和视频的使用、音频的添加和调整、滤镜的使用等知识。

三、理论题

1. 什么是关键帧？怎样创建一个关键帧？
2. 如何在剪辑之间添加过渡效果？
3. 对音频处理有哪几种效果？
4. 如何渲染视频？

第11章

使用画笔绘画

本章学习内容

(1) 前景色与背景色智能滤镜。

(2) 认识拾色器。

(3) 学习画笔工具。

(4) 学习混合器画笔工具。

(5) 侵蚀画笔/潮湿画笔。

完成本章的学习需要大约90分钟,相关资源获取方式见前言和第1章中的描述。

知识点

由于本书篇幅有限,下面的知识点并非在本章中都有涉及或详细讲解,在本书的资源网站有详细的资料,欢迎登录学习。

前景色与背景色	拾色器	画笔预设	画笔工具
混合器画笔	侵蚀画笔	潮湿画笔	使用混合器画笔混合颜色

本章案例介绍

范例 1

本章范例1通过使用“画笔工具”“混合器画笔”工具进行图形的绘制,使用不同样式的画笔来创建写意风景人物水彩画,如图11.1所示。

范例 2

本章范例2是基于“混合器画笔”的“侵蚀画笔”“潮湿画笔”“混合颜色”等知识点的学习创作的一幅图画,如图11.2所示。

图 11.1

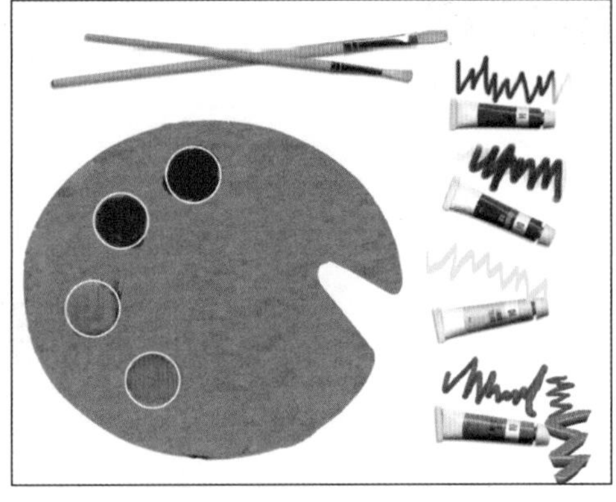

图 11.2

模拟

本章模拟案例是对本章“画笔工具”“混合器画笔工具”知识点的巩固应用，通过使用不同样式的画笔为图片上的蒙版进行涂抹制作出水彩效果，并结合“文字”工具的使用完成作品，如图 11.3 所示。

图 11.3

11.1 预览完成的文件

视频讲解

(1) 选择“11Lesson/范例/11Complete”中的“11 范例 1Complete(CC 2017). psd”“11 范例 2Complete(CC 2017). psd”文件，右击，在弹出的快捷菜单中选择“打开方式”→“Adobe Photoshop CC 2017”命令，打开文件。

(2) 关闭当前打开的“11 范例 1Complete(CC 2017). psd”和“11 范例 2Complete(CC 2017). psd”文件。

CS6 2015 使用 Photoshop CS6 软件版本的读者请打开“11Lesson/范例/11Complete”文件夹中的“11 范例 Complete(CS6). psd”和“11 范例 2Complete(CS6). psd”文件；使用 Photoshop CC 2016 和 Photoshop CC 2015 软件版本的读者请打开“11Lesson/范例/11Complete”文件夹中的“11 范例 Complete(CC 2015). psd”和“11 范例 2Complete(CC 2015). psd”文件。

11.2　设置颜色

视频讲解

在使用画笔、渐变和文字等工具，以及进行填充、描边选区、修改蒙版、修饰图像等操作时，都需要指定颜色。Photoshop 提供了颜色选择等工具，可以根据需要找到所需的任何色彩。

11.2.1　前景色与背景色

在 Photoshop 工具箱底部有一组前景色和背景色设置图标，如图 11.4 所示。“前景色”决定了使用绘画工具(画笔和铅笔)绘制线条，以及使用文字工具创建文字时的颜色；“背景色”决定了使用“橡皮擦工具”擦除图像时被擦除区域所呈现的颜色。此外，增加画布大小时，新增的画布也以“背景色”填充。

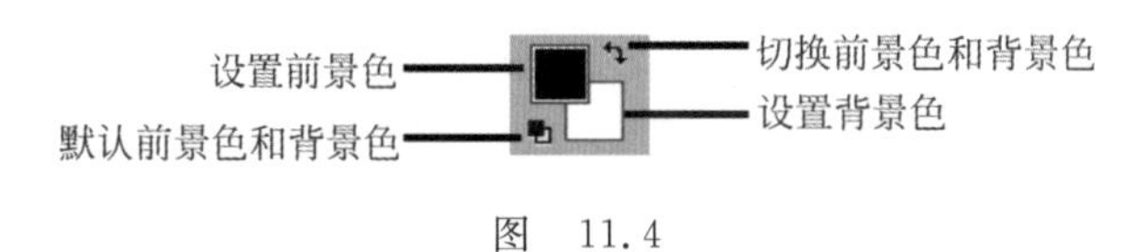

图　11.4

默认情况下，“前景色”为黑色，“背景色”为白色。单击“设置前景色”或“设置背景色”图标可以打开“拾色器”对话框，在对话框中即可修改它们的颜色。此外，也可以在“颜色”和“色板”面板中设置，或是用吸管工具拾取图像中的颜色来作为“前景色”或者“背景色”。

切换前景色和背景色：单击按钮或按 X 键，可以切换前景色和背景色。

默认前景色和背景色：在修改了前景色和背景色之后，单击按钮或按 D 键，可以将它们恢复为系统默认的颜色。

11.2.2　认识拾色器

在单击了“前景色”或“背景色”图标后，会自动打开“拾色器”对话框，如图 11.5 所示。在“拾色器”中，可以选择基于 HSB(色相、饱和度、亮度)、RGB(红色、绿色、蓝色)、Lab、CMYK(青色、洋红、黄色、黑色)等颜色模型来指定颜色。

色域/拾取的颜色：在“色域”中拖动鼠标可以改变当前拾取的颜色。

新的/当前：“新的”颜色块中显示的是当前设置的颜色，“当前”颜色块中显示的是上一

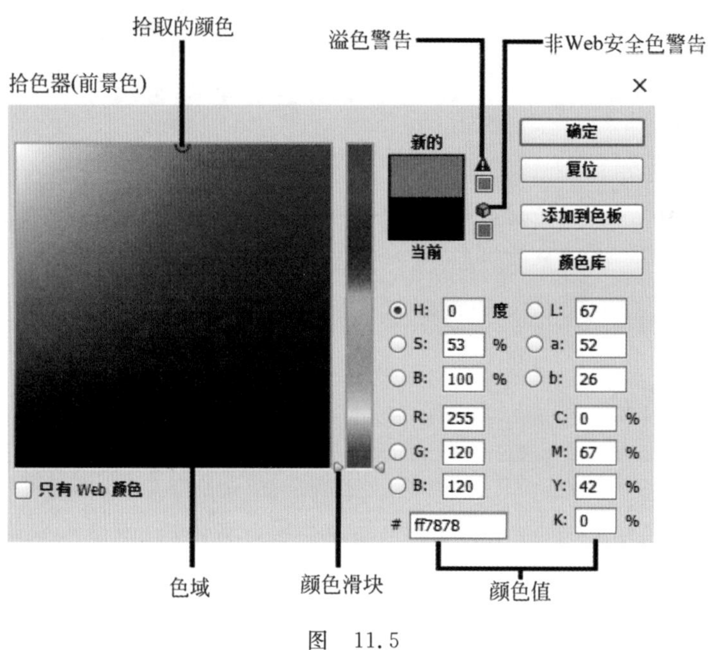

图 11.5

次使用的颜色。

颜色滑块：拖动颜色滑块可以调整颜色范围。

颜色值：显示了当前设置的颜色的颜色值。也可以输入颜色的值来精确定义的颜色。

溢色警告：由于RGB、HSB和Lab颜色模型中的一些颜色，在CMYK模型中没有等同的颜色，因此无法准确地打印出来，这些颜色就是"溢色"。出现警告后，可单击它下面的小方块，将颜色替换为CMYK色域(打印机颜色)中与其最为接近的颜色。

非Web安全色警告：表示当前设置的颜色不能在网上准确地显示，单击警告下面的小方块，可以将颜色替换为与其最为接近的Web安全颜色。

只有Web颜色：表示只能在色域中显示Web安全色。

添加到色板：单击该按钮，可以将当前设置的颜色添加到"色板"面板。

颜色库：单击该按钮，可以切换到"颜色库"中。

11.3 "画笔"面板

视频讲解

"画笔"面板也是重要的面板之一，它可以设置绘画工具(画笔、铅笔、历史记录画笔等)，以及修饰工具(涂抹、加深、减淡、模糊、锐化等)的笔尖种类、画笔大小和硬度，并且可以根据自己的需要创建特殊画笔。

11.3.1 画笔预设面板

在使用绘画或修饰工具时，如果要选择一个预设的笔尖，并只需要调整画笔的大小，可选择"窗口"→"画笔预设"命令，或者在工具选项栏中单击"切换画笔面板"按钮打开"画笔预设"面板进行设置。"画笔预设"面板中提供了各种预设的画笔，如图11.6所示，其中有

"大小""形状"和"硬度"等定义的特性。

单击选择面板中的一个笔尖，拖动"大小"滑块可以调整笔尖的大小。

11.3.2　画笔下拉面板

单击"画笔"工具栏中的按钮，可以打开画笔的下拉面板。在下拉面板中不仅可以选择笔尖，调整画笔的大小，还可以调整笔尖的硬度，如图 11.7 所示。

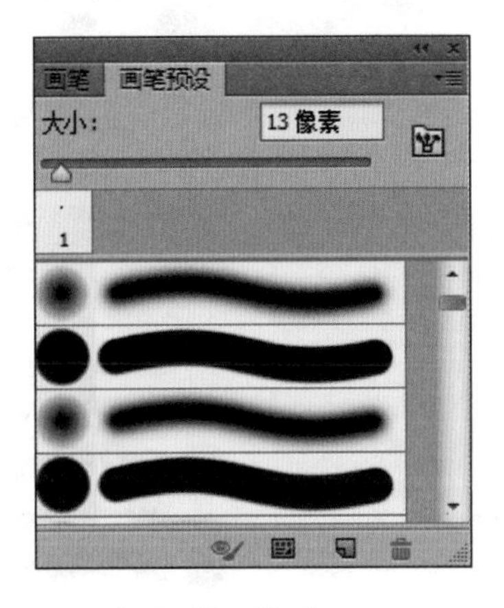

图　11.6

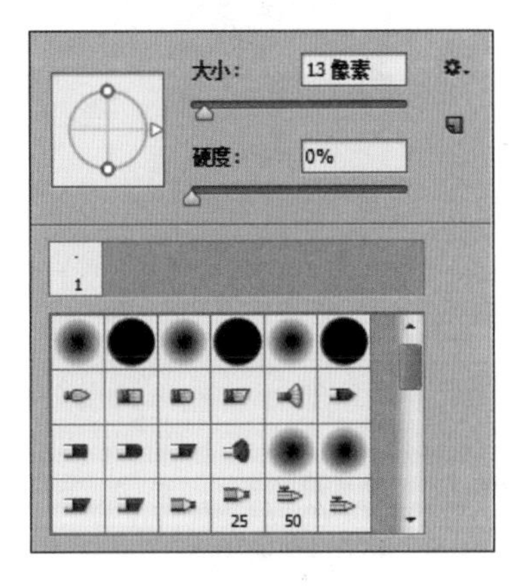

图　11.7

大小：拖动滑块或在文本框中输入数值可调整画笔的大小。

硬度：用来设置画笔笔尖的硬度。

从画笔创建新的预设：单击该按钮，可以打开"画笔名称"对话框，如图 11.8 所示，输入名称，单击"确定"按钮，可以将当前画笔保存为一个预设的画笔。

图　11.8

单击画笔下拉面板右上角的按钮或单击"画笔预设"面板右上角的按钮，可以打开完全相同的面板菜单，如图 11.9 所示。在面板菜单中可以选择面板的显示方式，以及载入预设的画笔等。

新建画笔预设：用来创建新的画笔预设，它与画笔下拉面板中的按钮作用相同。

重命名画笔：选择一个画笔后，可重命名画笔的名称。

删除画笔：选择一个画笔后，可将其删除。

仅文本/小缩览图/大缩览图/小列表/大列表/描边缩览图：可以设置画笔在面板中的显示方式。"仅文本"只显示画笔的名称；"小缩览图"/"大缩览图"只显示画笔的缩览图和画笔大小；"小列表"/"大列表"以列表的形式显示画笔的名称和缩览图；"描边缩览图"可以显示画笔的缩览图和使用时的预览效果，如图 11.10 所示。

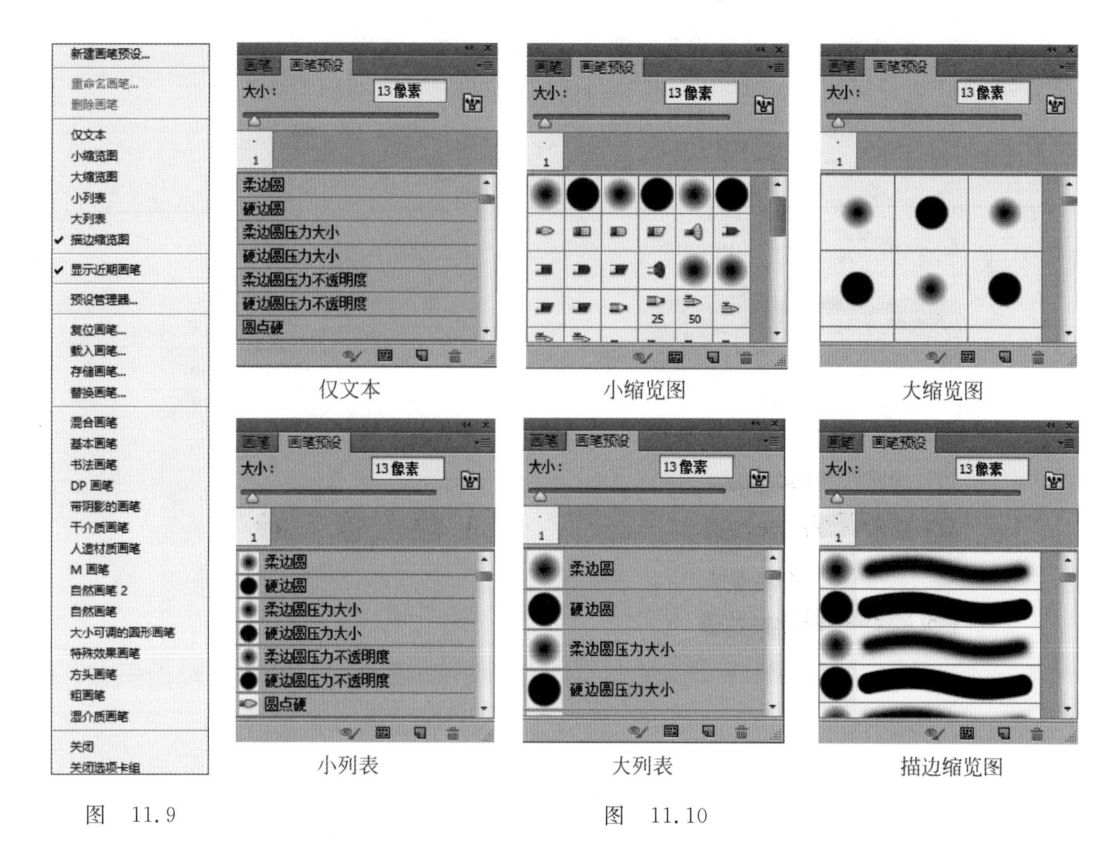

图 11.9　　图 11.10

预设管理器：可以打开预设管理器查看里面的各种画笔。

复位画笔：当进行了添加或者删除画笔的操作以后，如果想要让面板恢复为显示默认的画笔状态，可执行该命令。

载入画笔：可以打开“载入”对话框，选择一个外部的预设画笔可将其载入下拉面板中。

存储画笔：可以将面板中的画笔保存为一个预设画笔。

替换画笔：可以打开“载入”对话框，在其中可以选择一个画笔库来替换面板中的画笔。

画笔库：面板菜单底部是 Photoshop 提供的各种预设的画笔库，如图 11.11 所示。选择一个画笔库会弹出相应的信息，如图 11.12 所示，单击“确定”按钮可以载入画笔并替换面板中原有的画笔，单击“追加”按钮可以将载入的画笔添加到原有的画笔后面。

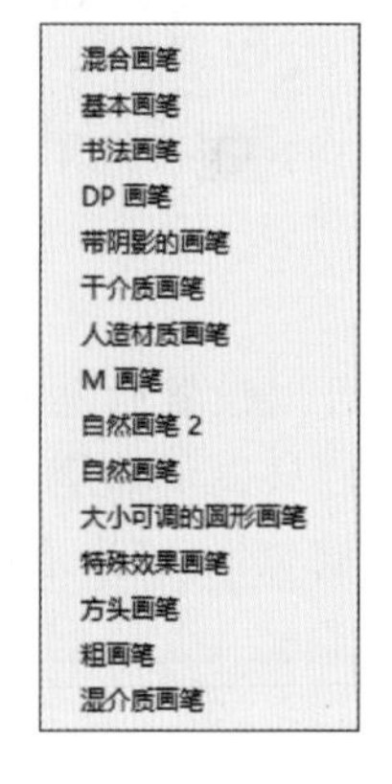

图 11.11

图 11.12

11.3.3 “画笔”面板介绍

选择“窗口”→“画笔”命令，或者单击工具选项栏中的“切换画笔面板”按钮打开“画笔”面板，如图 11.13 所示。

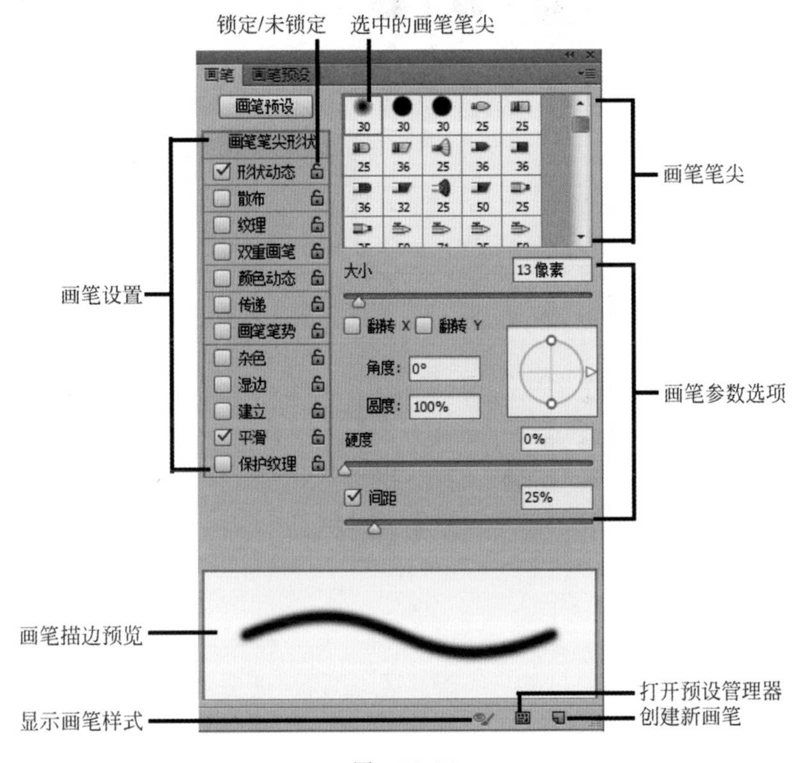

图 11.13

画笔预设：单击该按钮，可以打开“画笔预设”面板。

画笔设置：选择相应选项，面板中会显示该选项的详细设置内容，它们用来改变画笔的角度、圆度，以及为其添加纹理、颜色动态等变量。

锁定/未锁定：显示为锁定时，表示当前画笔的笔尖形状属性(形状动态、散布、纹理等)为锁定状态，再次单击会取消锁定。

选中的画笔笔尖：当前选择的画笔笔尖。

画笔笔尖/画笔描边预览：显示 Photoshop 提供的预设画笔笔尖。选择一个笔尖后，可在“画笔描边预览”选项中预览该笔尖的形状。

画笔参数选项：用来调整画笔的参数。

显示画笔样式：使用毛刷笔尖时，在窗口中显示笔尖样式。

打开预设管理器：单击即可打开“预设管理器”。

创建新画笔：如果对一个预设的画笔进行了调整，可单击该按钮将其保存为一个新的预设画笔。

11.3.4 笔尖的种类

Photoshop 提供了 3 种类型的笔尖：圆形笔尖、毛刷笔尖和形状笔尖，如图 11.14 所示。

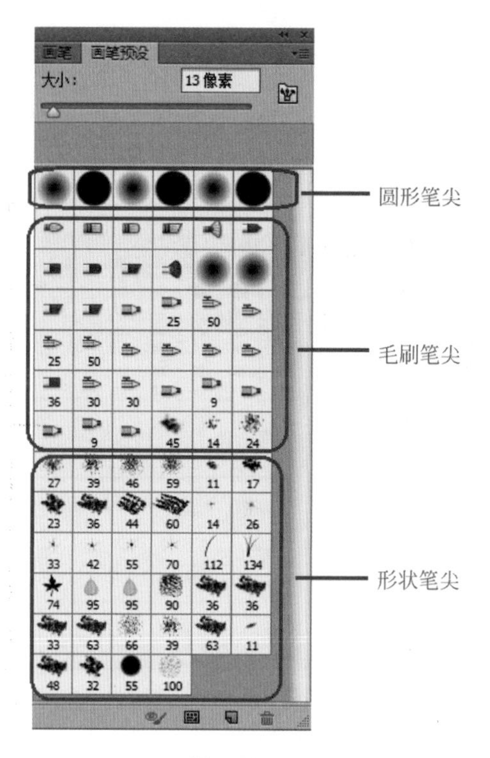

图 11.14

圆形笔尖包含尖角、柔角、实边和柔边几种样式。使用尖角和实边笔尖绘制的线条具有清晰的边缘；而柔角和柔边就是线条的边缘柔和，呈现逐渐淡出的效果，如图 11.15 所示。

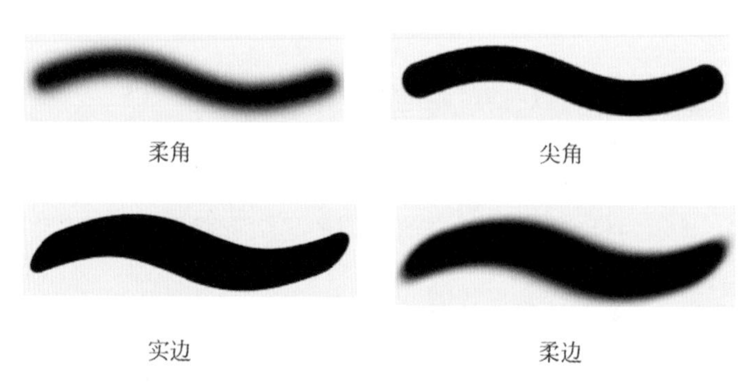

图 11.15

一般情况下常用的是尖角和柔角笔尖。将笔尖硬度设置为 100%可以得到尖角笔尖，它具有清晰的边缘；当笔尖硬度低于 100%时可得到柔角笔尖，它的边缘是模糊的。

11.4 画笔工具

视频讲解

“画笔工具”类似于传统的毛笔，它使用前景色绘制线条。画笔不仅能够绘制图画，还可以修改蒙版和通道。图 11.16 所示为画笔工具的工具选项栏。

图　11.16

画笔下拉面板：单击“画笔”选项右侧的▼按钮，可以打开画笔下拉面板，在面板中可以选择笔尖，设置画笔的大小和硬度参数。

模式：在下拉列表中可以选择画笔笔迹颜色与下面的像素的混合模式。

不透明度：用来设置画笔的不透明度，该值越低，线条的透明度越高。图 11.17 所示该值为 100%时的绘制效果，图 11.18 所示为该值为 50%时绘制的效果。

图　11.17

图　11.18

流量：用来设置当光标移动到某个区域上方时应用颜色的速率。在某个区域上方涂抹时，如果一直按住鼠标按键，颜色将根据流量速率增加，直至达到不透明度设置。图 11.19 所示为该值为 100%的绘制效果，图 11.20 所示为该值为 50%的绘制效果。

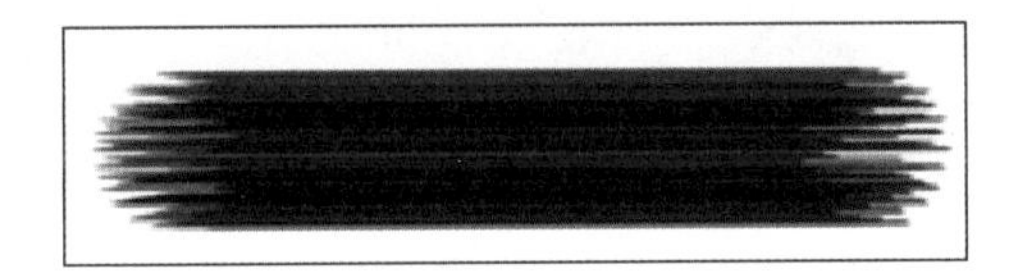

图　11.19

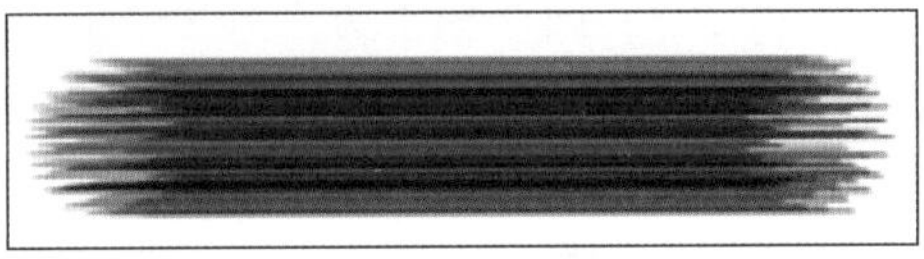

图　11.20

喷枪：Photoshop 会根据鼠标按键的单击程度确定画笔线条的填充数量。当未启动喷枪时，鼠标每单击一次便填充一次线条；当启用喷枪时，按住鼠标左键不放，便可持续填充线条。

绘图板压力按钮：按下这两个按钮时，在数位板绘画时，光笔压力可覆盖“画笔”面板中的不透明度和大小设置。

画笔工具使用技巧：

按[键可将画笔调小，按]键可将画笔调大。对于实边圆、柔边圆和书法画笔，按 Shift+[组合键可减小画笔的硬度，按 Shift+]组合键则增加画笔的硬度。

按键盘中数字键可调整画笔工具的不透明度。

使用画笔时，在画面中单击，然后按住 Shift 键可单击画面中任意一点，两点之间会以直线连接。按住 Shift 键还可绘制水平、垂直等直线。

下面回到本章范例 1。

(1) 打开“11Lesson/范例/11Start”文件夹中的“11 范例 1Start(CC 2017)”文件。

CS6 2015 使用 Photoshop CS6 软件版本的读者请打开“11Lesson/范例/11Start”文件夹中的“11 范例 1Start(CS6).psd”文件；使用 Photoshop CC 2016 和 Photoshop CC 2015 软件版本的读者请打开“11Lesson/范例/11Start”文件夹中的“11 范例 1Start(CC 2015).psd”文件。

(2) 现在图层中有两个图层：一个“纸纹”图层，一个“人物”图层。选择“纸纹”图层，改变“混合模式”为“正片叠底”，“不透明度”为55%。现在可以看到“人物”图层在“纸纹”图层上透现出来，如图11.21所示。

图 11.21

(3) 在“人物”图层的下方新建一个图层，命名为“混合器画笔”，令“前景色”为“白色”，按Alt+Delete组合键为图层填充颜色为白色。

(4) 将“人物”和“纸纹”图层的“眼睛”图标关闭，选择“混合器画笔”图层，选择“滤镜”→“滤镜库”命令，选择“纹理”中的“纹理化”滤镜。设置“缩放”为75%，“凸现”为5，如图11.22所示。

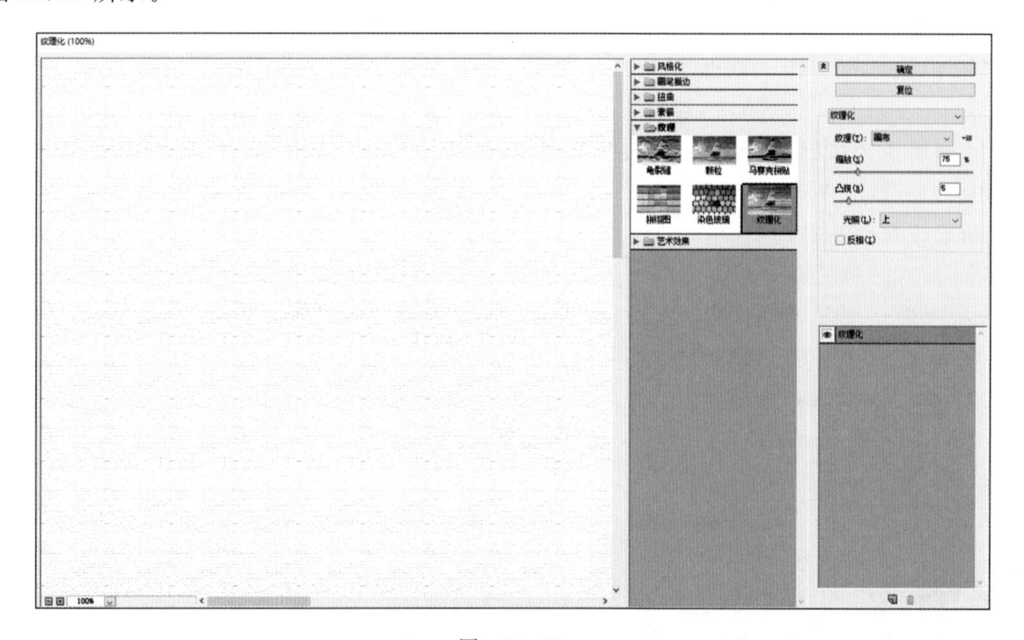

图 11.22

(5) 显示其他图层，选择“人物”图层，在菜单栏中选择“图层”→“图层编组”命令。

(6) 选择新生成的组,在菜单栏中选择“图层”→“图层蒙版”→“隐藏全部”命令,如图 11.23 所示。

(7) 在“图层”面板选择生成的组后面的图层蒙版缩览图,如图 11.24 所示。

(8) 在工具箱中选择“画笔工具”,在画笔的下拉菜单中选择画笔样式为“喷溅 24 像素”,“大小”为 175 像素,如图 11.25 所示。

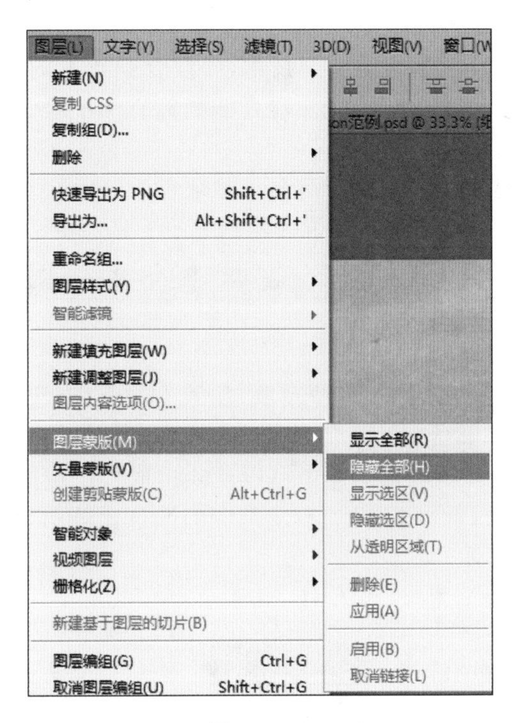

图 11.23

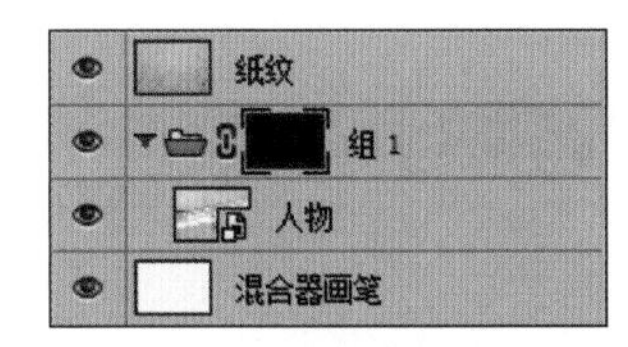

图 11.24

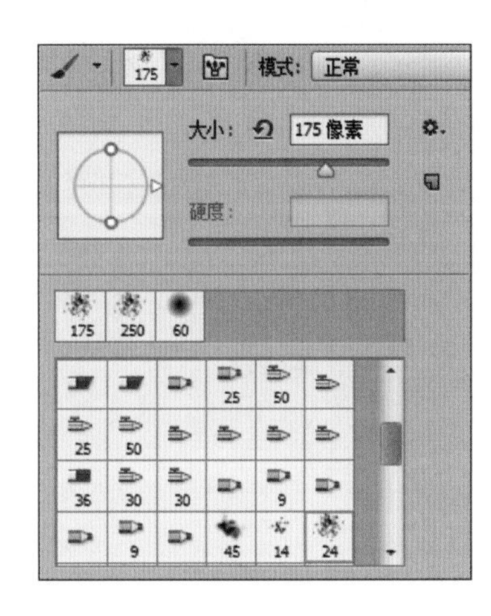

图 11.25

(9) 确认“前景色”为“白色”,在“舞台”中根据自己的需要进行涂抹,使“人物”图层的图像显现出来,如图 11.26 所示。

图 11.26

(10) 在画笔样式中换一种画笔，选择“粉笔 60 像素”(![60])，按]键将画笔大小放大到合适的程度，同样在“舞台”上进行小范围的涂抹，使边缘有多种样式。可以根据自己的需要每次换不同的“画笔样式”。

11.5 混合器画笔工具

视频讲解

混合器画笔工具可以混合像素，它能模拟真实的绘画技术，如混合画布上的颜色、组合画笔上的颜色，以及在描边过程中使用不同的绘画湿度。混合器画笔有两个绘画色管(一个储槽和一个拾取器)。

储槽存储最终应用于画布的颜色，并且具有较多的油彩容量。拾取色管接收来自画布的油彩，其内容与画布颜色是连续混合的。图 11.27 所示为混合器画笔的工具选项栏。

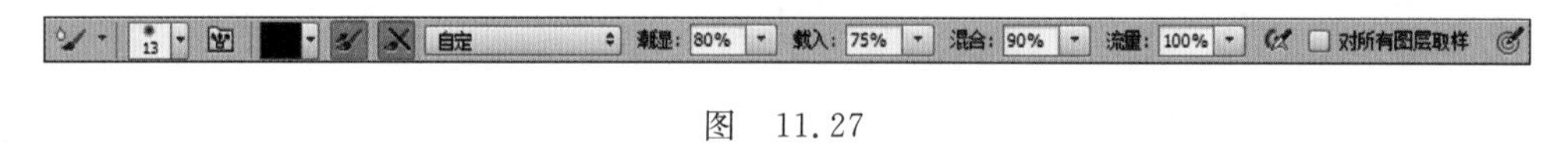

图 11.27

当前画笔载入下拉菜单：单击按钮可以弹出一个下拉菜单，如图 11.28 所示。使用混合器画笔工具时，按住 Alt 键单击图像，可以将光标下方的颜色(油彩)载入储槽。如果选择“载入画笔”选项，可以拾取光标下方的图像。此时画笔笔尖可以反映出取样区域中任何颜色变化；如果选择“只载入纯色”选项，则可拾取单色，此时画笔笔尖的颜色比较均匀。如果要清除画笔中的油彩，需选择“清理画笔”选项。

预设：它提供了“干燥”“潮湿”等预设的画笔组合，如图 11.29 所示。

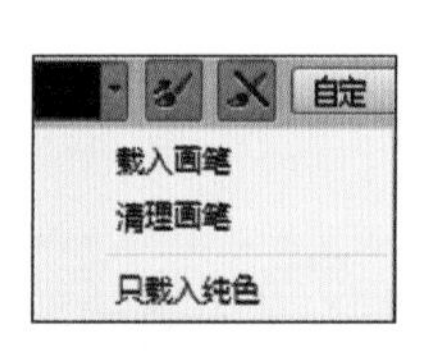

图 11.28

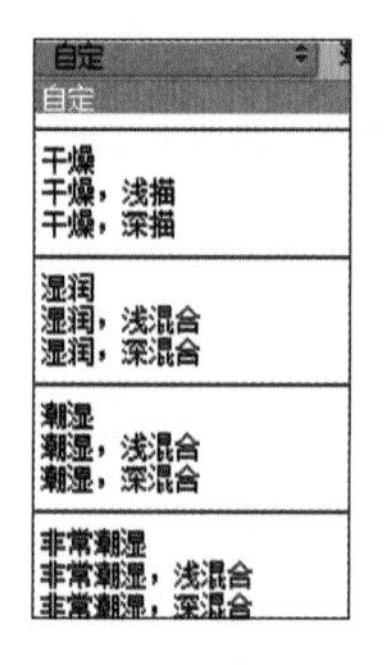

图 11.29

自动载入、**清理**：按下按钮，可以使光标下的颜色与前景色混合；按下按钮，可以清理油彩。如果要在每次描边后执行这些命令，可以按下这两个按钮。

潮湿：可以控制画笔从画布拾取的油彩量。较高的设置会产生较长的绘画条痕。

载入：用来制定储槽中载入的油彩量。当载入速率较低且比例为 100%时，所有油彩将从画布中拾取；比例为 0%时，所有油彩都来自储槽。

对所有图层取样：拾取所有可见图层中的画布颜色。

11.5.1 体验潮湿画笔选项

画笔的效果是由工具选项栏中的潮湿、载入、混合字段决定的。其中，潮湿决定了画笔笔尖从画布采集的颜料量，下面先来感受下“潮湿”画笔选项。

(1) 打开“11Lesson/范例/11Start”文件夹中的“11 范例 2Start(CC 2017)”文件。

CS6 2015 使用 Photoshop CS6 软件版本的读者请打开“11Lesson/范例/11Start”文件夹中的“11 范例 2Start(CS6). psd”文件；使用 Photoshop CC 2015 软件版本(包括 Photoshop CC 2014、Photoshop CC 2016)的读者请打开“11Lesson/范例/11Start”文件夹中的“11 范例 2Start(CC 2015). psd”文件。

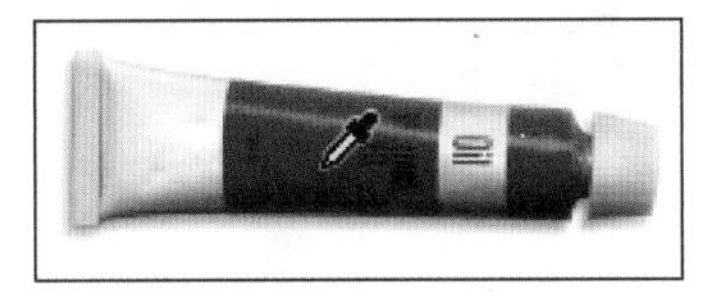

图　11.30

(2) 选择“混合画笔”图层，在工具箱中选择“混合器画笔工具”，“画笔样式”为“柔边圆”，单击“颜色”，在弹出的“拾色器”对话框中，用“滴管”选择红色颜料管上的红色部分，如图 11.30 所示，取消选中“每次描边后清理画笔”复选框，设置预设为“干燥”，“潮湿”为 0%，“载入”为 50%，“流量”为 100%，如图 11.31 所示。

图　11.31

注意：通过按住 Alt 键并单击从画布上采集颜色时，将采集到取样区域的颜色变化。如果只想采集纯色，应从选项栏中选择当前画笔载入下拉菜单中的“只载入纯色”，如图 11.32 所示。

载入画笔
清理画笔
只载入纯色

图　11.32

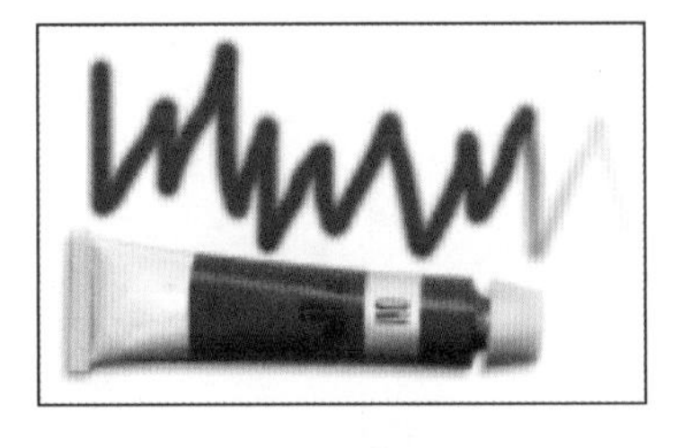

图　11.33

(3) 在这种干燥预设下绘制的颜色是不透明的，因此在干画布上不能混合颜色。下面在红色颜料罐上方绘画。开始出现的是纯红色，随着在不松开鼠标的情况下不断绘画，颜料将逐渐变淡，最终因存储的颜料耗尽而变成无色，如图 11.33 所示。

(4) 用同样的方法，设置“颜色”为蓝色颜料罐上的颜色，“画笔样式”为“圆扇形细硬毛刷”，设置预设为“潮湿”，注意选中“对所有图层取样”复选框，其他设置如图 11.34 所示。

图　11.34

(5) 在蓝色颜料罐上方绘画，颜料将与白色背景混合，如图 11.35 所示。在工具选项栏中设置预设为“干燥”，并在蓝色颜料罐上方绘画，出现的蓝色更暗，更不透明，且不与白色背景混合。

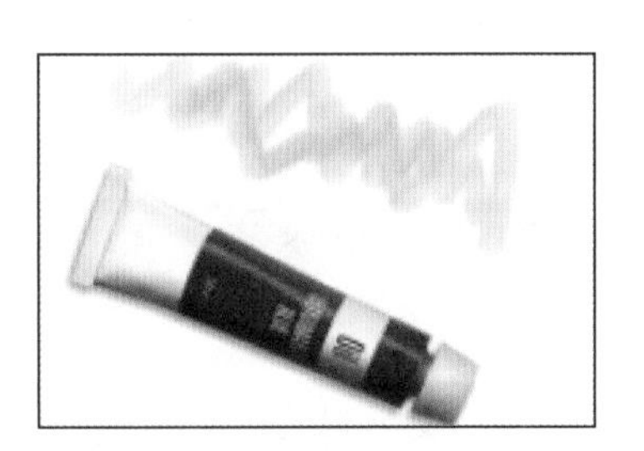

图　11.35

(6) 单击“切换画笔面板”按钮，将“硬毛刷”降低到 40%，如图 11.36 所示。再使用蓝色进行绘画，并观察纹理有何不同，可以发现描边中的硬毛明显增多，如图 11.37 所示。

(7) 从黄色颜料罐上采集黄色，在画笔面板中选择“画笔样式”为“平点”(![36])。在工具选项栏中设置预设“湿润”,再在黄色颜料罐上方绘画,注意到颜色与白色背景混合了,如图 11.38 所示。

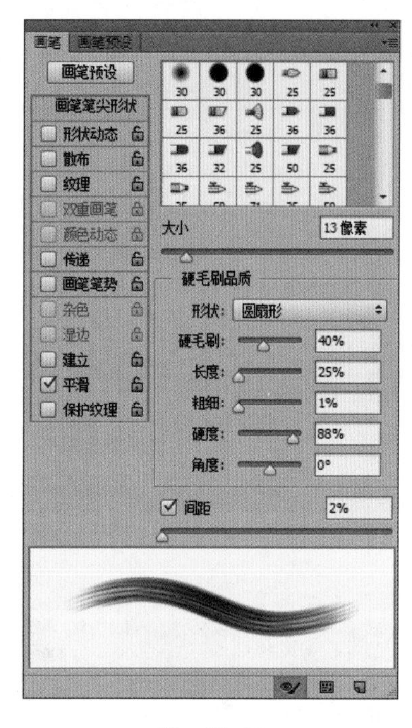

图 11.36

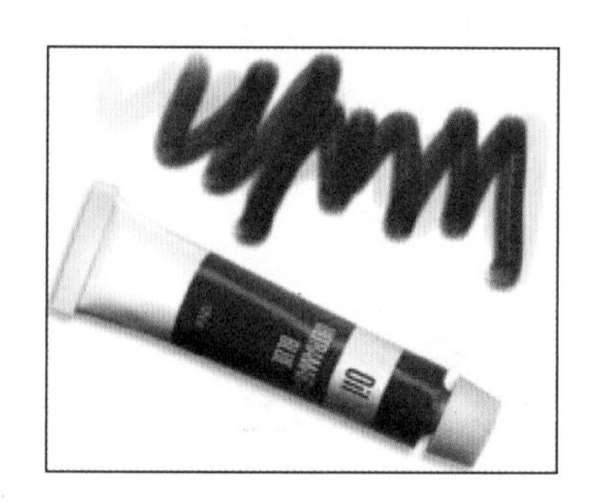

图 11.37

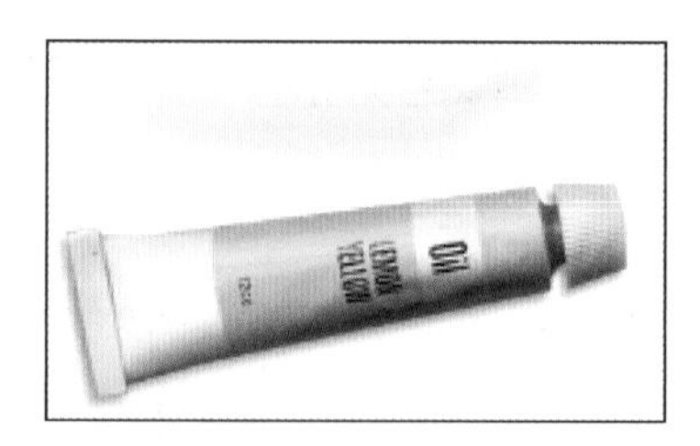

图 11.38

11.5.2 使用侵蚀画笔

使用“侵蚀画笔”时,画笔的宽度随着绘制而改变。“侵蚀画笔”在“画笔”面板中用铅笔图标来表示,因为在显示画布中铅笔和粉彩都有侵蚀笔尖。

(1) 在绿色颜料罐上采集绿色,在工具选项栏中设置预设为“干燥,深描”,其他选项为系统默认,如图 11.39 所示。

(2) 在“画笔”面板中选择“画笔样式”为“侵蚀点”(![25])(任何带有侵蚀铅笔图标的笔尖都可),然后在“形状”下拉列表中选择“侵蚀点”。将画笔的“大小”设置为“30 像素”,“柔和度”为 100%,如图 11.40 所示。

干燥，深描

图 11.39

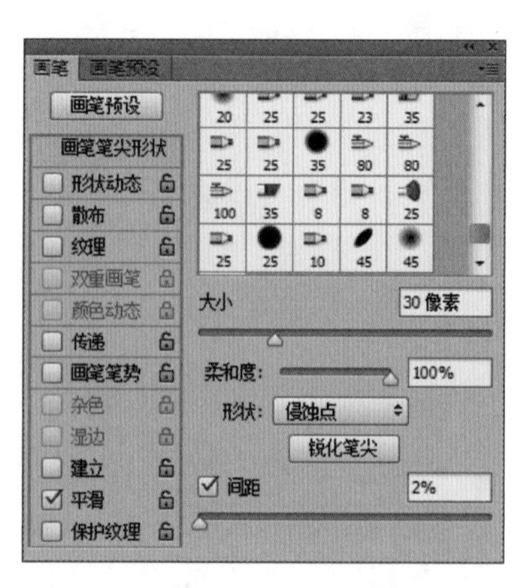

图 11.40

(3) 在绿色颜料罐上方绘制一条锯齿形线条,如图11.41所示,该线条随着笔尖侵蚀越来越粗。

(4) 单击"锐化笔尖"按钮,然后在刚刚绘制的线条旁边再绘制一条线,笔尖越尖,绘制的线条越细,如图11.42所示。

注意:要单击"侵蚀铅笔"图标,不然"锐化笔尖"按钮不会显现。

图 11.41

(5) 在"形状菜单"中选择"侵蚀三角形",并用它绘制一条锯齿形线条,如图11.43所示。

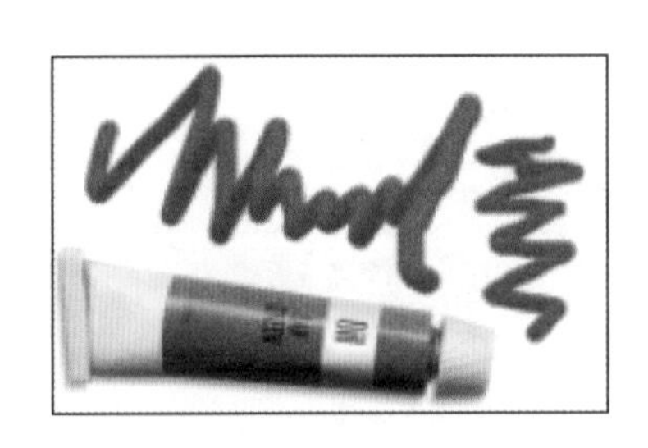

图 11.42

图 11.43

11.5.3 混合颜色

前面使用了湿画笔和干画笔,修改了画笔设置并混合了颜料与背景色。下面将注意力转向在调色板中添加颜料以混合颜色。

(1) 在"图层"面板上选择"混合画笔"图层。使用"吸管工具"从红色颜料罐上采集红色,在"画笔"面板中选择"圆钝形"画笔(25)。在"工具选项栏"中设置预设为"潮湿",取消选中"对所有图层取样"复选框,其他选项为默认,如图11.44所示,并在调色板中最上面的圆圈内绘画,如图11.45所示。

图 11.44

(2) 从蓝色颜料罐上采集蓝色,再在同一个圆圈内绘画蓝色,将与红色混合得到紫色,如图11.46所示。

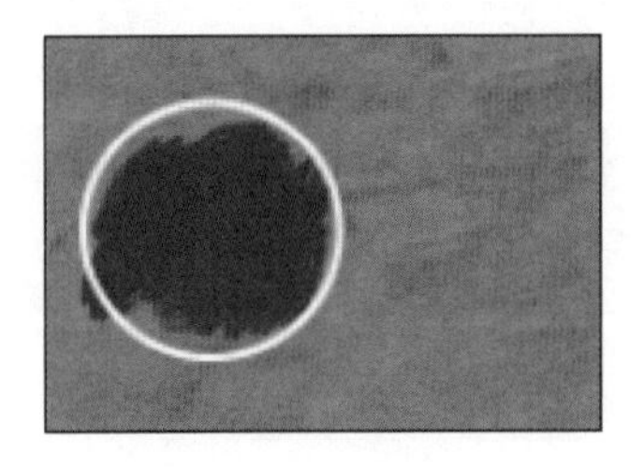

图 11.45

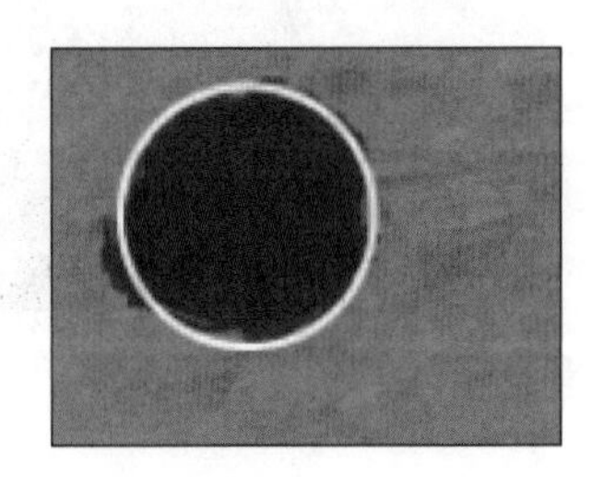

图 11.46

（3）在下一个圆圈内绘画颜色仍为紫色，因为在清理前画笔将残留原来的颜色。在工具选项栏中，在颜色的下拉菜单中选择“清理画笔”，如图 11.47 所示，预览将变成透明的，这表明画笔没有载入颜色。

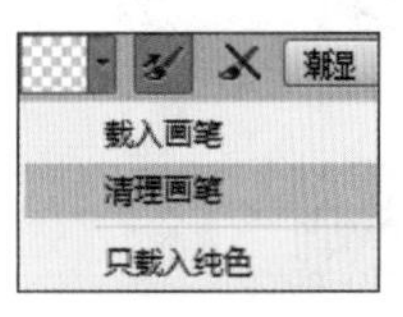

图 11.47

注意：如果想让 Photoshop 在每次描边后清理画笔，可选择工具选项栏中的“每次描边后清理画笔”按钮，要在每次描边后载入“前景色”，可按下选项栏中的载入画笔图标。默认情况下，这两个选项都选中。

（4）在工具选项栏中，在颜色的下拉菜单中选择“载入画笔”，单击“每次描边后清理画笔”按钮，给画笔载入蓝色颜料。在下一个圆圈中的上半部分绘画，结果为蓝色。

（5）从黄色颜料罐上采集黄色，并使用潮湿画笔在蓝色上绘画，将混合这两种颜色，如图 11.48 所示。

（6）使用黄色和红色颜料在最后一个圆圈中绘画，生成一种橘色，如图 11.49 所示。

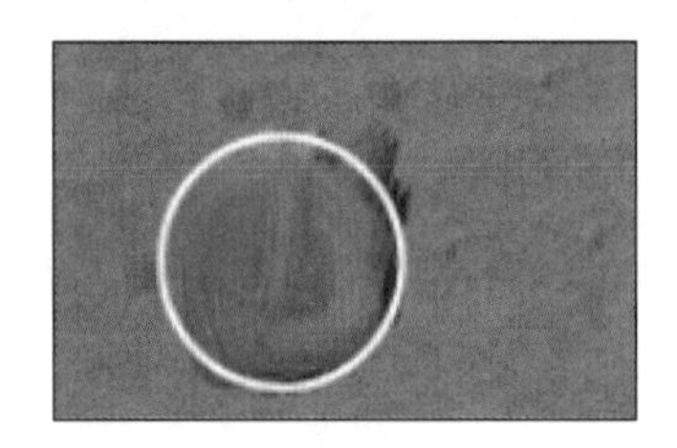

图 11.48

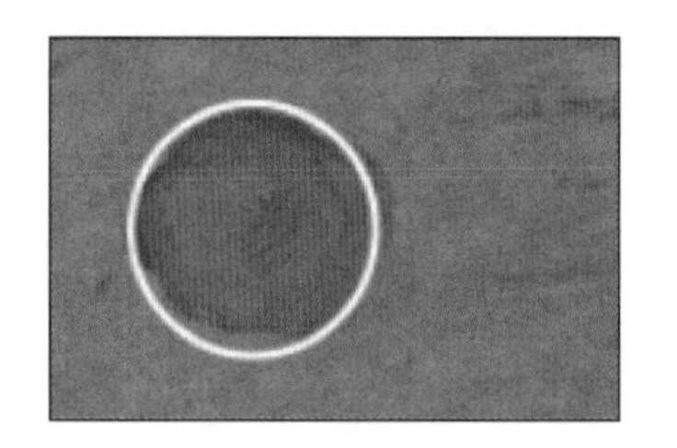

图 11.49

（7）保存文件。

到目前为止，对于“混合器画笔”的知识已经有了初步的了解，下面回到本章范例 1 中对整体再次进行修改添加。

（1）回到范例 1 中，选择“混合器画笔”图层，在工具箱中选择“混合器画笔”工具。设置“画笔样式”为“大油彩蜡笔”（ ），大小为 300 像素，“当前画笔载入颜色”为 49a5b9（见图 11.50），预设为“湿润”，“潮湿”为 10%，“载入”为 5%，“混合”为 50%，“流量”为 100%（见图 11.51）。

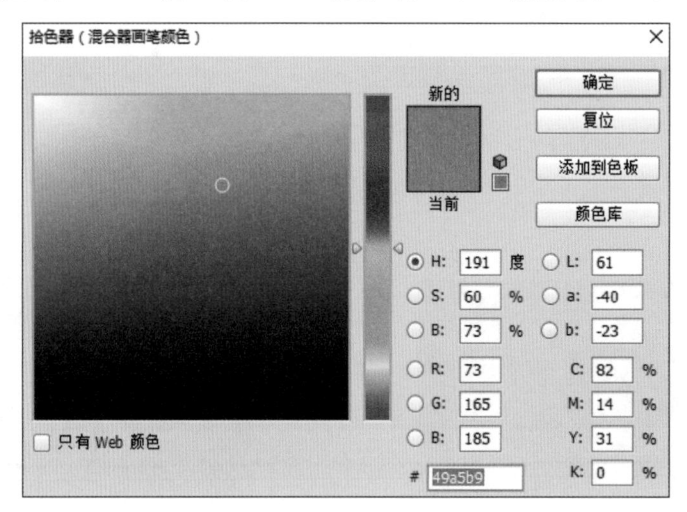

图 11.50

图　11.51

（2）用“混合器画笔”在“混合器画笔”图层中进行涂抹，主要在之前画笔形成的边缘进行涂抹，以产生不同的颜色。

（3）改变“颜色”，分别改为 e898c3 和 e9e388，再次进行小部分涂抹，效果如图 11.52 所示。

图　11.52

（4）选择“人物”图层，在菜单栏中选择“滤镜”→“滤镜库”命令，选择“艺术效果”→“干画笔”滤镜，设置“画笔大小”为 0，“画笔细节”为 9，“纹理”为 1，如图 11.53 所示。

图　11.53

(5) 在工具箱中选择“横排文字工具”，在图层上方拉出文本框，输入 Photoed By Echo In Jeju，设置“颜色”为“白色”，“大小”为 24 点，“字体样式”为 Brush Script MT Italic，如图 11.54 所示。

图 11.54

(6) 将文字放入图像的中上方至“中心对齐”的“红线”出现，如图 11.55 所示。

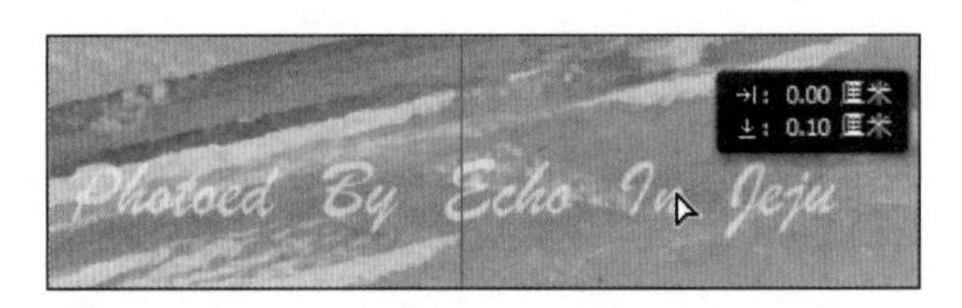

图 11.55

(7) 选择“文字”图层，将其“不透明度”改为 56%。

(8) 选择“纸纹”图层，在工具箱中选择“矩形选框工具”，在画布上选择合适范围，在菜单栏中选择“图像”→“裁剪”命令，裁取合适大小。

(9) 按 Ctrl+S 组合键保存文件。

作业

一、模拟练习

打开“11Lesson/模拟/11Complete”文件目录，选择“11 模拟(CC 2017).psd”文件进行浏览(使用 Photoshop CS6 和 Photoshop CC 2017 软件的请打开对应的模拟练习案例，使用 Photoshop CC 2016 和 Photoshop CC 2015 软件的可打开 Photoshop CC 2015 案例文件)。根据本章所述知识，使用“素材”文件夹中的文件制作一个类似的作品。作品资料已完整提供，获取方式见前言。

提示：

(1) 不同样式的画笔可以自行选择。

(2) 注意要使边缘分明以使效果更好，也可适当调整画笔大小。

二、自主创意

针对某一个背景图片文件，应用本章所学习知识，尽量使用到本章所介绍的工具进行自主创意设计作品。

三、理论题

1. 简述“前景色”与“背景色”的区别。
2. 简述“画笔工具”的使用原理。
3. 简述“混合器画笔工具”的使用原理。

第12章

处理3D图像

本章学习内容

(1) 从图层中创建 3D 形状。

(2) 导入 3D 对象。

(3) 创建 3D 文本。

(4) 创建 3D 明信片。

(5) 编辑 3D 纹理。

(6) 3D 场景的渲染与存储。

完成本章的学习需要大约 90 分钟，相关资源获取方式见前言和第 1 章中的描述。

知识点

由于本书篇幅有限，下面的知识点并非在本章中都有涉及或详细讲解，在本书的资源网站有详细的资料，欢迎登录学习。

3D 绘画	基础 3D 概念和工具	3D 面板设置	打印 3D 对象
合并和转换 3D 对象	3D 纹理编辑	3D 渲染和存储	创建 3D 对象和动画

本章案例介绍

范例

本章范例是利用 Photoshop 中的 3D 技术，为一个海边露天阳台设置 3D 桌椅及摆件。本章范例将涉及创建 3D 形状、导入 3D 文件、创建 3D 文本、调整对象在场景中的位置、应用材质等知识内容。案例效果如图 12.1 所示。

模拟

本章模拟案例是一个葡萄酒庄的场景设计，如图 12.2 所示，用于练习本章所讲的 3D 图像的创建知识内容。

图 12.1

图 12.2

12.1 预览完成的作品

视频讲解

在本章案例中，将利用 3D 图像技术为场景添加 3D 对象。首先，预览制作完成的场景文件，如图 12.1 所示。

(1) 选择“12Lesson/范例/12Complete/12 范例 Complete(CC 2017). psd”文件，右击，在弹出的快捷菜单中选择“打开方式”→“Adobe Photoshop CC 2017”命令，对场景文件进行预览。

(2) 关闭当前打开的“12 范例 Complete(CC 2017). psd”文件。

CS6 2015 使用 Photoshop CS6 软件版本的读者请打开"12Lesson/范例/12Complete"文件夹中的"12 范例 Complete(CS6).psd"文件；使用 Photoshop CC 2016 和 Photoshop CC 2015 软件版本的读者请打开"12Lesson/范例/12Complete"文件夹中的"12 范例 Complete(CC 2015).psd"文件。

12.2 基本 3D 概念

Photoshop 中的 3D 功能能让用户轻松地创建复杂的 3D 图像，还能对其进行修复。了解 3D 功能的一些基础概念能帮助我们更快地熟悉和掌握 3D 图像的处理方法。

12.2.1 3D 文件

3D 文件的基本组件主要包括网格、材质和光源。

网格：提供 3D 模型的底层结构。通常，网格看起来是由成千上万个单独的多边形框架结构组成的线框。3D 模型通常至少包含一个网格，也可能包含多个网格。在 Photoshop 中，可以在多种渲染模式下查看网格，还可以分别对每个网格进行操作。如果无法修改网格中实际的多边形，则可以更改其方向，并且可以通过沿不同坐标进行缩放以变换其形状。还可以通过使用预先提供的形状或转换现有的 2D 图层，创建自己的 3D 网格。

材质：一个网格可具有一种或多种相关的材质，这些材质控制整个网格的外观或局部网格的外观。这些材质依次构建于被称为纹理映射的子组件，它们的积累效果可创建材质的外观。纹理映射本身是一种 2D 图像文件，它可以产生各种品质，例如颜色、图案、反光度或崎岖度。Photoshop 材质最多可使用 9 种不同的纹理映射来定义其整体外观。

光源：类型包括无限光、点测光、点光以及环绕场景的基于图像的光。可以移动和调整现有光照的颜色和强度，并且可以将新光照添加到 3D 场景中。

12.2.2 3D 对象和相机工具

选定 3D 图层时，会激活 3D 对象和相机工具。使用 3D 对象工具可更改 3D 模型的位置或大小；使用 3D 相机工具可更改场景视图。如果系统支持 OpenGL，还可以使用 3D 轴来操作 3D 模型和相机。3D 轴的具体内容在案例中会具体讲解。

视频讲解

12.3 创建 3D 形状

Photoshop 中已经包含了一些日常 3D 形状预设，可以通过这些预设创建简单的 3D 形状。这些形状包括圆环、球面或帽子等单一网格对象，以及锥形、立方体、圆柱体、易拉罐或酒瓶等多网格对象。从图层创建 3D 图像时，Photoshop 会把图层贴到预设的 3D 图像上。

下面首先创建一个立体环绕的大理石桌。将大理石材质图片贴到 3D 图像上去。

(1) 打开"12 范例 Start(CC 2017).psd"文件。

(2) 在"图层"面板中，使"大理石"图层可见，然后将其选中，如图 12.3 和图 12.4 所示。

图 12.3

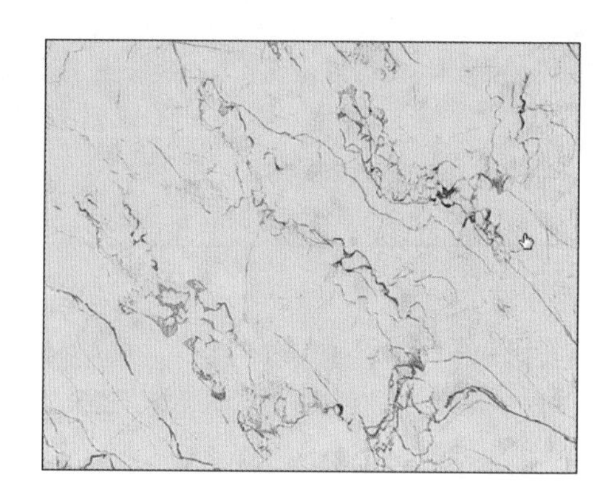

图 12.4

（3）选择 3D→“从图层新建网格”→“网格预设”→“立体环绕”命令，大理石图片将会被贴到 3D 图像上，如图 12.5 所示。

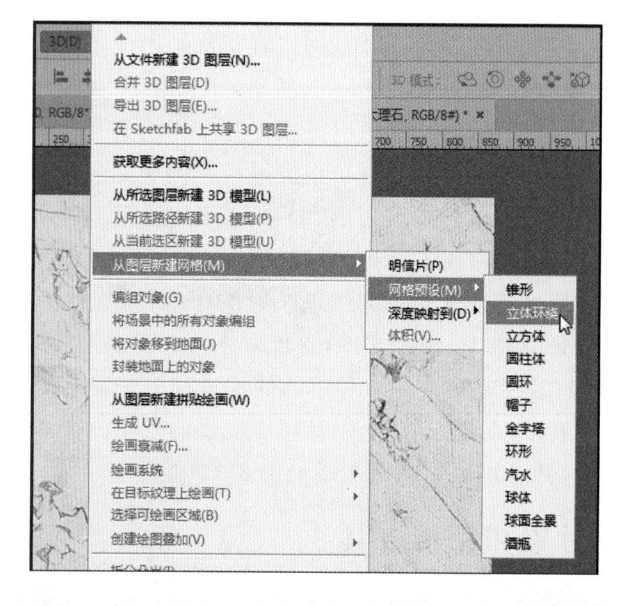

图 12.5

当前显示的是从正面看到的立方体。3D 工作区中包含了 3D 面板、“图层”面板和“属性”面板。

(4) 选择“文件”→“存储”命令，保存文件，以方便对 3D 对象进行多次操控。

12.4　使用 3D 工具

在“图层”中选择 3D 图层后，即可利用“3D 工具”，旋转 3D 对象，调整大小和位置。

在工具箱中选择“移动工具”。可以在工具选项栏中看到 3D 工具，如图 12.6 所示。

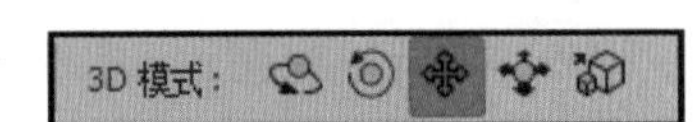

图　12.6

“旋转 3D 对象”工具()：选择该工具，选择 3D 对象，左右移动可以使对象绕 y 轴旋转，上下移动可以使对象绕 x 轴旋转，如图 12.7 所示。

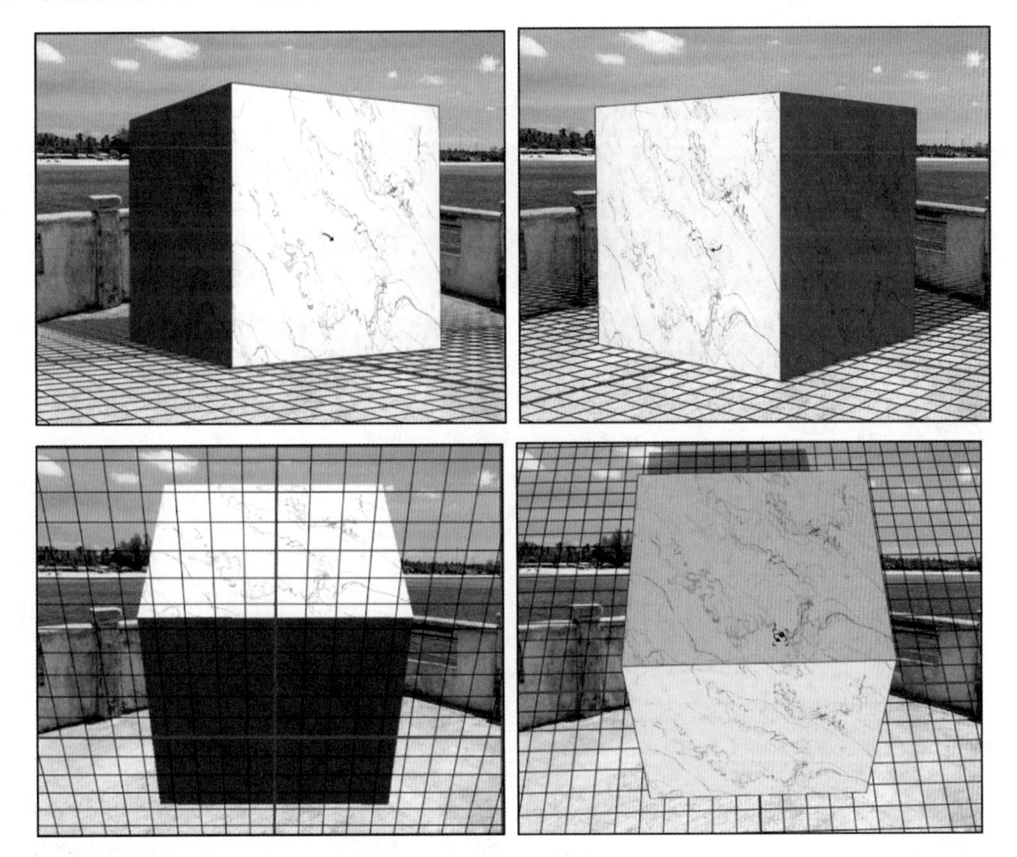

图　12.7

“滚动 3D 对象”工具()：选择该工具，在 3D 对象两侧拖动可使模型围绕 z 轴旋转。

“拖动 3D 对象”工具()：选择该工具，在 3D 对象两侧拖动可沿水平方向移动模型，上下拖动可沿垂直方向移动模型，按住 Alt 键的同时拖动可使模型沿着 x 或 z 轴方向移动。

“滑动 3D 对象”工具()：选择该工具，在 3D 对象两侧拖动可沿水平方向移动模型，上下拖动可将模型移近或者移远。按住 Alt 键的同时拖动可使模型沿着 x 或 y 轴方向移动。

“缩放 3D 对象”工具( )：选择该工具，单击 3D 对象并上下拖动可以放大或缩小模型，按住 Alt 键的同时拖动可使模型沿着 z 轴方向缩放。

可以自行尝试使用这些 3D 工具，增加熟练度。

12.5 使用 3D 轴调整 3D 图像

视频讲解

选择 3D 对象后，画面会出现 3D 轴(见图 12.8)，它显示了 3D 空间中的模型在当前 x 轴、y 轴和 z 轴的方向。将光标放在 3D 轴的控件上可以使其高亮显示。然后单击并拖动鼠标即可移动、旋转和缩放 3D 对象。

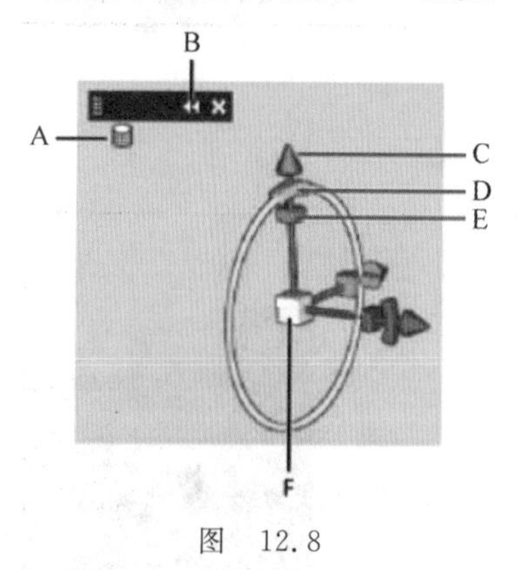

图 12.8

A—选定工具；B—最小化或最大化 3D 轴；C—沿着轴移动项目；D—旋转项目；E—压缩或拉长项目；F—调整项目大小

移动、旋转或缩放选定项目要使用 3D 轴，将鼠标指针移到轴控件上方，使其高亮显示，然后按如下方式进行拖动。

沿着 x 轴、y 轴或 z 轴移动选定项目：高亮显示任意轴的锥尖，以任意方向沿轴拖动。

旋转项目：单击轴尖内弯曲的旋转线段，将出现显示旋转平面的黄色圆环。围绕 3D 轴中心沿顺时针或逆时针方向拖动圆环。要进行幅度更大的旋转，可将鼠标指针向远离 3D 轴的方向移动。

调整项目的大小：向上或向下拖动 3D 轴中的中心立方体。

沿轴压缩或拉长项目：将某个彩色的变形立方体朝中心立方体拖动，或拖动其远离中心立方体。

将移动限制在某个对象平面：将鼠标指针移动到两个轴交叉(靠近中心立方体)的区域。两个轴之间出现一个黄色的“平面”图标。向任意方向拖动即可激活“平面”图标。还可以将指针移动到中心立方体的下半部分，从而激活“平面”图标。

下面返回范例。

(1) 将鼠标放在控件中间，待周围出现“平均缩放”字样，即可拖动，使大理石立方体缩小，如图 12.9 所示。

图 12.9

(2) 将鼠标指针放置在“沿 X 轴缩放”控件上，此时该控件显示高亮，沿 x 轴拖动使其变成长方体，如图 12.10 所示。

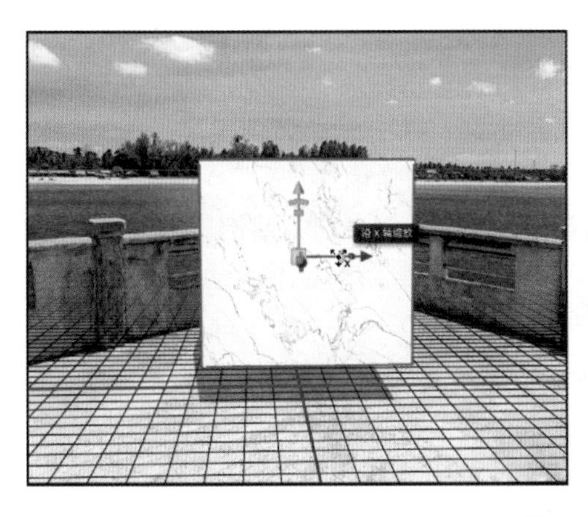

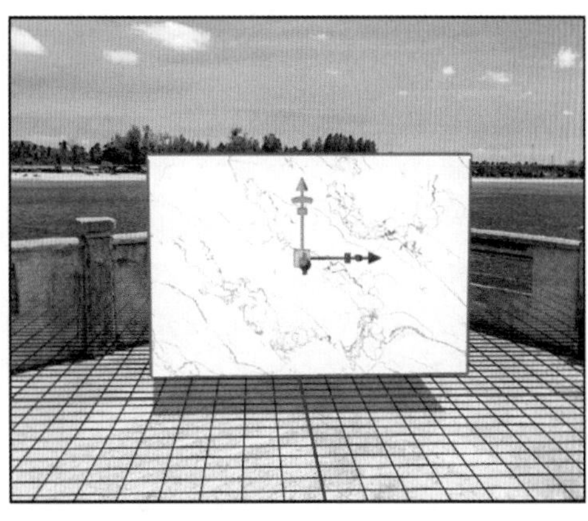

图 12.10

(3) 将鼠标指针放置在“围绕 Y 轴旋转”控件上，此时该控件显示高亮，沿 x 轴拖动使其旋转，如图 12.11 所示。

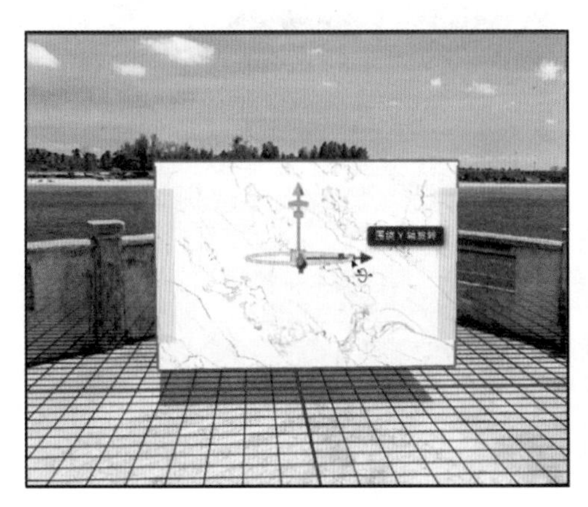

图 12.11

(4) 综合运用移动和旋转控件使大理石桌的位置如图 12.12 所示。

图 12.12

12.6 导入 3D 文件

视频讲解

在 Photoshop 中可以导入或打开 3D 文件，对其进行处理加工。Photoshop 可以打开下列 3D 格式：DAE (Collada)、OBJ、3DS、U3D 以及 KMZ (Google Earth)。

单独打开 3D 文件：选择“文件”→“打开”命令，然后选择该文件。

在打开文件中将 3D 文件添加为图层：选择 3D→“从 3D 文件新建图层”命令，然后选择该 3D 文件。

此处需要将 3D 文件添加为图层，导入到项目中。

(1) 选择 3D→“从 3D 文件新建图层”命令，然后选择“12Lesson/范例/12Start”文件夹中的“椅子.3DS”文件。新图层将反映已打开文件的尺寸，单击“确定”按钮。该 3D 模型将会在背景中显示出来，如图 12.13 所示。

(2) 利用 3D 轴调整椅子的位置和大小，效果如图 12.14 所示。

图 12.13

图 12.14

(3) 选择“文件”→“存储”命令，保存文件。

12.7 3D 纹理编辑

视频讲解

可以使用 Photoshop 的绘画工具和调整工具来编辑 3D 文件中包含的纹理，或创建新纹理。纹理作为 2D 文件与 3D 模型一起导入。它们会作为条目显示在“图层”面板中，嵌套于 3D 图层下方，并按散射、凹凸、光泽度等映射类型编组。

这里将创建一个红酒瓶的 3D 图形，并为其编辑纹理。

(1) 在“图层”面板中，使“酒瓶标签”图层可见，并选中该图层，如图 12.15 所示。

(2) 选择 3D→“从图层新建网格”→“网格预设”→“酒瓶”命令，场景中将出现带有标签的酒瓶 3D 图像，如图 12.16 所示。

注意：在 Photoshop CS6 中将标签自由变换顺时针旋转了 90°，达到该效果。

(3) 在 3D 面板中选择“标签材质”，单击“属性”面板中的图标，从下拉列表中选择“编辑 UV 属性”命令，如图 12.17 所示。

图　12.15

图　12.16

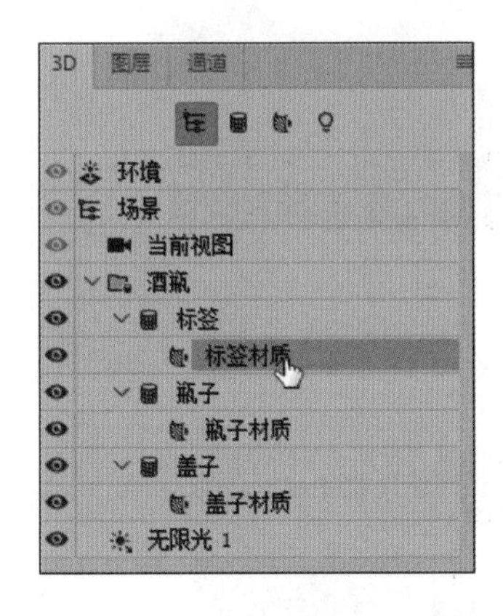

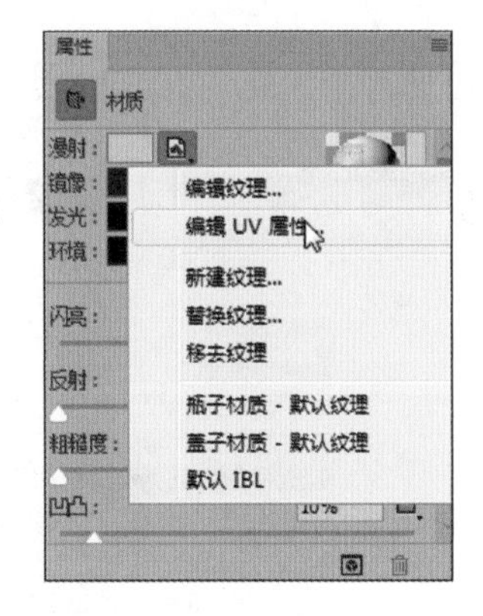

图　12.17

(4) 在弹出的“纹理属性”对话框中，调整纹理大小和位置，设置如图 12.18 所示，然后单击“确定”按钮。

(5) 在 3D 面板中选择“瓶子材质”，单击“属性”面板中的“漫射”颜色块打开“拾色器”对话框，将酒瓶的颜色调整为略深的酒红色，然后单击“确定”按钮，如图 12.19 所示。

纹理属性
名称: 标签材质 - 默认纹理.psd
纹理: 标签材质 - 默认纹理.psd
可见: 复合
缩放
U/X: 100%
V/Y: 128.2%
平铺
U/X: 1
V/Y: 0.77
位移
U/X: 0%
V/Y: 9.89%
应用到匹配的纹理
取消 确定

图 12.18

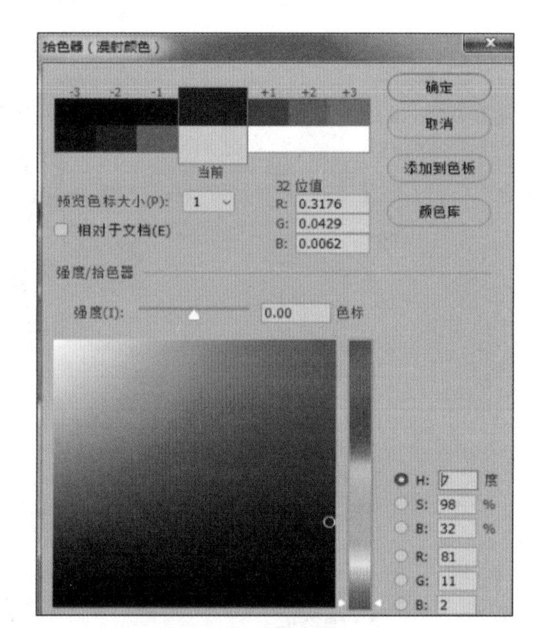

图 12.19

(6) 在3D面板中选择“盖子材质”,为其贴上预设中的“巴沙木”材质,最后效果如图12.20所示。

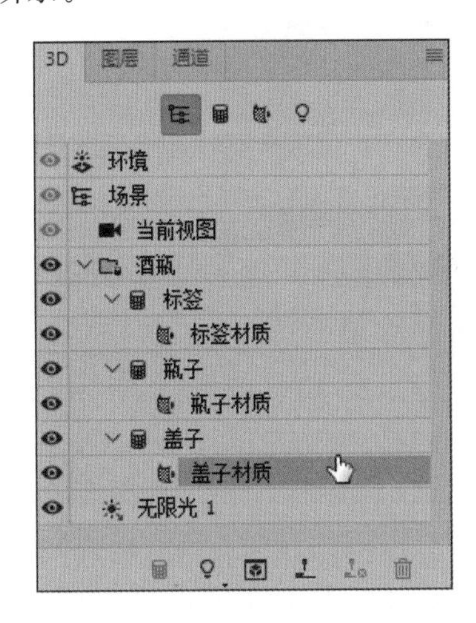

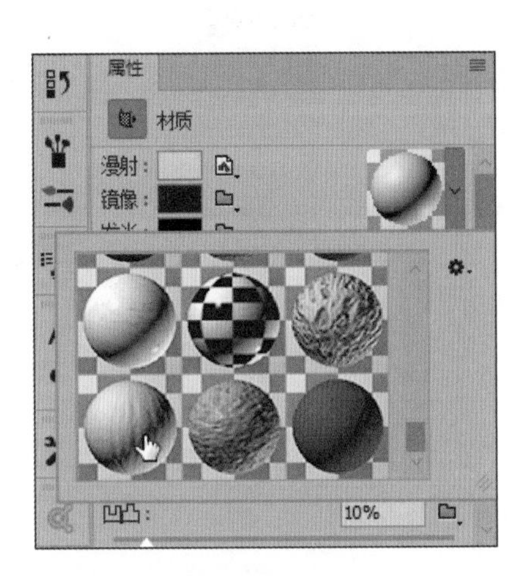

图 12.20

(7) 选择“文件”→“存储”命令,保存文件。

12.8 创建3D明信片

视频讲解

在Photoshop中,能够将2D对象转化为3D明信片。

(1) 在“图层”面板中使“明信片”图层可见,并选中该图层。

(2) 选择3D→“从图层新建网格”→“明信片”命令,3D明信片出现在场景中,如图12.21所示。从正面看明信片与2D效果并没有很大区别,后面操作时就会发现是3D图像。

图 12.21

12.9 从选区创建 3D 对象

视频讲解

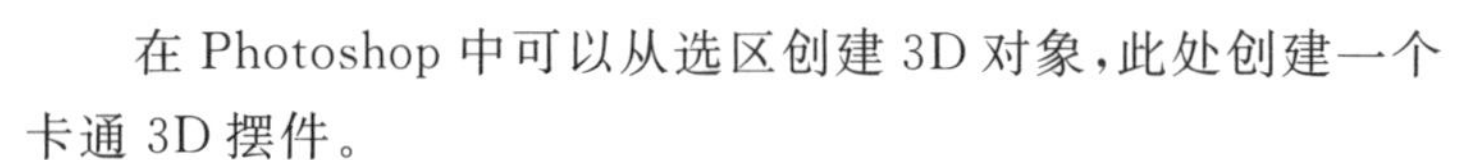

在 Photoshop 中可以从选区创建 3D 对象，此处创建一个卡通 3D 摆件。

(1) 在“图层”面板中使“卡通摆件”图层可见，并选中该图层。

(2) 在工具箱中选择“快速选择工具”，框选出卡通图，如图 12.22 所示。

图 12.22

(3) 选择“选择”→“新建 3D 模型”命令，或者选择 3D→“从当前选区新建 3D 模型”命令，即可从选区选定的图像中生成 3D 图像，用“旋转 3D 对象”工具调整对象的角度。此处可以先将之前制作好的酒瓶、明信片、椅子等图层隐藏，以方便观察，如图 12.23 所示。

(4) 利用 3D 轴使其沿 z 轴缩小，改变摆件的厚度，如图 12.24 所示。

图 12.23

图　12.24

(5) 选择“文件”→“存储”命令，保存文件。

12.10　创建 3D 文字

视频讲解

在 Photoshop 中同样可以创建 3D 文字，此处将创建 welcome 3D 字样。

(1) 在工具箱中选择“文本工具”(T)，然后在场景中输入 welcome，在“属性”面板中修改文字大小及颜色，如图 12.25 所示。

(2) 在工具选项栏中单击“从文本创建 3D”按钮 3D ，然后，利用 3D 轴调整文字大小，最终效果如图 12.26 所示。

(3) 将之前创建好的 3D 图像都显示出来，利用 3D 轴对所有对象进行调整，最终效果如图 12.27 所示。

图　12.25

图　12.26

图　12.27

12.11　为 3D 场景添加光照

视频讲解

在 3D 场景中可以调整场景的默认光源，还可自行添加新的光源。

(1) 选择“图层”面板中的“椅子”图层，在 3D 面板中，选择 Infinite Light 1。当创建 3D

对象时,会自动添加一个无限光源,选择该光源时场景中会出现光源控件,通过调整小球的位置,可以设置光照角度,移动大球可以改变光照范围,如图 12.28 所示。

图 12.28

(2) 将光源小球调整到 1 点钟方向,可以发现椅子部分会稍微变暗,如图 12.29 所示。

(3) 在光源上侧的白色圆形图标 上右击,设置光照颜色为金黄色,将“强度”调整为 50%,如图 12.30 所示。

图 12.29

图 12.30

(4) 在 3D 面板的底部单击“将新光照添加到场景”按钮 ,选择“新建无限光”,将光源小球调整到 11 点钟方向,让椅子的高光更加明显,如图 12.31 所示。

图 12.31

注意：在 Photoshop CS6 版本里“将新光照添加到场景”按钮为□。

(5) 在光源上侧的白色圆形图标□上右击，设置光照颜色为金黄色，将“强度”调整为50%。

(6) 在3D面板的底部单击“将新光照添加到场景”按钮□，选择“新建点光”，为场景添加点光。

(7) 选择“文件”→“存储”命令，保存文件。

12.12 3D 渲染和存储

视频讲解

完成3D文件的处理之后，可创建最终渲染，以产生用于Web、打印或动画的最高品质输出。最终渲染使用光线跟踪和更高的取样速率，以捕捉更逼真的光照和阴影效果。

使用最终渲染模式可以增强3D场景中的下列效果：基于光照和全局环境色的图像；对象反射产生的光照(颜色出血)；减少柔和阴影中的杂色。

最终渲染可能需要很长时间，具体取决于3D场景中的模型、光照和映射。

在“图层”面板中分别选中每个图层进行如下步骤。

(1) 在3D面板中选择“场景”。

(2) 单击“属性”面板下方的“渲染”按钮。Photoshop 开始渲染该场景，渲染可能需要很长时间。

(3) 编辑3D文件后，如果要保留文件中的3D内容，包括位置、光源、渲染模式等，可选择“文件”→“存储”命令，选择PSD、PDF或TIFF作为保存格式。

作业

一、模拟练习

打开“模拟”文件目录，选择“12Lesson/模拟/12Complete/12 模拟 Compelte(CC 2017).psd”文件进行浏览(使用 Photoshop CS6 和 Photoshop CC 2017 软件的请打开对应的模拟练习案例，使用 Photoshop CC 2016 和 Photoshop CC 2015 软件的可打开 Photoshop CC 2015 案例文件)。根据本章所述知识，完成3D场景的设计。作品资料已完整提供，获取方式见前言。

提示：

(1) 创建3D形状。

(2) 创建3D文字。

(3) 编辑3D纹理。

二、自主创意

针对本章所学创建3D对象的相关知识，也可结合课外相关知识，自主设计一个3D场景。

三、理论题

1. 如何使用3D对象和相机工具？
2. 简述3D文件的基本组件及其应用？
3. 如何使用3D轴调整3D图像？

第13章

处理用于Web的图像

本章学习内容

(1) 了解 Web 安全色。
(2) 切片工具创建切片。
(3) 切片选择工具修改切片。
(4) 导出 HTML 和图像。
(5) 使用 Zoomify。

完成本章的学习需要大约 2 小时，相关资源获取方式见前言和第 1 章中的描述。

知识点

由于本书篇幅有限，下面的知识点并非在本章中都有涉及或详细讲解，在本书的资源网站有详细的资料，欢迎登录学习。

Web 安全色	用户切片与自动切片	基于参考线创建切片	基于图层创建切片
划分切片	设置切片选项	导出 HTML 和图像	使用 Zoomify 功能

本章案例介绍

范例

本章范例学习在 Photoshop 中使用“切片工具”“切片选择工具”进行 Web 图像处理，单击链接导航可跳转到其他站点或页面，并激活内置的动画。通过添加链接到其他页面或站点的切片，可在 Photoshop 中处理用于 Web 的图像。范例效果如图 13.1 所示。

模拟

本章模拟案例是对于本章“切片工具”“切片选择工具”知识点的巩固应用，通过对页面中不同图像和导航的切片达到单击链接可跳转到不同页面的效果。案例效果如图 13.2 所示。

图　13.1

图　13.2

13.1 预览完成的文件

视频讲解

(1) 选择"13Lesson/范例/13Complete"中的 shouye. html 文件,双击打开,如图 13.3 所示。可以分别单击"资讯""荆楚""科普"来跳转到不同的页面。

图 13.3

(2) 关闭预览窗口。

13.2 了解 Web 安全色

Photoshop 的 Web 工具可以帮助设计和优化单个 Web 图形或整个页面布局,使创建网页的组件更加轻松。例如,使用图层和切片可以设计网页和网页界面元素;使用图层复合可以试验不同的页面组合或导出页面的各种变化形式;使用 Adobe Bridge 创建 Web 照片组,可以将图像快速转变为交互式网站;使用图层样式创建可用于导入 Dreamweaver 或 Flash 中的翻转文本或按钮图形。

颜色是网页设计的重要内容,然而计算机屏幕上显示的颜色却不一定都能够在其他系统上的 Web 浏览器中以同样的效果显示。为了使 Web 图形的颜色能够在所有的显示器上显示效果相同,在制作网页时需要使用 Web 安全颜色。

在"颜色"面板或"拾色器"面板中调整颜色时,如果出现警告图标,可以单击该图标,将当前颜色替换为最与其接近的 Web 安全颜色。也可以选中"只有 Web 颜色"复选框,以便始终在 Web 安全颜色模式下工作,如图 13.4 所示。

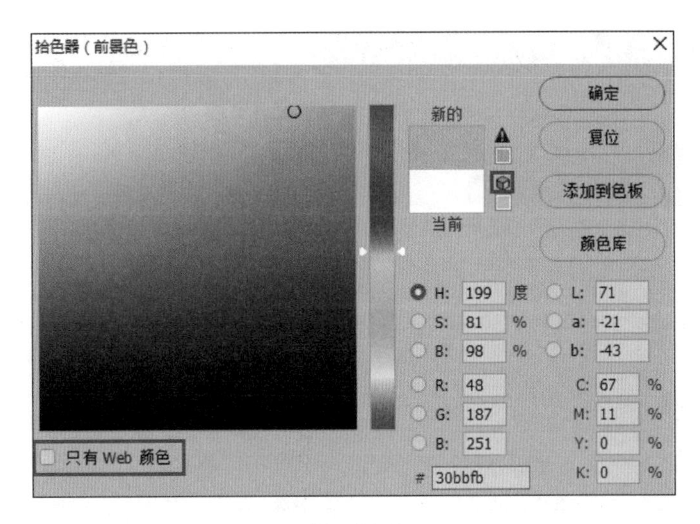

图　13.4

13.3　切片工具创建切片

视频讲解

在制作网页时，通常需要对页面进行分割，即制作切片。通常优化切片可以对分割的图像进行不同程度的压缩，使减少图像的下载时间。另外，还可以为切片制作动画、链接 URL 地址，或者使用它们制作翻转按钮等。

13.3.1　了解切片的类型

在 Photoshop 中，使用切片工具创建的切片称作用户切片，通过图层创建的切片称作“基于图层的切片”。

创建新的用户切片或基于图层的切片时，会生成附加的自动切片来占据图像的其余区域，自动切片可填充图像中用户切片或基于图层的切片未定义的空间。每次添加或编辑用户切片或基于图层的切片时，都会重新生成自动切片。

(1) 选择“13Lesson/范例/13Start”中的“13 范例 Start(CC 2017).psd”文件，右击，在弹出的快捷菜单中选择“打开方式”→Adobe Photoshop CC 2017，打开文件，如图 13.5 所示。

> CS6 2015 使用 Photoshop CS6 软件版本的读者请打开“13Lesson/范例/13Start”文件夹中的“13 范例 Start(CS6).psd”文件；使用 Photoshop CC 2016 和 Photoshop CC 2015 软件版本的读者请打开“13Lesson/范例/13Start”文件夹中的“13 范例 Start(CC 2015).psd”文件。

(2) 用户切片和基于图层的切片由实线定义，如图中的蓝色选框，而自动切片则由虚线定义，如图中的灰色选框。

(3) 观察“切片工具”的工具选项栏，如图 13.6 所示。

正常：可通过拖动鼠标自由定义切片的大小。

固定长宽比：输入切片的宽高比并按 Enter 键，可以创建具有固定长宽比的切片。

图 13.5

图 13.6

固定大小：输入切片的高度和宽度值，然后单击画面，可创建指定大小的切片。

在需要创建切片的区域上单击并拖出一个矩形框（可同时按住空格键移动定界框），放开鼠标即可创建一个用户切片，它以外的部分会生成自动切片。

使用技巧：按住Shift键拖动，可以创建正方形切片；按住Alt键拖动，可以从中心向外创建切片。

13.3.2 基于参考线创建切片

在菜单栏中选择“视图”→“标尺”命令，或按Ctrl+R组合键将显示“标尺”。

(1) 在“纵向标尺”中间单击并拖动会在图像中出现一条蓝色参考线，直到触及中央图像的左边缘松开，如图13.7所示。如果位置放置错误，可以单击“移动工具”( )拖动，或是将其拖回“标尺”中删除错误的参考线。

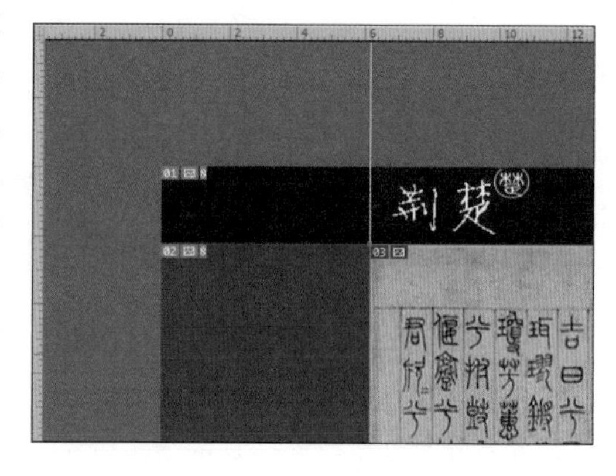

图 13.7

(2) 按照同样的方法将另一“参考线”拖动到图片右边边缘（见图13.8）的位置。

(3) 单击工具选项栏中的“基于参考线的切片”按钮，系统会自动为图像添加“用户切

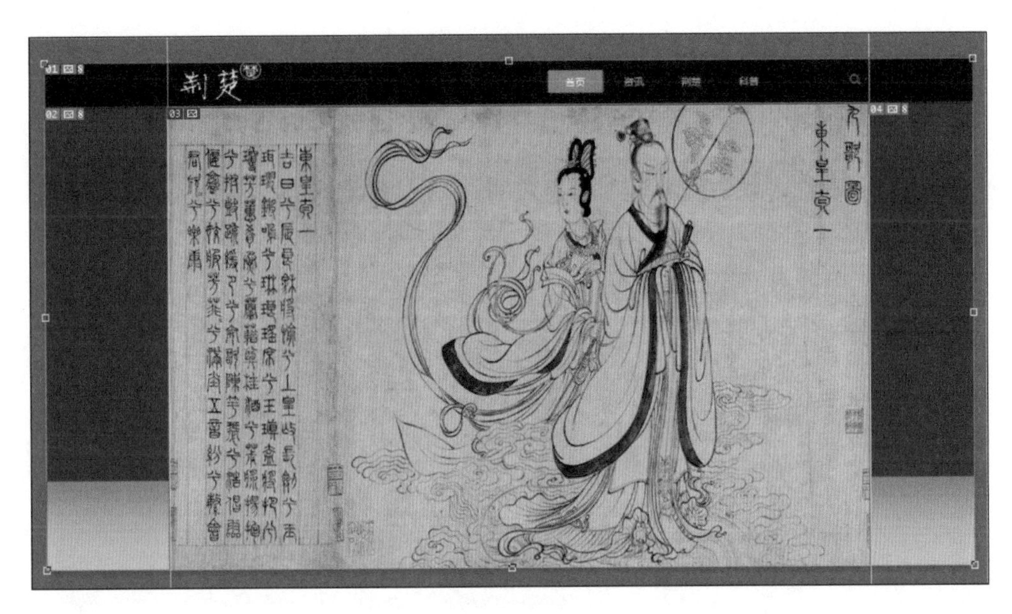

图 13.8

片”，并且重新按照从左到右、从上到下的顺序为切片命名，如图 13.9 所示。

图 13.9

（4）但是，在此案例中不需要用到基于参考线的切片，按 Ctrl+Z 组合键返回上一步。

13.3.3 基于图层创建切片

除了使用切片工具创建切片外，还可以基于图层来创建切片。基于图层创建切片的优点是 Photoshop 将根据图层的尺寸创建切片，并包括图层的所有像素数据。当编辑图层、移动图层或对其应用图层效果时，基于图层的切片将自动调整以涵盖图层的所有像素。

（1）在“图层”面板中选择“导航”图层。

(2) 在菜单栏中选择“图层”→“新建基于图层的切片”命令，系统会自动根据图层中的内容创建切片，切片中会包含该图层中的所有像素，同时会根据之前的切片重新命名，如图 13.10 所示。

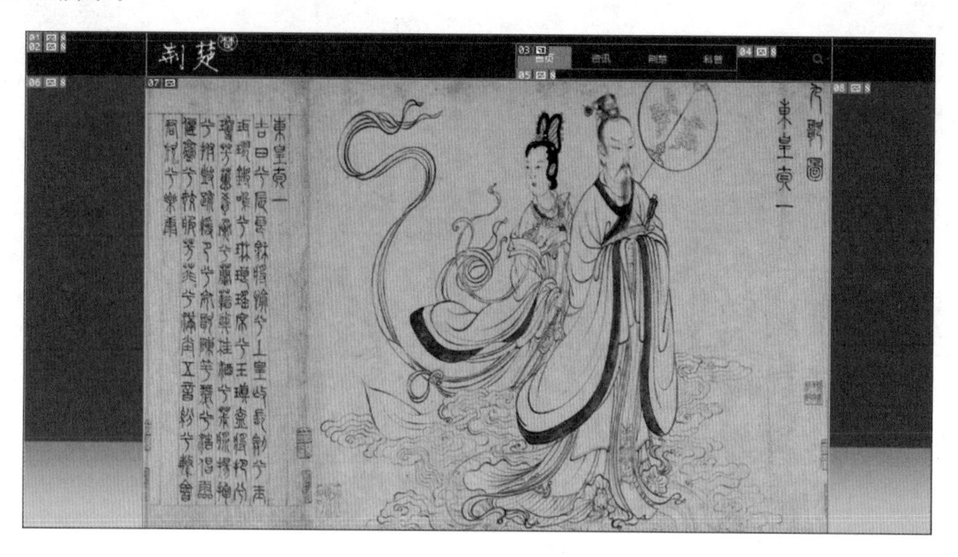

图 13.10

13.4 切片选择工具修改切片

视频讲解

在工具箱中选择“切片选择工具”，其工具选项栏如图 13.11 所示，它提供了可调整切片的堆叠顺序、对切片进行对齐与分布的选项。

图 13.11

调整切片堆叠顺序：在创建切片时，最后创建的切片是堆叠顺序中的顶层切片。当切片重叠时，可以单击该选项按钮，改变切片的堆叠顺序，以便能够选择到底层的切片。

- 单击置为顶层按钮( )：可将所选切片调整到所有切片之上。
- 单击前移一层按钮( )：可将所选切片向上层移动一个顺序。
- 单击后移一层按钮( )：可将所选切片向下层移动一个顺序。
- 单击置为底层按钮( )：可将所选切片调整到所有切片之下。

提升：单击该按钮，可以将所选的自动切片或图层切片转换为用户切片。

划分：单击该按钮，可以打开“划分切片”对话框对所选切片进行划分。

对齐与分布切片：选择了两个或多个切片后，单击相应的按钮可以让所选切片对齐或均匀分布，包括顶对齐( )、垂直居中对齐( )、底对齐( )、左对齐( )、水平居中对齐( )、右对齐( )；如果选择了 3 个或 3 个以上切片，可单击相应的按钮使所选切片按照一定的规则均匀分布，按钮包括顶分布( )、垂直居中分布( )、按底分布( )、按左分布( )、水平居中分布( )、按右分布( )。

隐藏自动切片：单击该按钮，可以隐藏自动切片。

设置切片选项(▤):单击该按钮,可在打开的“切片选项”对话框中设置切片的名称、类型并指定URL地址等。

13.4.1 转换为用户切片

基于图层的切片与图层的像素内容相关联,因此,在对切片进行移动、组合、划分、调整大小和对齐等操作时,唯一的方法是编辑相应的图层。如果想使用切片工具完成以上操作,则需要先将这样的切片转换为用户切片。此外,在图像中所有自动切片都链接在一起并共享相同的优化设置,如果要为自动切片设置不同的优化设置,必须先将其提升为用户切片。

使用“切片选择工具”选择03切片,单击工具选项栏中的“提升”按钮,即可将其转换为用户切片。

13.4.2 划分切片

(1) 使用“切片选择工具”选择名为03的切片。

(2) 单击“提升”按钮后选择“划分”按钮,可在弹出的“划分切片”对话框中设置切片的划分方式,如图13.12所示。

水平划分为:选中该复选框后,可在长度方向上划分切片。它包含两种划分方式,选择“个纵向切片,均匀分隔”,可输入切片的划分数目;选择“像素/切片”,可输入一个值,基于指定数目的像素创建切片,如果按该像素数目无法平均地划分切片,则会将剩余部分划分为另一个切片。

垂直划分为:选中该复选框后,可在宽度方向上划分切片。它也包含两种划分方法。

预览:能够在画面中预览切片的划分效果。

(3) 选择“垂直划分为”4个,单击“确定”按钮。此时导航栏被划分为4个切片,如图13.13所示。

图 13.12

图 13.13

13.4.3 设置切片选项

使用“切片选择工具”双击显示“资讯”的名为04的切片,或者选择切片然后单击“工具选项栏”中的“为当前切片设置选项”按钮▤,可以弹出“切片选项”对话框,如图13.14所示。

切片类型:可以选择要输出的切片的内容类型,即在与HTML文件一起导出时,切片数据在Web浏览器中的显示方式。“图像”为默认的类型,切片包含图像数据;选择“无图像”,可以在切片中输入HTML文本,但不能导出为图像,并且无法在浏览器中预览;选择

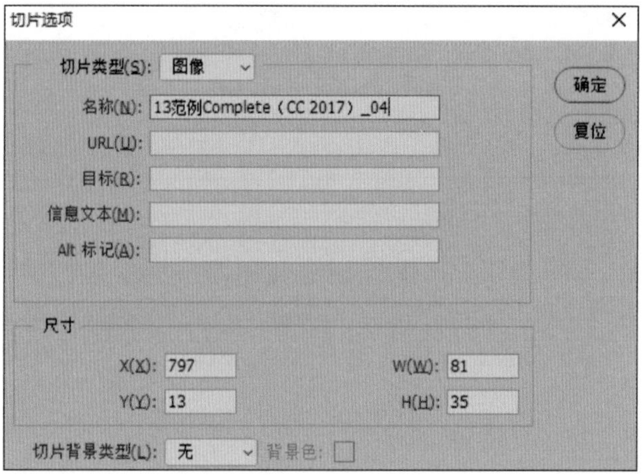

图 13.14

“表”,切片导出时将作为嵌套表写入 HTML 文本文件中。

名称:用来输入切片的名称。

URL:输入切片链接的 Web 地址,在浏览器中单击切片图像时,即可链接到此选项设置的网址和目标框架,该选项只能用于“图像”切片。

信息文本:指定哪些信息出现在浏览器中。这些选项只能用于图像切片,并且只会在导出的 HTML 文件中出现。

Alt 标记:指定选定切片的 Alt 标记。Alt 文本在图像下载过程中取代图像,并在一些浏览器中作为工具提示出现。

尺寸:X 和 Y 选项用于设置切片的位置,W 和 H 选项用于设置切片的大小。

切片背景类型:可以选择一种背景色来填充透明区域(适用于“图像”切片)或整个区域(适用于“无图像”切片)。

下面回到本章范例。

(1) 将“名称”设置为“资讯”,URL 设置为 zixun. html,“目标”设置为_self,如图 13.15 所示。_self 表示在指定的原始文件所在的框架中打开链接的文件。

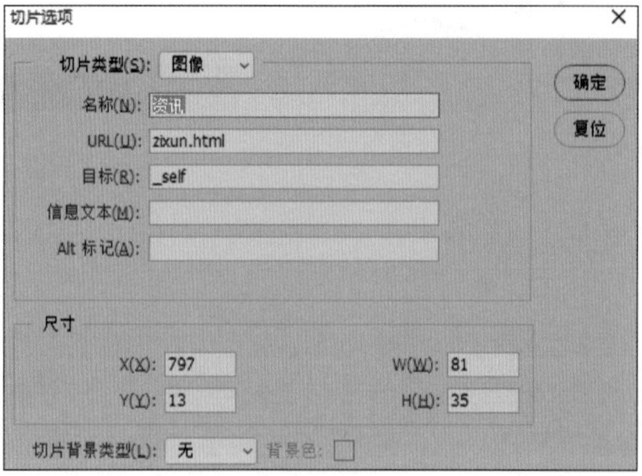

图 13.15

(2) 单击“确定”按钮。

(3) 用同样的方法，双击 05 切片，将“名称”设置为“荆楚”，URL 设置为 jingchu.html，“目标”设置为_self，单击“确定”按钮。

(4) 双击 06 切片，将“名称”设置为“科普”，URL 设置为 kepu.html，“目标”设置为_self，单击“确定”按钮。

(5) 双击 10 切片，将“名称”设置为“图片”，URL 设置为 picture.html，“目标”设置为_blank。_blank 目标指定在一个新的 Web 浏览器窗口中打开链接的网页。

13.5 导出 HTML 和图像

视频讲解

创建切片后，需要对图像进行优化，以减小文件的大小。在 Web 上发布图像时，较小的文件可以使 Web 服务器更加高效地存储和传输图像，以使用户能够更快地下载图像。

(1) 在菜单栏中选择“文件”→“导出”→“存储为 Web 所用格式”命令，弹出“存储为 Web 所用格式”对话框，如图 13.16 所示。在对话框中可以对图像进行优化和输出。

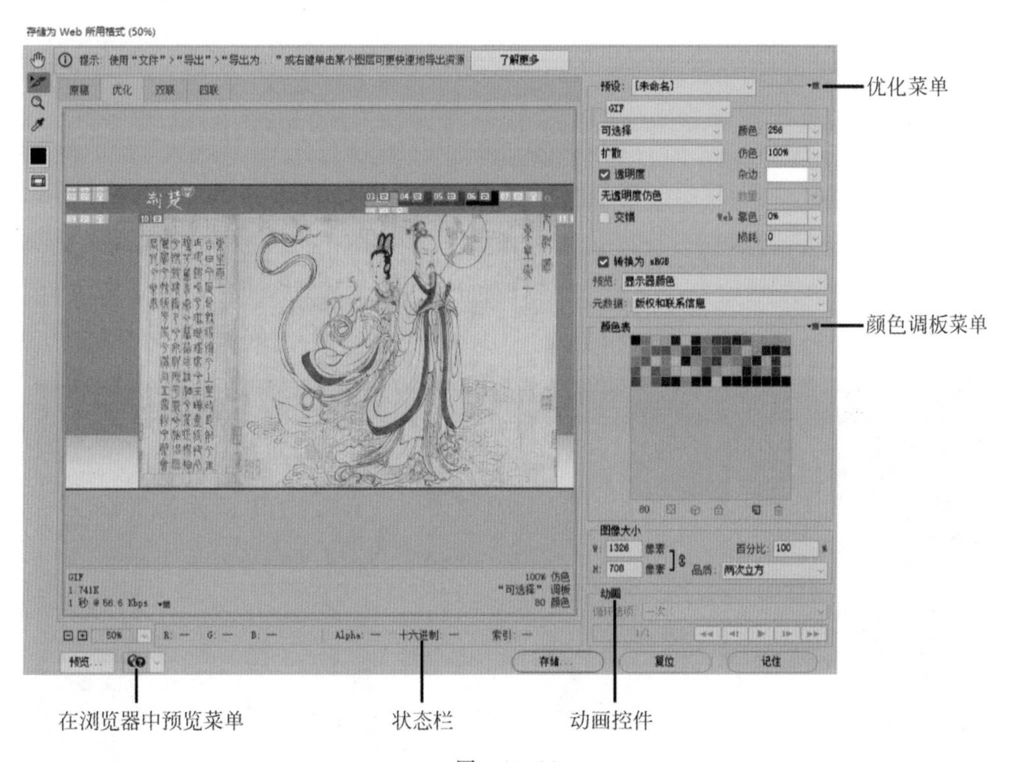

图 13.16

注意：在 Photoshop CS6 版本中，所选命令为“文件”→“存储为 Web 所用格式”。

显示选项：选择“原稿”选项卡，可在窗口中显示没有优化的图像；选择“优化”选项卡，可在窗口中显示应用了当前优化设置的图像；选择“双联”选项卡，可并排显示图像的两个版本，即优化前和优化后的图像；选择“四联”选项卡，可并排显示图像的 4 个版本。原稿外其他 3 个图像可以进行不同的优化，每个图像下面都提供了优化信息，如优化格式、文件大小、图像估计下载时间等。

缩放工具、**抓手工具**、**缩放和移动文本框**：使用“缩放工具”单击可以放大图像的显示比例，按住 Alt 键单击则可以缩小图像的显示比例，也可以在缩放文本框中输入显示百分比。使用“抓手工具”可以移动查看图像。

切片选择工具：当图像包含多个切片时，可使用该工具选择窗口中的切片，以便对其进行优化。

吸管工具、**吸管颜色**：使用“吸管工具”在图像中单击，可以拾取单击点的颜色，并显示在“吸管颜色”中。

切换切片可视性：单击该按钮可以显示或隐藏切片的定界框。

优化菜单：包含“存储设置”“链接切片”“编辑输出设置”等命令，如图 13.17 所示。

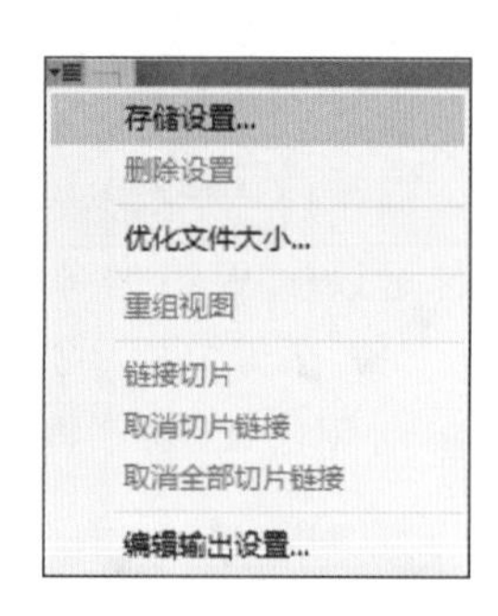

图 13.17

颜色调板菜单：包含与颜色有关的命令，可新建颜色、删除颜色以及对颜色进行排序等。

颜色表：将图像优化为 GIF、PNG-8 和 WBMP 格式时，可在“颜色表”中对图像进行优化设置。

图像大小：将图像调整为指定的像素尺寸或原稿大小的百分比。

状态栏：显示光标所在位置的图像的颜色值等信息。

在浏览器中预览菜单：单击该按钮，可在系统上默认的 Web 浏览器中预览优化后的图像。预览窗口中会显示图像的题注，其中列出了图像的格式、尺寸、大小和其他 HTML 信息，如图 13.18 所示。

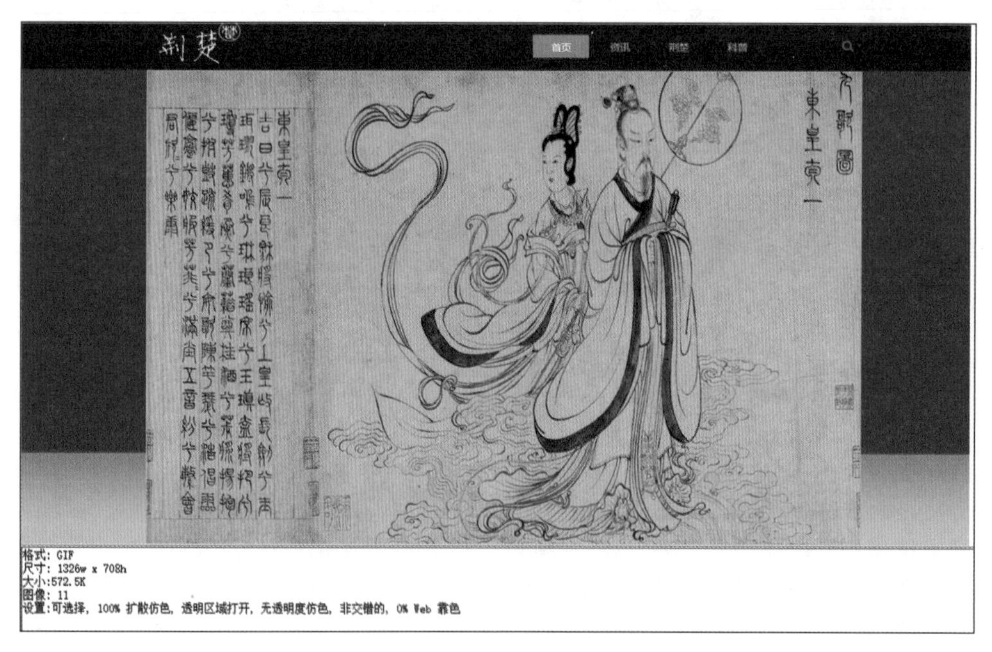

图 13.18

(2) 将视图的“缩放级别”设置为“符合视图大小”,如图 13.19 所示。

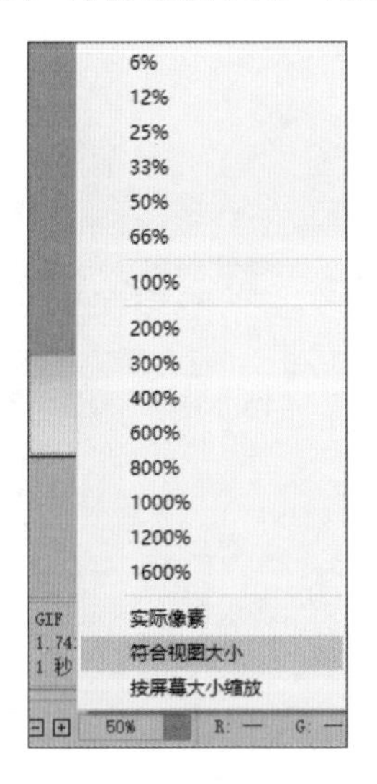

图 13.19 设置缩放级别

(3) 在“存储为 Web 所用模式”对话框中选择“切片选择工具”,选择图像中的 10 切片。

(4) 在“预设”下拉列表中选择“JPEG 高”,如图 13.20 所示。

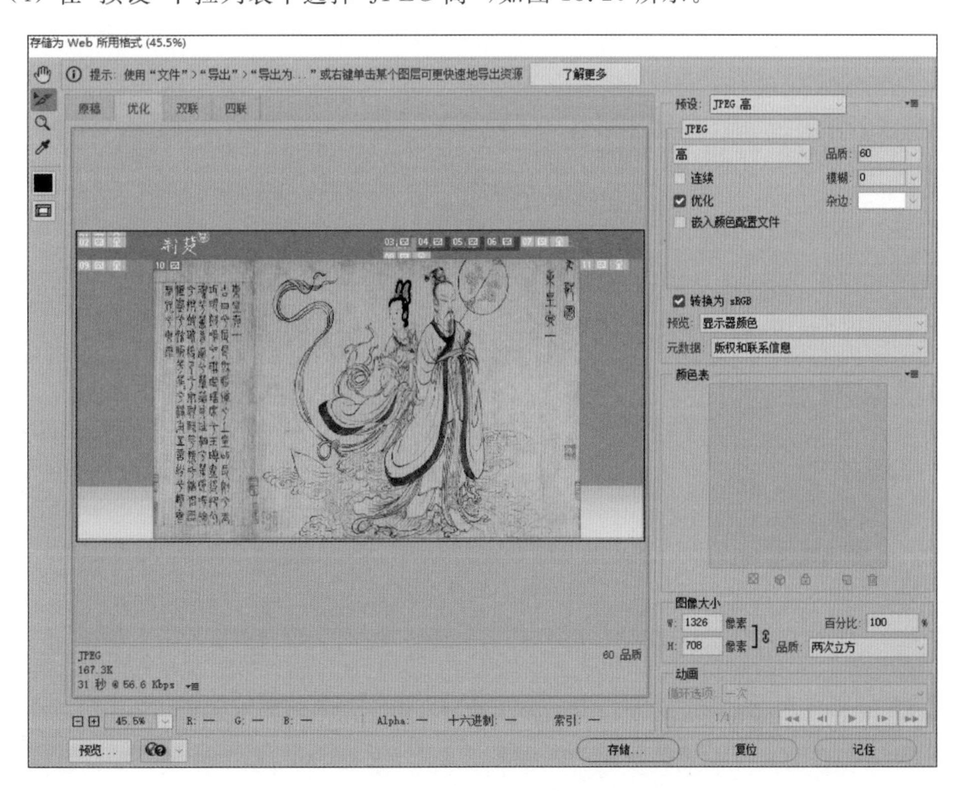

图 13.20

(5) 先选择 03 切片,再按住 Shift 键选中剩余切片,在“预设”下拉列表中选择“GIF 64 仿色”,如图 13.21 所示。

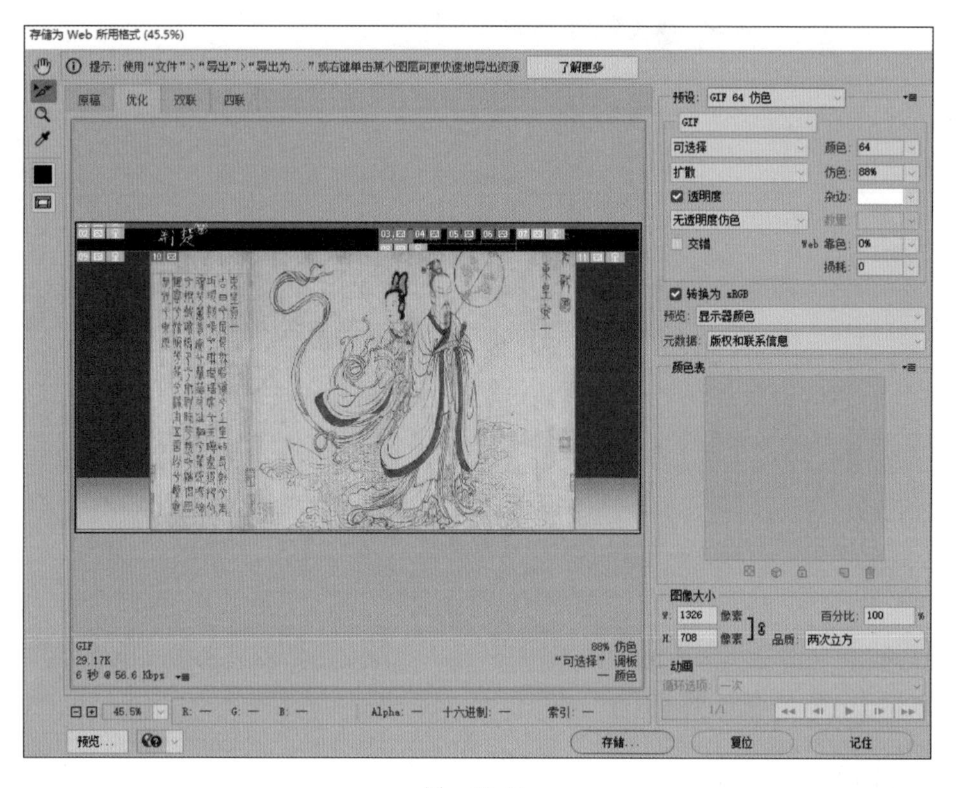

图 13.21

(6) 单击“存储”按钮，在弹出的“将优化结果存储为”对话框中，设置“保存在”为13Complete，“文件名”为 shouye.html，“格式”为“HTML 和图像”，“设置”为“默认设置”，“切片”为“所有切片”，如图 13.22 所示。

图 13.22

(7) 单击“保存”按钮，完成跳转的制作。

13.6　使用 Zoomify 功能

视频讲解

通过使用 Zoomify 功能，可在 Web 上发布高分辨率图像，让访问者能够平移和放大图像，以便查看更多细节。这类标准图像的下载时间与同等大小的 JPEG 图像相当。在 Photoshop 中，可导出 JPEG 和 HTML 文件以便将其上传到网页，也适用于任何 Web 浏览器。

(1) 选择“13Lesson/范例/13Start”文件夹中的 picture.jpg 文件，用 Photoshop 将其打开。下面将使用 Zoomify 功能将其导出为 HTML，作为前面在主页中创建的一个链接的目标。

(2) 在菜单栏中选择“文件”→“导出”→Zoomify 命令。

(3) 在弹出的对话框中，设置“文件夹”为 13Complete，“模板”为“Zoomify Viewer(白色背景)”，“基本名称”为 picture，“宽度”为 1172 像素，“高度”为 600 像素，注意选中“在 Web 浏览器中打开”复选框，如图 13.23 所示。

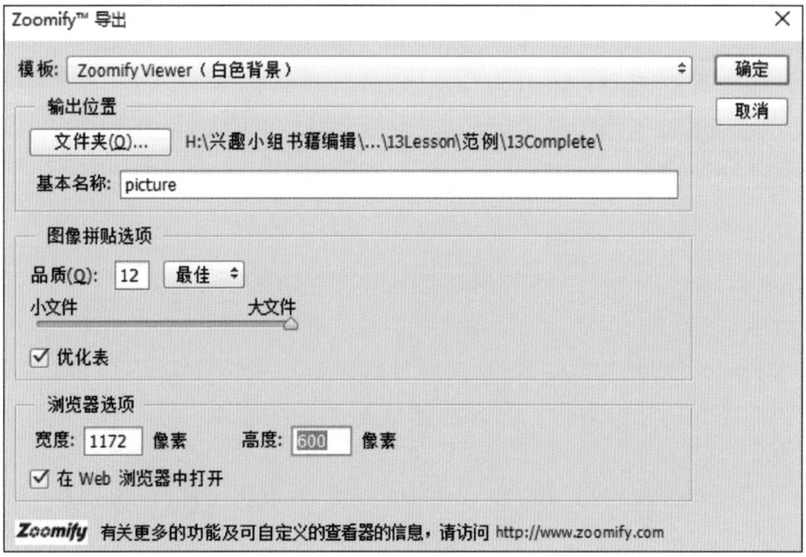

图　13.23

注意：这里对图像的宽度和高度设置一个具体的数值，是为了保证图片大小为原始大小不失真，可以通过右击图片并选择“属性”命令查看图片的原始大小进行设置，也可将其设置为等比例缩放的大小。

(4) 单击“确定”按钮，页面会自动跳转到网页视图中的样式，如图 13.24 所示。使用 Zoomify 窗口中的控件可以缩放图片。

图 13.24

注意：自动跳转到网页时，有时并不能显示图片中的内容，这是因为浏览器阻止了运行脚本或 ActiveX 控件导致 Zoomify 功能无法正常使用，如图 13.25 所示。可通过设置允许该控件运行使功能正常使用。

Internet Explorer 已限制此网页运行脚本或 ActiveX 控件。 允许阻止的内容(A) ×

图 13.25

作业

一、模拟练习

打开“13Lesson/模拟/13Complete”文件目录，选择“主页.html”进行最终效果预览，打开“13 模拟 Complete(CC 2017).psd”文件浏览 Photoshop 文件制作(使用 Photoshop CS6 和 Photoshop CC 2017 软件的请打开对应的模拟练习案例，使用 Photoshop CC 2016 和 Photoshop CC 2015 软件的可打开 Photoshop CC 2015 案例文件)。根据本章所述知识，使用“素材”文件夹中的文件制作一个类似的作品，作品资料已完整提供，获取方式见前言。

提示：打开.psd 文件后，可以通过单击工具箱中的“切片选择工具”来观察切片的情况，通过查看图片的属性来设置 Zoomify 的宽高值。

二、自主创意

针对某一个背景图片文件，应用本章所学习知识，尽量使用到本章所介绍的工具进行自主创意设计作品。

三、理论题

1. 切片是什么？在使用 Photoshop 处理图像时，怎样创建切片？
2. 什么是图像优化？如何优化图像以用于 Web？

第14章

色彩管理与打印

本章学习内容

(1) 显示、编辑和打印图像，定义 RGB、灰度和 CMYK 色彩。

(2) 校样用于打印的图像。

(3) 将图像保存为 CMYK EPS 文件。

(4) 创建和打印四色分色。

(5) 准备用于出版印刷的图像。

完成本章的学习需要大约 2 小时，相关资源获取方式见前言和第 1 章中的描述。

知识点

由于本书篇幅有限，下面的知识点并非在本章中都有涉及或详细讲解，在本书的资源网站有详细的资料，欢迎登录学习。

自定义校样条件	色域警告	找出溢色	消除溢色	RGB 模式
CMYK 模式	调整图像	打印校样	透明度与色域	颜色配置文件
分色				

本章案例介绍

范例

本章范例是由 Photoshop 制作的一张关于海底生物的 TIFF 格式的图片。该图片包含海底世界中的海葵、小丑鱼、彩色水母、鱼群等元素，色彩清晰且丰富，读者将通过尝试不同设置，从而找出系统的最佳颜色设置和打印设置。范例最终效果如图 14.1 所示。

模拟

本章模拟案例是一幅色彩鲜明的高清摄影图，最终效果如图 14.2 所示，练习通过尝试不同设置，从而找出系统的最佳颜色设置和打印设置。

图 14.1

图 14.2

14.1　预览完成的文件

视频讲解

（1）打开 Photoshop CC 2017 后，在菜单栏中选择“文件”→“打开”命令，在弹出的对话框中导航至“14Lesson/范例/Start”文件夹，打开“14 范例 Complete. tif”文件。

（2）预览完成后，选择“文件”→“存储为”命令，将其保存在“14Lesson/范例”文件夹中，将文件重命名为 14demo. tif，保持选中“TIFF 格式”，并单击“保存”按钮，在 TIFF 选择对话框中单击“确定”按钮。

14.2　Photoshop 色彩管理

视频讲解

当制作好一幅图像，打印出照片样张时，有时会发现打印出的图像与计算机中原始图像的色彩相差甚远。为什么色彩这样难以把握？为什么在不同显示器看起来不一样？为什么打印出来的东西与在显示器上看到的不一样？要知道，Photoshop 处理图像的过程中，用户创建的每一个图像文件都应驻留在一定的色彩空间之内。例如，为一台打印机创建的 CMYK 文件的色彩特性用在另一台打印设备时就要改变色彩管理的设置，此外，在对图像处理之前，无论图像是用于打印还是屏幕显示，都应先校准显示器。应确保屏幕颜色与打印机的颜色尽可能匹配，如果没有校准色彩，得到的色彩就可能与用户原来看到的色彩相差甚远。色彩管理是一个复杂但又不能回避的课题，是数码影像后期处理的基础，它的每一点变化，都直接影响着其后每一步处理的结果。

色彩管理并不是万能的，也并非灵丹妙药，甚至有可能造成不必要的成本增加，所以应该理性认识色彩管理。它并不能让色彩 100%完全正确，但是它可以在可控的误差范围内统一流程及标准，从而降低未知风险及单独修正错误的巨大调节成本。

14.2.1　色彩模式

当计算机处理颜色时，颜色可以被定义为许多不同的色彩模式。在 Photoshop 中常用到的色彩模式是 RGB、CMYK、LAB、BITMAP(位图)、GRAYSCALE(灰度)等。其中最常用的是 RGB 模式和 CMYK 模式。

注意：本章中的一个练习要求读者的计算机连接了 Canon LBP7200C 彩色打印机。如果没有连接，可以完成大部分练习，但不是全部。

1. RGB 模式

大部分可见光谱都可以通过混合不同比例和强度的红色(Red)、绿色(Green)、蓝色(Blue)光来表示。这 3 种颜色称为屏幕三原色(与美术绘画所说的红黄蓝自然光三原色不同)，也称为加法三原色。使用这 3 种颜色的光可混合出青色、洋红、黄色和白色，如图 14.3 所示。

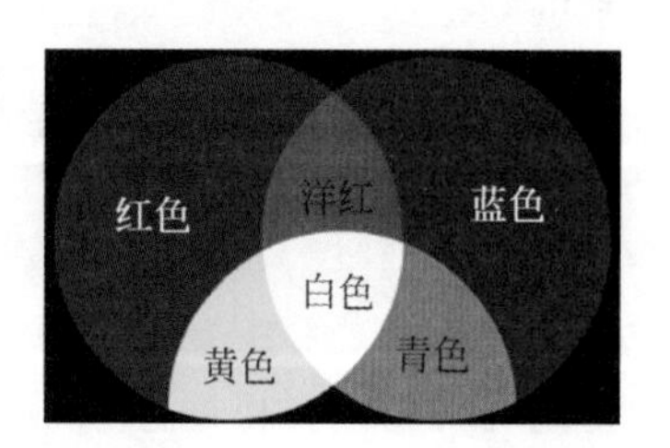

图　14.3

由于混合 RGB 可生成白色(即所有光线都传播到眼睛中)，因此 R、G、B 为加色。加色用于光照、视频和显示器。

2. CMYK 模式

印刷、喷墨打印等颜料反射光的每种色彩都可以用青(Cyan)、洋红(Magenta)、黄(Yellow)以不同比例来合成,这 3 种颜色称为印刷三原色,也称为减法三原色。但由于印刷通常是在白色介质上完成,而所有印刷油墨都有杂质,因此这 3 种油墨混合在一起实际上得到的是褐色而非黑色,所以印刷上还要加一种颜色——黑色(为区别蓝色所以用 K 表示)。这 4 种颜色就是印刷 4 色,简称 CMYK。在 Photoshop 中,这种色彩模式形成了 4 个色彩通道,最后又由这 4 个通道组合形成一个综合 CMYK 通道,如图 14.5 所示。该模式对应的是纸张表面的油墨。油墨要吸收一定的光波。在一张纸上叠印越来越多的油墨时,将得到越来越暗的颜色,直到接近于黑色,当减去越多的油墨时,最终结果将越接近于白色,因此 CMYK 称为减色。

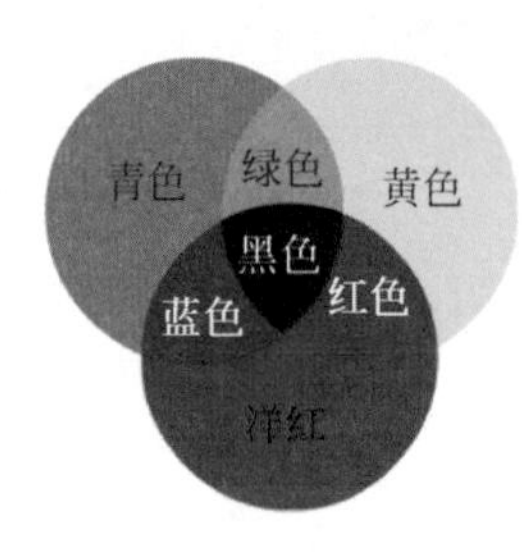

图 14.4

图 14.5

14.2.2 颜色管理

对于使用 Photoshop 制作并输出的用户而言,理解和操作 Photoshop 的颜色管理是非常重要的。对于使用 Photoshop 系统来制作印刷品的用户而言,长期以来最大的技术难题在于怎样使设计师在计算机上设计时所看到的颜色与印刷出来的效果一致。由于显示介质的不同,一个为显示器,一个为印刷品,所以在屏幕上看到的效果与实际输出的效果一定会有所差别。为了解决这个矛盾,软件商使用了多种手段来校正颜色,Photoshop 使用“ICC(国际颜色联盟)颜色配置文件”来协调颜色,目的在于使各种设备在使用同一标准时能提供一致的颜色。

为了使同一幅图片在使用不同的色彩空间的设备里显示(或打印)出来的颜色尽量一致,不失真、不偏色,必须进行色彩管理。色彩管理中最重要的一步是在图片文件中加进(嵌入)一个色彩管理文件,指明这个图片用的是什么色彩空间,以及每个像素的色彩值等,这个管理文件称为色彩配置文件,也就是通常所说的 ICC 文件。有了配置文件,在使用不同色彩空间的设备上会根据这个图片的配置文件调整设备的显示值来显示基本一致的色彩。此外,即使用同一色彩空间的不同设备,由于设备本身的差异(如显示屏背光灯的亮度、基色不同等),也会造成色彩差异,比如内嵌配置文件的同一幅图片,在这台显示器上看与另一台显示器看起来色彩不同。为避免出现这种现象,需要对设备进行色彩校正,把差异和校正值做成配置文件,就是"这台"设备的 ICC 了。总的来说,为了在使用不同色彩空间的设备和使用相同色彩空间的不同设备上显示基本一致的色彩效果,需要用色彩配置文件进行色彩管理。

14.3 设置色彩管理

视频讲解

本节将介绍如何在 Photoshop 中设置色彩管理流程。"颜色设置"对话框提供了用户所需的大部分色彩管理控件,

默认情况下,Photoshop 将 RGB 设置为数字工作流程的一部分。然而,如果要处理用于印刷的图像,可能需要修改设置,使其适合处理在纸上印刷而不是在显示器上显示的图像。

下面创建自定义的颜色设置。

(1) 在菜单栏中选择"编辑"→"颜色设置"命令,弹出"颜色设置"对话框。在对话框的底部描述了鼠标当前指向的色彩管理选项。

(2) 将鼠标指向对话框的不同部分,包括区域的名称(如工作空间)、菜单名称及菜单选项。移动鼠标时,Photoshop 将显示相关的信息,完成后返回到默认选项。

下面选择一组用于印刷而不是在线工作流程的选项。

(3) 从"设置"下拉列表中选择"北美印前 2","工作空间"和"色彩管理方案"选项的设置将相应变化,这些适用于印前工作流程,如图 14.6 所示。然后单击"确定"按钮。

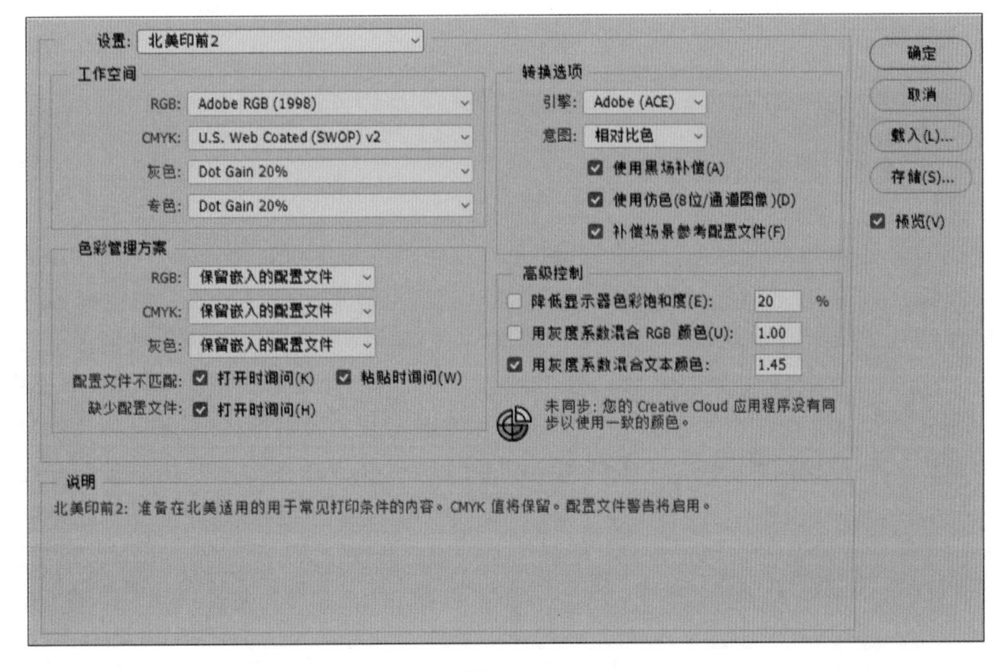

图 14.6

“设置”下拉列表是整个设置的纲目，它的设置会影响下面全部的设置。其中包括一系列预置好的选项，如果选中任何一项，面板的其他4项都会出现与之配套的选项。这是一个通用的“傻瓜”式的设置，适用于对色彩管理不太熟悉的初级用户，只要设置合理，通常能够取得稳妥、安全的使用效果。这一设置与照相机的全自动模式有点类似，有自动的便利，但缺少手动的精准。

对于初学者来说，建议使用“北美印前2”。这是因为该设置RGB空间是Adobe RGB大于sRGB的色彩空间。

提示：数码相机或者胶片数码化最常用的是Adobe RGB(1998)、sRGB IEC 61966-2.1两种色彩空间，分别简称RGB和sRGB。Adobe RGB和sRGB色彩空间的主要区别，首先在于开发时间和开发厂家不同。sRGB色彩空间是美国的惠普公司和微软公司于1997年共同开发的标准色彩空间(standard Red Green Blue)，这两家公司的实力雄厚，它们的产品在市场中占有很高的份额。而Adobe RGB色彩空间是由美国以开发Photoshop软件而闻名的Adobe公司于1998年推出的色彩空间标准，它拥有比sRGB更宽广的色彩空间和良好的色彩层次表现，而且包含了sRGB所没有完全覆盖的CMYK色彩空间。这使得Adobe RGB色彩空间在印刷等领域具有更明显的优势。

如图14.7所示，内部小三角形表示sRGB所能表现的色彩范围，外部大三角形表示Adobe RGB所能表现的色彩范围。

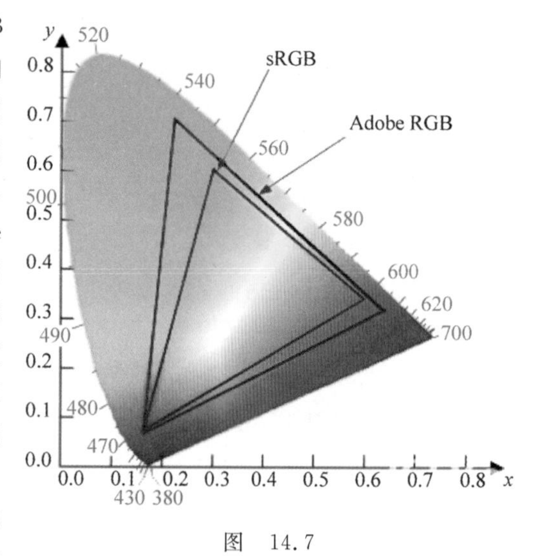

图 14.7

14.4 校样图像

在Photoshop中对图像进行软打样，需要完成两次色彩空间转换：第一次是从图像色彩空间到输出设备色彩空间的转换；第二次是从打样色彩空间到显示器色彩空间的转换。一旦掌握了如何使用Photoshop进行软打样，输出图像的可预测性就会越来越高。

在进行软打样或打印该图像之前，需要设置一个打样配置文件。打样配置文件(也称打样设置)指定了将如何打印文件，并相应地调整在屏幕上显示的图像。Photoshop提供各种设置，以帮助用于校样不同用途的图像，其中包括打印和在Web上显示。在本章中，将创建一种自定义打样设置，然后将其保存以便用于以同样方式输出的其他图像。

首先，完成从图像色彩空间到输出设备色彩空间的转换。

(1) 选择“视图”→“校样设置”→“自定义”命令，弹出“自定校样条件”对话框，确保选中了“预览”复选框。

(2) 在“要模拟的设备”下拉列表中，选择一个代表最终输出设备的配置文件，如要用来打印图像的打印机的配置文件。如果不是专用打印机，当前的默认设置工作中的CMYK-

U. S. Web Coated(SWOP) v2 通常是不错的选择。

(3) 如果已经选择了不同的配置文件,则应确保没有选中“保留编号”复选框。

> **注意**:选择“工作中的 CMYK-U. S. Web Coated(SWOP) v2”配置文件时,“保存编号”复选框不可用。

(4) 确保在“渲染方法”下拉列表中选择了“相对比色”。

渲染方法决定了颜色如何从一种色彩空间转换到另一种色彩空间。“相对比色”保留了颜色关系而不牺牲颜色准确性,是北美和欧洲印刷使用的标准渲染方法。

其次,完成从打样色彩空间到显示器色彩空间的转换。

(5) 如果适用于选择的配置文件,那么选中“模拟黑色油墨”复选框,然后取消选择,如图 14.8 所示,单击“确定”按钮。

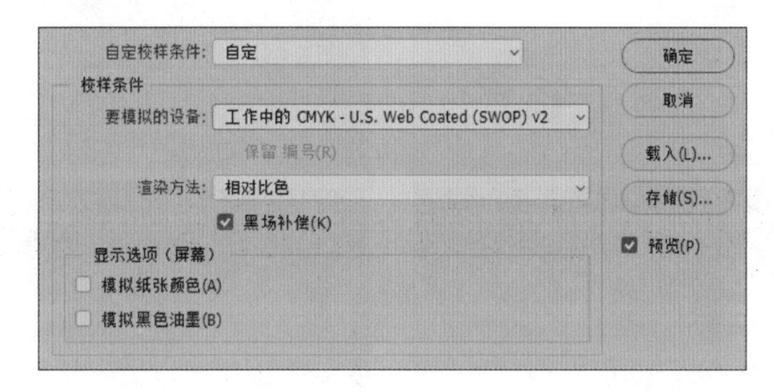

图 14.8

进行上述设置后,可以发现图像的对比度降低了,如图 14.9(b)所示。纸张颜色根据校样配置文件模拟实际纸张的白色;黑色油墨模拟实际打印到大多数打印机的暗灰色,而不是纯黑色。并非所有的配置文件都支持这些选项。

(a) 正常图像

(b) 设置后的图像

图 14.9

注意：要启用/禁用“校样设置”，可选择“视图”→“校样颜色”命令。

14.5 标识溢色

视频讲解

RGB 模式中某些颜色在计算机显示器上可以显示，但在 CMYK 模式下是无法印刷出来的，这种现象称为溢色。

将图像从 RGB 模式转换为 CMYK 模式之前，可以在 RGB 模式下预览 CMYK 颜色值。

(1) 选择“视图”→“色域警告”命令，查看溢色。Photoshop 会创建一个颜色转换表，并在图像窗口中将溢色显示为中性灰色，如图 14.10(a)所示。

(a)

(b)

图 14.10

(2) 由于在图像中灰色不太显眼，下面将其转换为更显眼的色域警告颜色。

(3) 在菜单栏中选择“编辑”→“首选项”→“透明度与色域”命令。

(4) 单击对话框底部“色域警告”区域的颜色样本，并选择一种鲜艳的颜色，如红色或亮绿色，然后单击“确定”按钮。

(5) 再次单击“确定”按钮，关闭“首选项”对话框。所选的鲜艳的新颜色代替灰色用作色域警告颜色，如图 14.10(b)所示。

(6) 选择“视图”→“色域警告”命令，关闭溢色预览。

14.6 调整图像的颜色和色调

视频讲解

上一节中图像有明显的溢色现象，所以打印输出的色彩正常显示，下一步是做必要的颜色和色调调整。在本节中，要调整色调和颜色，从而校正扫描得到的图像中颜色不佳的问题。

(1) 为了能够比较校正前后的图像,首先创建一个副本。

(2) 单独选中一个需要图层,选择"窗口"→"排列"→"双联垂直"命令,这样在工作时可以对比两幅图片。

接下来调整图像的色相和饱和度,让所有颜色都位于色域内。

(3) 在新窗口中,打开"14 范例 Start.tif 文件"(原始图像),选中 14demo.tif 文件,单独选中一个需要图层,选择"选择"→"色彩范围"命令。

(4) 在"色彩范围"对话框中,从"选择"下拉列表中选择"溢色",单击"确定"按钮,如图 14.11 所示。

图 14.11

这将选择前面标记为溢色的区域,让所做的修改只影响这些区域。

(5) 单击"调整"面板中的"色相/饱和度"按钮,创建一个"色相/饱和度"调整图层(如果"调整"面板没有打开,可选择"窗口"→"调整"命令将其打开)。该调整图层包含一个根据前面的选区创建的蒙版,设置"色相"为−7,"饱和度"为−45,保留"明度"为默认值 0,如图 14.12 所示。

(6) 选择"视图"→"色域警告"命令,图像的大部分溢色都消除了。再次选择"视图"→"色域警告"命令,取消选中它。

(7) 在选中 14demo.tif 的情况下,选择"文件"→"打印"命令。

(8) 在"打印"对话框中,在"打印机"下拉列表中选择自

图 14.12

己的打印机(本案例为 Canon LBP7200C 打印机);在"颜色处理"下拉列表中选择"打印机管理颜色";从"打印设置"中选择"工作中的 CMYK";单击"打印"按钮打印图像,将其同屏幕版本进行比较,否则,单击"取消"按钮(见图 14.13)。

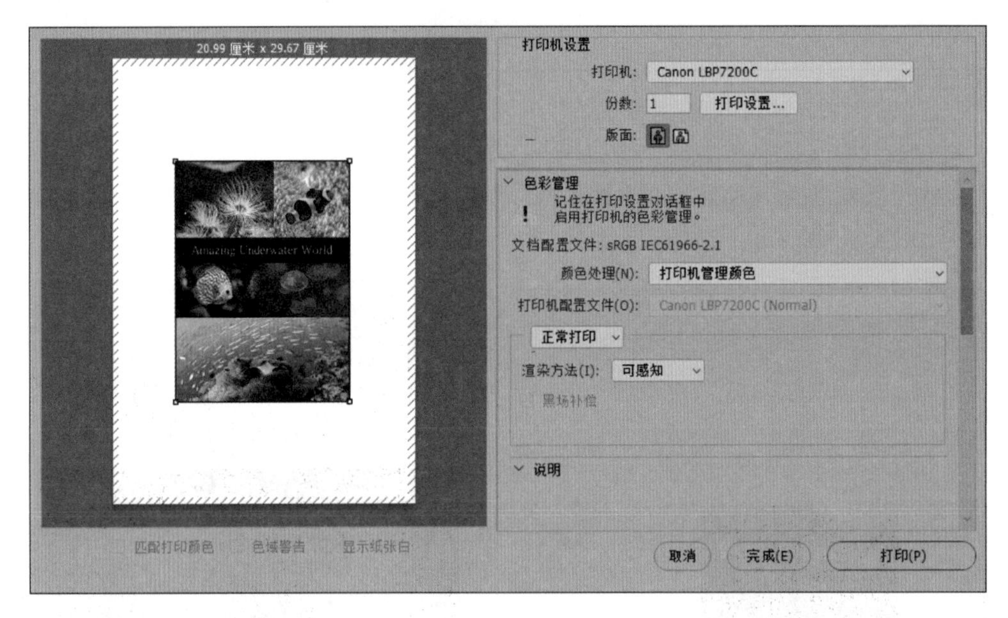

图 14.13

14.7 EPS 格式文件

视频讲解

EPS(Encapsulated PostScript)是处理图像工作中的最重要的格式,它在 Mac 和 PC 环境下的图形和版面设计中广泛使用,用在 PostScript 输出设备上打印。几乎每个绘画程序及大多数页面布局程序都允许保存 EPS 文档。在 Photoshop 中,通过"文件"菜单的"放置"命令(注:Place 命令仅支持 EPS 插图)转换成 EPS 格式。

将一幅图像装入 Illustrator、QuarkXPress 等软件时,最好的选择是 EPS。但是,由于 EPS 格式在保存过程中图像体积过大,因此,如果仅仅是保存图像,建议不要使用 EPS 格式。如果文件要打印到无 PostScript 的打印机上,为避免打印问题,最好也不要使用 EPS 格式。可以用 TIFF 或 JPEG 格式来替代。

下面将图像存储为 CMYK EPS 文件。

(1) 选中 14demo. tif 的情况下,选择"文件"→"存储为"命令。

(2) 在"存储为"对话框中做如下设置并单击"保存"按钮,如图 14.14 所示。

从"保存类型"下拉列表中选择 Photoshop EPS。"颜色"选中"使用校样设置"复选框。忽略出现的必须存储为副本的警告。"文件名"为 14demo. eps。

注意:用 Photoshop Encapsulate PostScript(EPS)格式存储文件时,这些设置将导致图像自动从 RGB 模式转换为 CMYK 模式。

(1) 在出现的"EPS 选项"对话框中,保持默认设置并单击"确定"按钮。保存文件,然后关闭 14demo. tif 和"14 范例 Start. tif"文件。

图　14.14

(2) 选择"文件"→"打开"命令，导航到"14Lesson/范例"文件夹，双击 14demo. eps 文件。从图像窗口的标题栏可知，14demo. eps 是一个 CMYK 文件，如图 14.15 所示。

图　14.15

14.8　打印

视频讲解

打印图像时，遵循下面的指导原则可获得最佳结果。

(1) 打印颜色复合以便对图像进行校样。颜色复合在一次打印中组合了 RGB 图像的红、绿、蓝通道(或 CMYK 图像中的青色、洋红、黄色和黑色通道),这表明了最终打印图像的外观。

(2) 设置半调网屏参数。

(3) 分色打印以验证图像是否被正确分色。

(4) 打印到胶片或印版。

打印分色时,Photoshop 为每种油墨打印一个印版。对于 CMYK 图像来说,将打印 4 个印版,每种印刷色一个。

本节要进行打印分色。

(1) 确保之前的练习中打开了图像 14demo. eps,选择“文件”→“打印”命令。

(2) 在默认情况下,Photoshop 将打印所有文档的复合图像。要将该文件以分色方式打印,需要在打印对话框中明确指示 Photoshop 这样做。

(3) 在“打印”对话框中,在“色彩管理”区域的“颜色处理”下拉列表中选择“分色”,如图 14.16 所示。单击“打印”按钮。

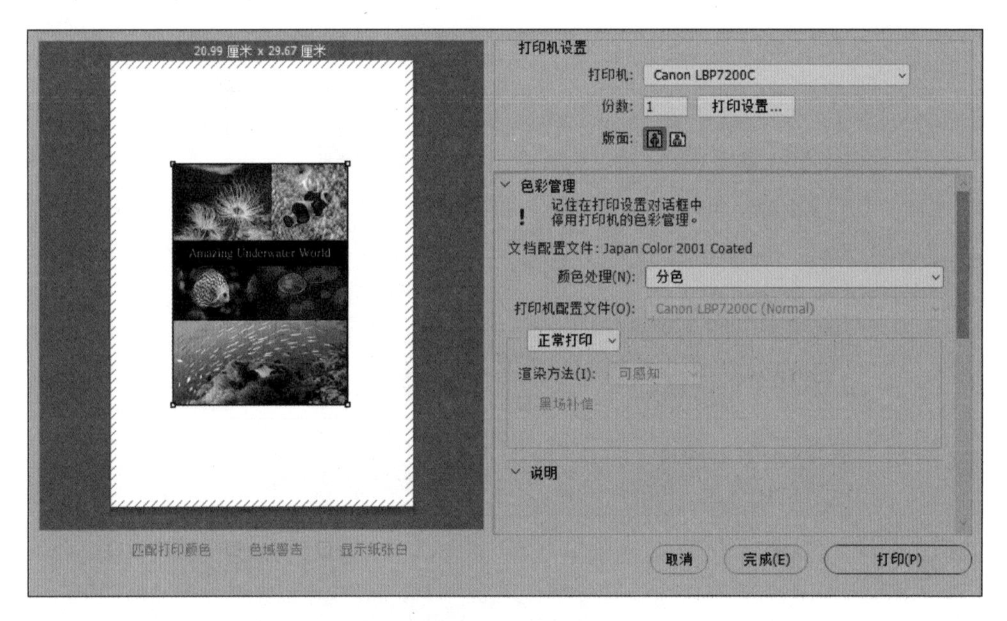

图 14.16

(4) 选择“文件”→“关闭”命令,但不保存所做的修改。

作业

一、模拟练习

打开“14Lesson/模拟”文件目录,选择“14Complete/14 模拟 Complete. tif”文件进行浏览,请通过本章所学知识,通过尝试不同设置,找出系统的最佳颜色设置和打印设置。作品资料已完整提供,获取方式见前言。

二、自主创意

自主设计一个 PS 范例,应用本章所学习知识生成和打印一致的颜色,利用校样颜色和色域警告，同时也利用“调整”面板中的色相和饱和度，通过修改它们相应的数值消除色域警告，获取方式见前言。

三、理论题

1. 要准确地重现颜色，应该采取哪些步骤？
2. 什么是色域？
3. 什么是颜色配置文件？
4. 什么是分色？
5. 打印时为什么要选 CMYK 模式？

附录A

Photoshop键盘快捷键

在 Photoshop 中,使用键盘快捷键可提高工作效率。读者可以查看所有的 Photoshop 快捷键列表,并编辑或创建快捷键。“键盘快捷键和菜单”对话框充当一个快捷键编辑器的角色。下面以 Photoshop CC 2017 为例进行介绍。

1. 自定义键盘快捷键

第一步:选择“编辑”菜单下的“键盘快捷键”命令,或者选择“窗口”菜单下“工作区”子菜单下的“键盘快捷键和菜单”命令,打开“键盘快捷键和菜单”对话框,如图 A.1 所示。

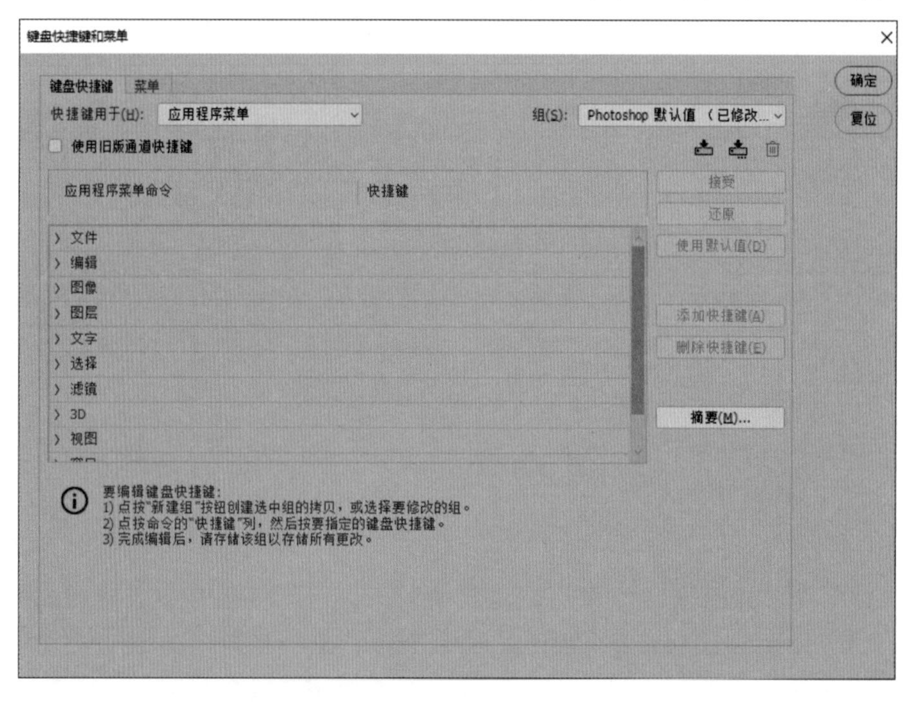

图 A.1

第二步：从“键盘快捷键和菜单”对话框顶部的“组”下拉列表中选择一组快捷键。从“快捷键用于”下拉列表中选择一种快捷键类型，如图 A.2 所示。快捷键类型有三种：“应用程序菜单”允许为菜单栏中的项目自定义键盘快捷键；“面板菜单”允许为面板菜单中的项目自定义键盘快捷键；“工具”允许为工具箱中的工具自定义键盘快捷键。

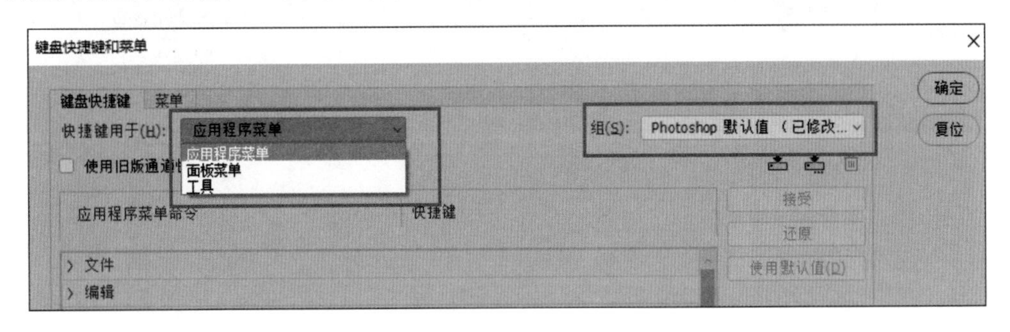

图　A.2

第三步：在滚动列表的“快捷键”列中，选择要修改的快捷键，输入新的快捷键，如图 A.3 所示。

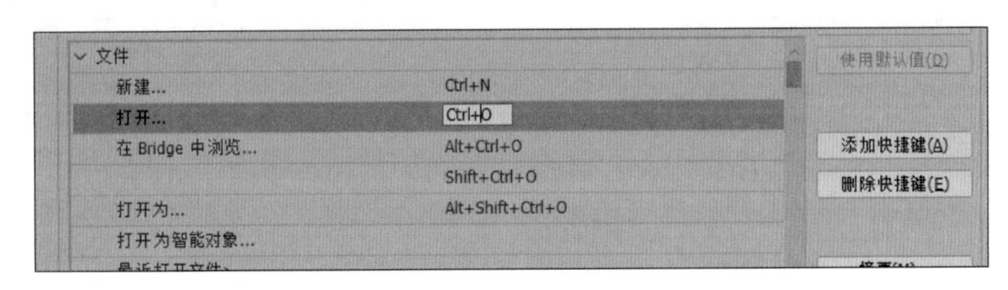

图　A.3

如果键盘快捷键已经分配给了组中的另一个命令或工具，则会出现一个警告。单击“接受”按钮将快捷键分配给新的命令或工具，并删除以前分配的快捷键。重新分配快捷键后，可以单击“还原更改”按钮来还原更改，或单击“接受并转到冲突处”按钮将新的快捷键分配给其他命令或工具。

第四步：完成快捷键的更改后，执行下列操作之一。

(1) 要存储对当前键盘快捷键组所做的所有更改，请单击“存储设置”按钮。如果存储的是对“Photoshop 默认值”组所做的更改，则会打开“存储”对话框。为新的组输入一个名称，然后单击“保存”按钮。

(2) 要基于当前快捷键组创建新快捷键组，请单击“将设置存储为”按钮。在“存储”对话框的“名称”文本框中为新的组输入一个名称，然后单击“保存”按钮。新的键盘快捷键组将以新名称出现在弹出式菜单中。

(3) 要放弃上一次存储的更改，但不关闭对话框，请单击“还原”按钮。

(4) 要将新的快捷键恢复为默认值，请单击“使用默认值”按钮。

(5) 要放弃所有更改并退出对话框，请单击“取消”按钮。

2. 键盘快捷键其他操作

(1) 清除命令或工具对应的快捷键。选择“编辑”→“键盘快捷键”命令，在“键盘快捷键”对话框中,选择要删除其快捷键的命令或工具名称,单击“删除快捷键”按钮,如图 A.4 所示。

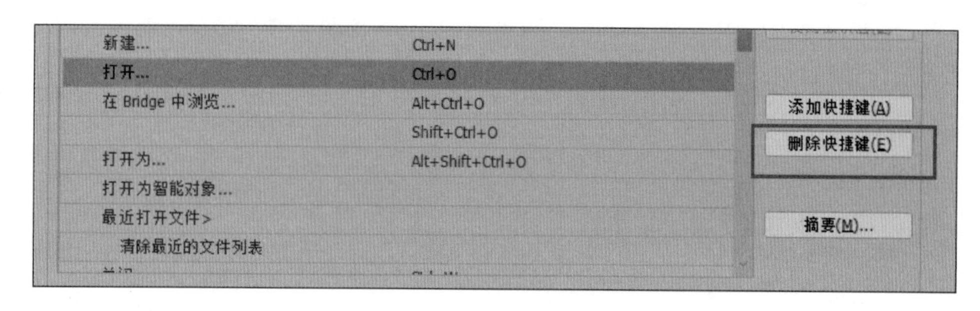

图 A.4

(2) 删除一组快捷键。选择“编辑”→“键盘快捷键”命令,在“组”下拉列表中,选择要删除的快捷键组,单击“删除”按钮,如图 A.5 所示,然后单击“确定”按钮以退出对话框。

图 A.5

(3) 查看当前快捷键列表。要查看当前快捷键列表,请将这些快捷键导出为可以使用 Web 浏览器显示或打印的 HTML 文件。选择“编辑”→“键盘快捷键”命令,从“快捷键用于”下拉列表中选择一种快捷键类型,单击“摘要”按钮。

3. Photoshop CC 默认键盘快捷键列表

Photoshop CC 默认键盘快捷键如表 A.1 所示。

说明:下面只列出了部分快捷键内容,由于篇幅限制,还有用于混合模式、选择和编辑文本、设置文字格式、切片并优化切片、使用面板、使用“动作”面板、使用“调整”图层、在帧模式下使用“动画”面板、使用“画笔”面板、使用“通道”面板、使用“仿制源”面板、使用“颜色”面板、使用“历史记录”面板、使用“信息”面板、使用“图层”面板、使用“图层复合”面板、使用“路径”面板、使用“色板”面板、使用抽出和图案生成器(可选增效工具)、使用抽出(可选增效工具)、使用图案生成器(可选增效工具)等操作的快捷键没有列出。如需查询全部快捷键,请到本书学习资源网站(http://nclass.infoepoch.net)下载。

表 A.1 Photoshop CC 默认键盘快捷键

常用的快捷键			
功 能	快 捷 键	功 能	快 捷 键
自由变换	Ctrl+T	减小画笔大小	[
增加画笔大小	]	减小画笔硬度	{
增加画笔硬度	}	默认前景色/背景色	D
切换前景色/背景色	X	通过复制新建图层	Ctrl+J

续表

功　　能	快　捷　键	功　　能	快　捷　键
通过剪切新建图层	Shift+Ctrl+J	添加到选区	任何选择工具+Shift键并拖移
删除画笔或色板	按住Alt键并单击画笔或色板	使用“移动工具”切换自动选择	按住Ctrl键并单击
取消所有模态对话框(包括智能工作区)	Esc	选择工具栏的第一个编辑域	Enter
在域之间导航	Tab	在域之间反方向导航	Tab+Shift
将“取消”按钮更改为“复位”按钮	Alt		

使用功能键

功　　能	快　捷　键	功　　能	快　捷　键
启动帮助	F1	还原/重做	Ctrl+Z
剪切	F2	拷贝	F3
粘贴	F4	显示/隐藏“画笔”面板	F5
显示/隐藏“颜色”面板	F6	显示/隐藏“图层”面板	F7
显示/隐藏“信息”面板	F8	显示/隐藏“动作”面板	F9
恢复	F12	填充	Shift+F5
羽化选区	Shift+F6	反转选区	Shift+F7

选择工具

(临时按下按键可激活工具,释放按键即返回到前一工具。在具有多个工具的行中,重复按同一快捷键可以在这组工具中进行切换)

功　　能	快　捷　键	功　　能	快　捷　键
使用同一快捷键循环切换工具	按住Shift键并按快捷键(如果选中“使用Shift键切换工具”首选项)	循环切换隐藏的工具	按住Alt键并单击工具(添加锚点、删除锚点和转换点工具除外)
移动工具	V	矩形选框工具 椭圆选框工具	M
套索工具 多边形套索工具 磁性套索工具	L	魔棒工具 快速选择工具	W
裁剪工具 切片工具 切片选取工具	C	吸管工具 颜色取样器工具 标尺工具 注释工具	I
污点修复画笔工具 修复画笔工具 修补工具 红眼工具	J	画笔工具 铅笔工具 颜色替换工具 混合器画笔工具	B
仿制图章工具 图案图章工具	S	历史记录画笔工具 历史记录艺术画笔工具	Y

续表

功　　能	快　捷　键	功　　能	快　捷　键
橡皮擦工具 背景橡皮擦工具 魔术橡皮擦工具	E	渐变工具 油漆桶工具	G
减淡工具 加深工具 海绵工具	O	钢笔工具 自由钢笔工具	P
横排文字工具 直排文字工具 横排文字蒙版工具 直排文字蒙版工具	T	路径选择工具 直接选择工具	
矩形工具 圆角矩形工具 椭圆工具 多边形工具 直线工具 自定形状工具	U	抓手工具	H
旋转视图工具	R	缩放工具	Z
默认前景色/背景色	D	切换前景色/背景色	X
切换标准/快速蒙版模式	Q	内容识别移动工具	J
透视裁剪工具	C	画板工具	V
旋转视图工具	R	切换保留透明区域	/(正斜杠)
减小画笔硬度	{	增加画笔硬度	}
渐细画笔	,	渐粗画笔	.
最细画笔	<	最粗画笔	>
“液化”使用同一快捷键			

查看图像

(此部分列表提供不显示在菜单命令或工具提示中的快捷键)

功　　能	快　捷　键	功　　能	快　捷　键
循环切换打开的文档	Ctrl+Tab	切换到上一文档	Shift+Ctrl+Tab
在 Photoshop 中关闭文件并打开 Bridge	Shift+Ctrl+W	在标准模式和快速蒙版模式之间切换	Q
在标准屏幕模式、具有菜单栏的全屏模式和全屏模式之间进行切换(前进)	F	在标准屏幕模式、具有菜单栏的全屏模式和全屏模式之间进行切换(后退)	Shift+F
切换(前进)画布颜色	空格键+F(或右击画布背景并选择颜色)	切换(后退)画布颜色	空格键+Shift+F
将图像限制在窗口中	双击抓手工具	放大 100%	双击“缩放工具”或 Ctrl+1
切换到“抓手工具”(当不处于文本编辑模式时)	空格键	使用“抓手工具”同时平移多个文档	按住 Shift 键拖移
按住 Ctrl 键可向左滚动(Page Up)或向右滚动(Page Down)			

续表

使用操控变形

（此部分列表提供不显示在菜单命令或工具提示中的快捷键）

功　能	快　捷　键	功　能	快　捷　键
完全取消	Esc	还原上一次图钉调整	Ctrl＋Z
选择全部图钉	Ctrl＋A	取消选择全部图钉	Ctrl＋D
选择多个图钉	按住 Shift 键并单击	移动多个选定的图钉	按住 Shift 键拖移
临时隐藏图钉	H		

使用调整边缘

功　能	快　捷　键	功　能	快　捷　键
打开“调整边缘”对话框	Ctrl＋Alt＋R	在预览模式之间循环切换（前进）	F
在预览模式之间循环切换（后退）	Shift＋F	在原始图像和选区预览之间切换	X
在原始选区和调整的版本之间切换	P	在打开和关闭半径预览之间切换	J
在调整半径和抹除调整工具之间切换	Shift＋E		

使用滤镜库

功　能	快　捷　键	功　能	快　捷　键
在所选对象的顶部应用新滤镜	按住 Alt 键并单击滤镜	重新应用上次使用的滤镜	Ctrl＋Alt＋F
打开/关闭所有展开三角形	按住 Alt 键并单击	将“取消”按钮更改为“默认”按钮	Ctrl
将“取消”按钮更改为“复位”按钮	Alt	还原/重做	Ctrl＋Z
向前一步	Ctrl＋Shift＋Z	向后一步	Ctrl＋Alt＋Z

使用液化滤镜

功　能	快　捷　键	功　能	快　捷　键
向前变形工具	W	重建工具	R
顺时针旋转扭曲工具	C	褶皱工具	S
膨胀工具	B	左推工具	O
镜像工具	M	湍流工具	T
冻结蒙版工具	F	解冻蒙版工具	D
反转膨胀工具、褶皱工具、左推工具和镜像工具的方向	按住 Alt 键并单击工具	连续不断地对扭曲进行取样	选中重建工具、置换、扩张或关联模式时，在预览中按住 Alt 键拖移
将画笔大小减小/增大2，或者将浓度、压力、比率或湍流抖动减小/增大1	画笔大小、浓度、压力、比率或湍流抖动文本框中的向下/上箭头	将画笔大小减小/增大2，或者将浓度、压力、比率或湍流抖动减小/增大1	画笔大小、浓度、压力、比率或湍流抖动滑块显示的向左/右箭头

续表

功　能	快 捷 键	功　能	快 捷 键
从上到下在右侧循环切换控件	Tab	从下到上在右侧循环切换控件	Shift＋Tab
将“取消”按钮更改为“复位”按钮	Alt		

使用消失点

功　能	快 捷 键	功　能	快 捷 键
缩放两倍(临时)	X	放大	Ctrl＋＋(加号)
缩小	Ctrl＋-(连字符)	符合视图大小	Ctrl＋0(零)、双击抓手工具
按100%放大率缩放到中心	双击缩放工具	增加画笔大小(画笔工具、图章工具)	]
减小画笔大小(画笔工具、图章工具)	[	增加画笔硬度(画笔工具、图章工具)	Shift＋]
减小画笔硬度(画笔工具、图章工具)	Shift＋[	还原上一动作	Ctrl＋Z
重做上一动作	Ctrl＋Shift＋Z	全部取消选择	Ctrl＋D
隐藏选区和平面	Ctrl＋H	将选区移动一个像素	箭头键
将选区移动10个像素	Shift＋箭头键	复制	Ctrl＋C
粘贴	Ctrl＋V	重复上一个副本并移动	Ctrl＋Shift＋T
从当前选区创建浮动选区	Ctrl＋Alt＋T	使用指针下的图像填充选区	按住Ctrl键拖移
将选区副本作为浮动选区创建	按住Ctrl＋Alt组合键拖移	限制选区为15°旋转	按住Alt＋Shift组合键进行旋转
在另一个选定平面下选择平面	按住Ctrl键单击该平面	创建与父平面成90°的平面	按住Ctrl键拖移
在创建平面的同时删除上一个节点	Backspace	建立一个完整的画布平面(与相机一致)	双击创建平面工具

使用Camera Raw对话框

(临时按下按键可激活工具，释放按键即返回到前一工具)

功　能	快 捷 键	功　能	快 捷 键
缩放工具	Z	抓手工具	H
白平衡工具	I	颜色取样器工具	S
裁剪工具	C	拉直工具	
污点去除工具	B	红眼去除工具	E
基本面板	Ctrl＋Alt＋1	色调曲线面板	Ctrl＋Alt＋2
细节面板	Ctrl＋Alt＋3	HSL/灰度面板	Ctrl＋Alt＋4
分离色调面板	Ctrl＋Alt＋5	镜头校正面板	Ctrl＋Alt＋6
相机校准面板	Ctrl＋Alt＋7	预设面板	Ctrl＋Alt＋8
打开快照面板	Ctrl＋Alt＋9	参数曲线目标调整工具	Ctrl＋Alt＋Shift＋T
色相目标调整工具	Ctrl＋Alt＋Shift＋H	饱和度目标调整工具	Ctrl＋Alt＋Shift＋S
明亮度目标调整工具	Ctrl＋Alt＋Shift＋L	灰度混合目标调整工具	Ctrl＋Alt＋Shift＋G

续表

功　能	快　捷　键	功　能	快　捷　键
上次使用的目标调整工具	T	调整画笔工具	K
渐变滤镜工具	G	增加/减小画笔大小	]/[
增加/减小画笔羽化	Shift+]/Shift+[	以10为增量增加/减小调整画笔工具的流量	=(equal sign)/-(hyphen)
临时从调整画笔工具的"添加"模式切换到"抹除"模式，或从"抹除"模式切换到"添加"模式	Alt	增加/减小临时调整画笔工具的大小	Alt+]/Alt+[
增加/减小临时调整画笔工具的羽化	Alt + Shift +]/Alt + Shift+[	以10为增量增加/减小临时调整画笔工具的流量	Alt + =(等号)/Alt +-(连字符)
从调整画笔工具或渐变滤镜的"添加"或"抹除"模式切换到"新建"模式	N	切换调整画笔工具的"自动蒙版"	M
切换调整画笔工具的"显示蒙版"	Y	切换调整画笔工具的笔尖	V
切换用于渐变滤镜、污点去除工具或红眼去除工具的叠加	V	向左旋转图像	L或Ctrl+]
向右旋转图像	R或Ctrl+[	放大	Ctrl++(加号)
缩小	Ctrl+-(连字符)	临时切换到放大工具(在选定拉直工具时无法使用。如果裁剪工具处于现用状态，请临时切换到拉直工具)	Ctrl
临时切换到缩小工具并将"打开图像"按钮变成"打开拷贝"和"取消"按钮以复位	Alt	切换预览	P
全屏模式	F	临时激活白平衡工具并将"打开图像"按钮改为"打开对象"(如果裁剪工具处于现用状态，则不起作用)	Shift
在"曲线"面板中选择多个点	单击第一个点，按住Shift键并单击其他点	在"曲线"面板中向曲线中添加点	在预览中按住Ctrl键单击
在"曲线"面板中移动选定的点(1个单位)	箭头键	在"曲线"面板中移动选定的点(10个单位)	Shift+箭头键
从Bridge的Camera Raw对话框中打开选定图像	Ctrl+R	绕过Camera Raw对话框从Bridge中打开选定图像	按住Shift键并双击图像

续表

功　　能	快　捷　键	功　　能	快　捷　键
在"预览"中显示将被剪贴的高光	按住 Alt 并拖移"曝光度""恢复"或"黑色"滑块	高光修剪警告	O
阴影修剪警告	U	(Filmstrip 模式)添加 1～5 星级评分	Ctrl＋1－5
(Filmstrip 模式)增加/减少星级	Ctrl＋.(句点)/Ctrl＋,(逗号)	(Filmstrip 模式)添加红色标签	Ctrl＋6
(Filmstrip 模式)添加黄色标签	Ctrl＋7	(Filmstrip 模式)添加绿色标签	Ctrl＋8
(Filmstrip 模式)添加蓝色标签	Ctrl＋9	(Filmstrip 模式)添加紫色标签	Ctrl＋Shift＋0
Camera Raw 首选项	Ctrl＋K	删除 Adobe Camera Raw 首选项	Ctrl＋Alt(打开时)

使用"黑白"对话框

功　　能	快　捷　键	功　　能	快　捷　键
打开"黑白"对话框	Shift＋Ctrl＋Alt＋B	将选定值增大/减少 1%	向上/下箭头键
将选定值增大/减少 10%	Shift＋向上/下箭头键	更改最接近的颜色滑块的值	单击并在图像上拖移

参 考 文 献

[1] 张蓓. 林业类中等职业学校计算机专业 Adobe Photoshop 课程教学探讨[J]. 园艺与种苗,2015(2):39-40,45.

[2] 郭建璞. Adobe Photoshop CS 巧用画笔工具[J]. 计算机与现代化,2011(8):67-70.

[3] 陆根惠. Adobe Photoshop CS6 预览版新功能大显身手[J]. 照相机,2012(5):66-69.

[4] 韩程伟,沈幸兆. RAW 格式照片处理案例(5):Adobe Photoshop CS 5 和 Lightroom 3 调节 RAW 格式图片新功能例解[J]. 照相机,2010(10).

[5] 庄卓. 老年大学 Photoshop 课程教学初探[J]. 成人教育,2015(3):74-75.

[6] PATERSON J. Photoshop 的画笔之美[J]. 摄影之友(影像视觉),2017(8).

[7] 张晓琪. Photoshop 图层的应用技巧[J]. 电脑编程技巧与维护,2017(18):84-86.

[8] 邓鳌. Photoshop 的创新教学分析[J]. 无线互联科技,2017(16):98-99.

[9] 杨宇. 浅谈 Photoshop 课程教学[J]. 现代职业教育,2017(14):110.

[10] 姜双林. Photoshop 通道概述及应用[J]. 科技风,2017(25):65.

[11] 徐捷. Photoshop 图片特效制作探讨[J]. 电子测试,2016(18):109,118.

[12] 付文亭,邓体俊. Photoshop 中转换选项对印前分色的影响研究[J]. 包装工程,2015,36(5):131-135,139.

[13] 彭秀川. Photoshop 课程教学改革探讨[J]. 当代教育实践与教学研究,2017(6):210.

[14] 黄勇. Photoshop 中通道使用技巧[J]. 电子技术与软件工程,2017(9):59.

[15] 武光丽,陈春华. Photoshop 课程改革研究初探[J]. 昆明冶金高等专科学校学报,2017,33(3):98-101.

[16] 朱宏. 浅谈 Photoshop 抠图方法[J]. 知音励志,2017(5):197.

[17] 刘付桂兰. Photoshop 计算命令及其应用[J]. 科学技术创新,2017(26):139-140.

[18] 聂发琳. Photoshop 的抠图技术的分析[J]. 电子技术与软件工程,2017(18):74.

[19] 许莹. Photoshop 通道原理及应用[J]. 开封教育学院学报,2016,36(3):274-275.

[20] 刘付桂兰. Photoshop 通道功能的应用研究[J]. 现代信息科技,2017,1(2):85-86.

[21] 黄志鹏. 吃透 Photoshop 混合模式的算法[J]. 广东职业技术教育与研究,2017(6):110-112.

[22] 李金明,李金荣. 中文版 Photoshop CC 完全自学教程[M]. 北京:人民邮电出版社,2014.

[23] 李金明,李金荣. 中文版 Photoshop CS6 完全自学教程[M]. 北京:人民邮电出版社,2012.

[24] 神龙影像. Photoshop CS6 从入门到精通[M]. 北京:人民邮电出版社,2013.

[25] 唯美世界. Photoshop CC 从入门到精通 PS 教程:全彩高清视频版[M]. 北京:中国水利水电出版社,2017.

图书资源支持

感谢您一直以来对清华版图书的支持和爱护。为了配合本书的使用，本书提供配套的资源，有需求的读者请扫描下方的“书圈”微信公众号二维码，在图书专区下载，也可以拨打电话或发送电子邮件咨询。

如果您在使用本书的过程中遇到了什么问题，或者有相关图书出版计划，也请您发邮件告诉我们，以便我们更好地为您服务。

我们的联系方式：

地　　址：北京海淀区双清路学研大厦 A 座 707

邮　　编：100084

电　　话：010－62770175－4604

资源下载：http://www.tup.com.cn

电子邮件：weijj@tup.tsinghua.edu.cn

QQ：883604（请写明您的单位和姓名）

资源下载、样书申请

书圈

用微信扫一扫右边的二维码，即可关注清华大学出版社公众号“书圈”。